MINISTÈRE DU COMMERCE ET DE L'INDUSTRIE

EXPOSITION
UNIVERSELLE ET INTERNATIONALE
DE BRUXELLES 1910

SECTION FRANÇAISE

GROUPE X.

CLASSE 60.

RAPPORT

PAR

M. Émile GOULET

VICE-PRÉSIDENT DU SYNDICAT NATIONAL DE FRANCE
PRÉSIDENT DE LA CHAMBRE SYNDICALE DES VINS ET SPIRITUEUX EN GROS
DE PARIS ET DU DÉPARTEMENT DE LA SEINE

PARIS
COMITÉ FRANÇAIS DES EXPOSITIONS A L'ÉTRANGER
Bourse du Commerce, rue du Louvre
1912

MINISTÈRE DU COMMERCE ET DE L'INDUSTRIE

EXPOSITION

UNIVERSELLE ET INTERNATIONALE

DE BRUXELLES 1910

SECTION FRANÇAISE

GROUPE X.

CLASSE 60.

RAPPORT

PAR

M. ÉMILE GOULET

VICE-PRÉSIDENT DU SYNDICAT NATIONAL DE FRANCE
PRÉSIDENT DE LA CHAMBRE SYNDICALE DES VINS ET SPIRITUEUX EN GROS
DE PARIS ET DU DÉPARTEMENT DE LA SEINE

PARIS
COMITÉ FRANÇAIS DES EXPOSITIONS A L'ÉTRANGER
Bourse du Commerce, rue du Louvre
1912

S. M. ALBERT, Roi des Belges.

S. M. ELISABETH, Reine des Belges.

M. Armand FALLIÈRES, Président de la République Française.

EXPOSITION DE BRUXELLES

1910

CLASSE 60

VINS ET EAUX-DE-VIE DE VIN

Les Vins en Belgique

L'Exposition de Bruxelles avait tous les attraits pour attirer à elle les exposants des classes des boissons, car, outre l'intérêt mondial qu'elle offrait pour notre grand commerce, la Belgique a été de tout temps un des meilleurs clients de la France pour les vins et pour les eaux-de-vie.

Bien qu'appartenant à un grand pays producteur, et par cela même grand consommateur de bière, les Belges sont de grands appréciateurs des produits viticoles français ; aussi la Belgique offre-t-elle un débouché considérable, tant à nos crus supérieurs qu'à nos vins ordinaires, bien qu'il soit difficile à ces derniers de devenir un élément de consommation courante ; tant que les douanes resteront aussi élevées, il leur sera difficile de soutenir la concurrence de la bière, production nationale, et de devenir la boisson populaire.

Le commerce des vins est cependant très important en Belgique, puisqu'on y compte environ 3.584 négociants, dont 150 font spécialement le commerce de gros et 111.049 détaillants. Les commerçants en gros sont groupés dans diverses organisations syndicales dont voici la liste :

Chambre syndicale des vins et spiritueux de Bruxelles.

Association du Commerce en gros des vins et spiritueux de Liége.

Syndicat des Négociants en vins et spiritueux de l'arrondissement de Louvain.

Chambre syndicale des vins et spiritueux de Gand.

Chambre syndicale des vins et spiritueux de Verviers.

Syndicat des Distillateurs-Liquoristes de Belgique.

Chambre de Commerce d'Anvers (Section des vins et spiritueux).

Syndicat des Représentants ou Concessionnaires des Grandes Marques de Champagne ou Liqueurs.

Syndicat des Courtiers en vins de Belgique pour le commerce en gros.

La plupart de ces Syndicats sont affiliés à la Fédération belge des Négociants en vins et spiritueux.

Rien ne peut mieux établir l'importance des envois de vins et d'eaux-de-vie en Belgique que les statistiques ci-après :

IMPORTATION DES VINS EN BELGIQUE

PÉRIODE DE 1870 A 1910

ANNÉES	IMPORTATIONS TOTALES		PART DE LA FRANCE		RÉPARTITION DE LA PART DE LA FRANCE			
	QUANTITÉS	VALEUR	QUANTITÉS	VALEUR	VINS EN CERCLES	VINS EN BOUTEILLES NON MOUSSEUX	VINS MOUSSEUX EN BOUTEILLES	VINS AROMATIQUES MÉDICINAUX ET VERMOUTHS
	Hectolitres.	Francs.	Hectolitres.	Francs.	Hectolitres.	Hectolitres.	Hectolitres.	Hectolitres.
1870	140.115	15.127.596	131.258	14.133.601	122.664	8 594		
1875	259 454	26.050.022	237 222	24.641.981	225.019	12.203		
1880	204.686	22.502 116	188.916	20.719.487	175.149	13 767		
1885	198.230	21.781.781	177 937	19.439.691	165.251	12.686	(1)	
1890	214.582	24.406.307	182.460	20 982.876	165 566	16.894		
1895	264.020	32.791 107	212.607	26 860 586	190 208	22.399		
1900	311.090	30.251.145	232.345	23.892.406	203.605	2 475	25.455	810
1901	315.745	26.082.488	237 477	20.896.564	209 778	2.993	24.270	436
1902	315.858	26 004.689	236 298	20.819 296	208.626	5.117	22 189	366
1903	338.729	28 544.463	236.287	21.930.575	203.982	4 539	27.186	580
1904	305 539	25.786.950	216.740	20.033.061	187 454	4 385	24 050	851
1905	339.458	30 066.311	257.848	24.270.483	225 889	4 228	26 523	1.208
1906	371.348	30.701 295	280.855	24.830 977	247.607	3 983	27.673	1.592
1907	345.980	31.429 983	266 217	25.787.517	230.118	3 655	30.095	2.349
1908	340.057	28.394.672	269 108	23.743 347	234 577	2.081	28 900	3.550
1909	345 434	31.099 877	267.149	25.480.346	231.079	2.461	29.515	4.094
1910	491.740	47 259.294	376 492	38.510.892	323.551	2.704	45.182	5.055

(1) Pour ces années, les vins ne sont subdivisés, dans les écritures de la statistique commerciale, qu'en deux catégories comprenant, l'une les vins en cercles, l'autre les vins en bouteilles.

IMPORTATION DES SPIRITUEUX ET LIQUEURS EN BELGIQUE

PÉRIODE DE 1870 A 1910

ANNÉES	IMPORTATIONS TOTALES		PART DE LA FRANCE	
	QUANTITÉS	VALEUR	QUANTITÉS	VALEUR
	Hectolitres (1).	Francs.	Hectolitres (1).	Francs.
1870	275 753 (2)	11.859.498	57.932 (6)	2.539.949
1875	20.963 (3)	933.108	15.388 (6)	671.576
1880	36.054 (4)	3.083.025	9.196 (6)	717.863
1885	59.169 (5)	3.978.401	7.663 (6)	560 296
1890	15.050	1.058.902	9.747	676.622
1895	18.286	1.356.485	11 468	839.915
1900	13.960	1.074.220	8.964	675.350
1901	17.837	2.022.454	12.026	1 355.534
1902	11.878	1 648 572	7.458	1.032.649
1903	10.099	1 505.497	6.131	897.634
1904	10.628	1 475 278	6.211	866.244
1905	12.281	1.948.609	7.222	1.117.812
1906	12.466	1.723 084	7.109	982.972
1907	14.026	1.938.982	8 410	1.156.939
1908	15 052	2.074.423	8.562	1.181.812
1909	17.731	2.431.151	9.449	1.307.678
1910	23.806	3.407.648	14.944	2.143.141

(1) Eaux-de-vie à 50° et liqueurs sans limitation de degré.
(2) Y compris 20.609 hectolitres.)
(3) — 6.720 — ⎬ d'eaux-de-vie à 50° importées temporairement pour
(4) — 30.700 — ⎬ être rectifiées, puis réexportées.
(5) — 46.616 —)
(6) Y compris les quantités importées temporairement pour être rectifiées. Les éléments nécessaires pour établir ces quantités font défaut.

Bruxelles. — Grand' Place — *L'Hôtel de Ville.*

PRODUCTION ET EXPORTATION DE LA BELGIQUE EN SPIRITUEUX

PÉRIODE DE 1870 A 1910

ANNÉES	PRODUCTION	EXPORTATIONS
	Hectolitres à 50°.	Hectolitres à 50°.
1870	380.217	49.104
1875	581 866	52.011
1880	560.575	65 111
1885	553.960	25 140
1890	566 285	17.418
1895	628.455	4 764
1900	716.951	83.567
1901	736.905	58.349
1902	657.165	52.437
1903	492.213	67 569
1904	658.034	161.685
1905	618.726	129 519
1906	636.503	131.455
1907	667.630	110.476
1908	720.626	85.964
1909	697.037	75.324
1910	710.871	80.923

Si nous nous en rapportons aux chiffres des exportations de France en Belgique depuis 1900, nous trouvons que, respectivement à ces dernières années, le tableau des exportations totales de France en Belgique et celui des envois de vins et eaux-de-vie s'établit comme suit :

ANNÉES	EXPORTATIONS TOTALES DE FRANCE EN BELGIQUE	EXPORTATION DES VINS DE FRANCE EN BELGIUUE	EXPORTATION DES EAUX-DE-VIE ET SPIRITUEUX DE FRANCE EN BELGIQUE
	Francs.	Francs.	Francs.
1900	373.346.000	23.892.000	675.000
1901	350.953.000	20.896.000	1.355.000
1902	385.836.000	20.819.000	1.032.000
1903	412.302.000	21.930.000	898.000
1904	465.684.000	20.033.000	866.000
1905	489.046.000	24.270.000	1.148.000
1906	510.356.000	24.831.000	983.000
1907	547.255.000	25 787 000	1.157.000
1908	431.719.000	23.743.000	1.182.000
	3.968.497.000	206.201.000	9.296.000
		215.497.000	

La part qui revient au commerce spécial des vins et eaux-de-vie dont nous nous occupons dans ce rapport représente donc en moyenne 18,41 0/0 des exportations totales de la France en Belgique.

Nous avons dit plus haut que les Belges étaient de grands appréciateurs de nos vins ; il suffit pour s'en rendre compte, non seulement de voir l'importance des envois en Belgique, ce qui est facile avec les statistiques publiées plus haut, mais aussi, au cours d'un voyage en Belgique, d'être reçu dans une famille bourgeoise.

On verra de suite quel grand plaisir éprouve un Belge à avoir une cave bien garnie, et c'est une telle coutume ancestrale que toutes les caves des maisons particulières sont spécialement établies et construites pour que les vins s'y trouvent dans les meilleures conditions de conservation.

On prend la précaution, à l'arrivée des vins, de les descendre en cave, de les tenir à l'abri de la chaleur, du jour et des courants d'air ; de placer les fûts sur un chantier de bois en mettant la bonde légèrement inclinée sur le côté ; de ne pas faire mettre en bouteilles avant un long repos ; de préparer les bouteilles vides et de choisir, autant que possible, des bouteilles de formes égales, claires pour les vins blancs et foncées pour les vins rouges ; de se procurer de bons bouchons qu'on lave à plusieurs eaux tièdes et ensuite à l'eau froide.

Des soins minutieux sont pris pour servir les vins. On les laisse généralement dans les bouteilles sans les décanter, on les débouche avec soin après avoir découpé la cire ou la partie supérieure de la capsule de métal qui recouvre le goulot de la bouteille, puis on essuie à l'aide d'un linge fin l'orifice et même l'intérieur du goulot.

Les vins de Bordeaux sont montés de la cave deux ou trois heures avant le repas pour qu'ils se tempèrent à la chaleur de la salle à manger ; les vins blancs ou ceux de Bourgogne (rouges et blancs) sont bus, au contraire, très frais; les vins de Champagne se boivent légèrement glacés s'ils sont très secs, et plus fortement s'ils sont très doux.

Pous les vins d'Espagne et autres vins de liqueur, ils sont généralement décantés et déposés sur la table dans des carafons en cristal.

Dans les dîners d'apparat, les vins sont servis dans l'ordre suivant:

Avec les huîtres, les vins blancs de Bordeaux, du Rhin et de la Moselle, ou du vin de Champagne très sec.

Après le potage, des vins de Madère, de Xérès ou Sherry, ou du Marsala.

Avec le poisson, du vin blanc de grands crus.

Avec les entrées, des vins de Bordeaux, en allant du très fin au meilleur.

Avec les rôtis, des vins de Bourgogne, en allant des plus corsés au plus vieux.

Avec le dessert, des vins de Champagne et quelquefois, pour finir, du très vieux porto.

Anciennement, on servait des quantités innombrables de vins afin de montrer la richesse d'une cave, mais cette mode a fait place à un choix savant.

De tels soins, un tel respect pour les vins, commandent aux viticulteurs français et aux commerçants le souci constant de la perfection, pour répondre à un goût si justement élevé. Ils ne sauraient trop bien faire, les connaisseurs se faisant de plus en plus rares.

Aperçu sur la Belgique et sur Bruxelles

La superficie de la Belgique est de 29.457 kilomètres carrés et sa population est de 7.386.444 habitants.

Les neuf provinces qui la composent sont :

Anvers	Chef-lieu	Anvers
Flandre Occidentale ..	—	Bruges
Flandre Orientale ...	—	Gand
Hainaut	—	Mons
Liége	—	Liége
Limbourg	—	Hasselt
Luxembourg	—	Arlon
Namur	—	Namur

La population est issue de deux races distinctes : les Flamands et les Wallons, qui sont séparés par des différences de langue et d'habitudes, qui s'effaceront, avec la prospérité croissante du pays.

De nombreuses Expositions universelles ont déjà eu lieu en Belgique ; celles de Bruxelles en 1897, Liége en 1905, eurent de légitimes succès. disons tout de suite que celle de Bruxelles, en 1910, fut à la hauteur de ses devancières et qu'elle s'est terminée par une apothéose.

Comment aurait-il pu en être autrement ? Bruxelles est à proximité de Paris, l'histoire de la Belgique est intimement liée à celle de la France, et la communauté de langue rend les déplacements fort agréables et facilite les liens d'amitié.

Deux attraits encourageaient donc les exposants et les visiteurs à se rendre en Belgique.

Bruxelles, capitale du royaume, siège du Gouvernement et résidence du Roi, est une belle ville de 202.000 habitants, et l'agglomération bruxelloise, qui comprend les faubourg environnants, Molenbeek, Saint-Jean, Koekelberg, Lacken, Schaerbeek, Saint-Josse-ten-Noode, Etterbeek, Ixelles, Watermael-

BRUXELLES. — Grand'Place — *La Maison du Roi.*

Boitsfort, Saint-Gilles, Forest, Uccle, Anderlecht, groupe 750.000 habitants.

Divisée en ville haute et en ville basse, elle est fort bien construite dans la partie haute qui est la plus récente. De grands travaux ont dégagé considérablement la ville basse, la plus ancienne.

La rivière la Senne est couverte dans toute la traversée de la ville. Une série de boulevards, qui part de la gare du Midi pour aboutir à la gare du Nord, traverse la ville basse. Sur ces boulevards se trouvent nombre de superbes immeubles et de beaux établissements, et la circulation y est très intense. A proximité se trouve la Bourse, somptueux édifice construit en 1873 ; la Place et le Théâtre de la Monnaie, la Place de

BRUXELLES. — *Le Palais du Roi.*

Brouckère où s'élève la statue du Bourgmestre Anspach, auteur des embellissements de la ville.

Toute proche est la Grand'Place, orgueil de Bruxelles. C'est, en effet, toute une partie de l'histoire du pays qui se reflète dans cet antique forum de Bruxelles par le style des façades des maisons qui entourent ce parallélogramme de 110 mètres de long sur 68 de large.

Tout d'abord l'Hôtel de Ville, d'une façade d'environ 80 mètres, avec sa tour de 105 mètres, du haut de laquelle la vue s'étend au delà de la forêt de Soignes, jusqu'au Lion de Waterloo, dont la flèche est surmontée d'une statue de saint

Michel. La construction de ce magnifique édifice, commencée en 1401, ne fut terminée qu'en 1455.

La Maison du Roi, qui fait face à l'Hôtel de Ville, est aussi un magnifique édifice qui avait été destiné tout d'abord à servir de Halle au pain ; elle fut reconstruite par ordre de Charles-Quint, et doit son nom à ce que certains services royaux y furent installés. Elle renferme le Musée historique communal.

Les autres côtés de la place sont composés de maisons qui furent élevées par les diverses corporations de métiers en vue d'y tenir leurs assemblées. Presque toutes les façades de ces maisons sont rehaussées de dorures ; nous citerons au hasard : la maison du Cornet, aux bateliers ; la maison de la Louve, aux archers ; la maison du Renard, à la corporation des merciers ; la maison du Sac, aux tonneliers, menuisiers et ébénistes ; la maison des Boulangers ; la maison du Cygne, aux bouchers ; la maison des Brasseurs ; la maison des Graissiers, qui fut plus tard occupée par les libraires et imprimeurs ; la maison de la Rose-Blanche ; la maison des Drapeaux, etc...

Sur le boulevard du Midi, l'un des immenses boulevards qui entourent la ville proprement dite, se trouve un des derniers vestiges des fortifications de Bruxelles, la porte de Hal, qui renferme le Musée d'armes et d'armures.

La ville haute, quartier aristocratique, contient : la place Royale, avec la statue de Godefroy de Bouillon ; elle communique avec la place des Palais, où s'érigent le Palais du Roi et le Palais des Académies.

Le Parc, grande promenade, sépare le Palais du Roi du Palais de la Nation, où siègent les Assemblées législatives : Sénat et Chambre des Représentants. Aux alentours du Parc et du Palais de la Nation, se trouvent les hôtels des différents Ministères.

Tout proche de la place Royale, et en suivant la belle rue de la Régence, se trouve le Palais du Comte de Flandre et le Musée royal de peinture et sculpture. On passe ensuite devant l'église Notre-Dame des Victoires ou du Sablon et au square du Petit-Sablon, près duquel se trouve le Palais du duc d'Arenberg, renfermant une très précieuse galerie de tableaux. La rue de la Régence aboutit au Palais de Justice, immense édifice de style gréco-romain, de 26.000 mètres carrés de superficie, qui domine toute la ville. De la place des Palais part la plus belle et la plus longue rue de Bruxelles : la rue Royale, qui passe devant la place du Congrès, où se dresse la Colonne du Congrès surmontée de la statue de Léopold Ier ; au bout de cette rue se trouvent le Jardin Botanique et l'église Sainte-Marie.

Bruxelles renferme de très remarquables édifices religieux: Sainte-Gudule ou église des Saints-Michel et Gudule, dont la

Bruxelles. — *Le Palais de Justice.*

fondation remonte au onzième siècle. Détruite par un incendie en 1072, sa reconstruction, commencée à la fin du douzième siècle, dura 300 ans ;

Notre-Dame des Victoires ou du Sablon, de style ogival, construite aux quinzième et dix-septième siècles ;

Notre-Dame de la Chapelle, des treizième et quinzième siècles ;

Notre-Dame de Bon-Secours ;

Eglises des Minimes, Sainte-Catherine, Saint-Jacques-sur-Caudenberg, etc...

Dans les faubourgs à l'est de Bruxelles, se trouve le quartier Léopold qui contient le parc du même nom, la gare du Luxembourg. Il est traversé par la rue de la Loi, qui conduit au Parc du Cinquantenaire, où s'élève un grand palais commencé pour l'Exposition de 1880, auquel a été ajouté un arc de triomphe construit d'après les plans de l'architecte français Ch. Girault. Il est affecté au Musée des Arts décoratifs et industriels.

BRUXELLES. — *Le Théâtre de la Monnaie.*

Pendant l'Exposition, il a abrité les collections d'art rétrospectif où étaient réunies des toiles de l'école flamande prêtées par les différents musées de l'univers, de même que des collections inestimables d'orfèvrerie.

Signalons encore le parc de Tervueren, qui contient le Musée du Congo. Il renferme de très belles collections relatives à la colonie belge. On y remarque des ouvrages de toutes sortes fabriqués par les indigènes : poteries, ivoires, bois, ustensiles, armes, instruments de musique, vannerie, fétiches, masques, objets religieux, etc... Ce musée est très intéressant à visiter.

Lorsque l'on sort du Palais de Justice et que l'on traverse

le boulevard de Waterloo (l'un des boulevards circulaires), on arrive à la porte Louise; en face de vous s'étend une superbe avenue, composée d'une très large chaussée et de deux bas-côtés plantés de deux rangées d'arbres: c'est l'avenue Louise. Sa longueur est de plus de 2 kilomètres, et elle aboutit au bois de la Cambre.

Le bois de la Cambre occupe une superficie de 124 hectares. Il s'étend jusqu'à la chaussée de Boitsfort, sur une longueur de 2.000 mètres et sur une largeur de 550. Il est planté de superbes futaies et coupé de plis de terrain dont l'architecte a tiré le meilleur parti. Un lac en occupe à peu près le milieu. De très bons restaurants y sont installés.

L'Exposition occupait une partie de cette splendide promenade.

En suivant l'avenue Louise jusqu'au rond-point, et en prenant l'avenue des Nations, on arrivait à l'entrée principale de l'Exposition.

L'EXPOSITION

L'entrée principale franchie, le visiteur, par une allée en contre-bas, et après avoir laissé à sa gauche le restaurant du Chien-Vert et Bruxelles-Kermesse (reconstitution du vieux Bruxelles), passait devant les halls de la Section belge. Laissant à sa droite le Palais des Travaux féminins, le Palais de la Ville de Liége, la maison de Rubens, le Palais de la Ville de Bruxelles, il arrivait devant le Palais des Fêtes, ayant à sa gauche un nouveau hall de la Section belge.

Continuant sa promenade, il visitait le Pavillon du Brésil, dont nous ne saurions trop louer la bonne organisation ; il traversait la partie réservée aux colonies françaises, où il pouvait admirer le Palais de la Tunisie, les Pavillons de l'Algérie, de l'Indo-Chine, de l'Afrique Occidentale française, de Madagascar, des Antilles françaises, de la Presse coloniale.

S'échelonnaient ensuite les Palais de l'Agriculture et de l'Horticulture et des Eaux et Forêts de la Section belge, le Palais du Nicaragua, les Pavillons du Pérou, de la République d'Haïti, de la Chine, et celui du Canada, dont l'installation était fort bien comprise.

Chaque produit était présenté accompagné de dioramas qui, placés devant les yeux des visiteurs, montraient la façon dont s'en faisaient la culture ou l'extraction.

Nous avons constaté combien cette façon de présenter au public l'industrie, l'agriculture et le commerce d'un pays était appréciée.

En sortant du Pavillon du Canada, le visiteur, tournant à droite, s'arrêtait aux Palais de l'Eclairage et du Chauffage et du Génie civil, Section belge.

Laissant à droite la Plaine des Attractions, il passait devant le Palais de l'Agriculture de la Section française ; franchissant un pont sur l'avenue du Solbosch, il pénétrait dans les jardins de la Section allemande, laissant sur sa droite les installations des maisons ouvrières françaises et des diverses colonies ouvrières.

La Section allemande se présentait à lui en un seul bloc,

Le Pavillon de la Maison Moët et Chandon.

l'Allemagne ayant pu disposer en un seul tenant de la surface qu'elle avait demandée.

Les plans des bâtiments d'exposition avaient été dressés par des architectes allemands, et toutes les catégories d'exposants se trouvaient ainsi groupées, ce qui donnait une cohésion très appréciable à cette exposition.

Nous ne dirons pas que tout était irréprochable, notre goût français différant sur beaucoup de points du goût germanique; mais il y avait là une tentative très intéressante et qui nous semble susceptible d'être retenue pour la participation française dans d'autres expositions.

Sortant du Pavillon allemand, le visiteur avait en face de lui le Jardin hollandais, auquel faisait suite le Pavillon néerlandais construit dans le style du pays. Il y avait également, dans ce pavillon, une exposition d'ensemble qui offrait un certain intérêt.

Le Vieux Pressoir. — Intérieur du Pavillon de la Maison MOET et CHANDON.

Passant devant le Jardin hollandais, et pour arriver au Jardin français qui lui faisait suite, le promeneur pouvait jeter successivement un coup d'œil sur les Pavillons de la Principauté de Monaco, de l'Uruguay et de l'Italie.

Ce dernier était la reproduction du Palais des Doges de Venise.

Derrière celui-ci, se trouvaient les halls des Chemins de fer, à la sortie desquels le visiteur entrait dans les halls des machines, traversait les Sections italienne, persane, luxembourgeoise, de la République Dominicaine, danoise, grecque, turque, du Guatemala, autrichienne, suisse, des Etats-Unis, japonaise, puis il entrait dans le hall français réservé au Salon d'honneur, au Salon des Arts décoratifs, au Salon de la Couture, au Diorama des Fleurs et Plumes, au Diorama de la Fourrure, aux Industries chimiques, de la Brosserie, de la Métallurgie, des Articles de Paris, etc., etc...

Traversant un deuxième pont établi sur l'avenue du Solbosch, il pénétrait dans les halls réservés à la Section anglaise, dont l'exposition était des plus remarquables, et par lesquels il aboutissait au hall principal de la Section belge dont nous avons parlé en pénétrant dans l'Exposition.

Sortant sur la terrasse qui dominait les jardins, il se retrouvait en face du Pavillon de la Ville de Bruxelles. En face de lui, s'ouvrait une large avenue, l'avenue des Concessions; il passait successivement devant le Pavillon de la Ville de Gand, devant le Palais de l'Automobile, de l'Aviation et de l'Economie sociale de la Section française, le Palais de l'Espagne, les installations des maisons Moët et Chandon, Mercier, Révillon, et arrivait sur la terrasse qui dominait le Jardin français. C'est sur cette terrasse que s'élevaient le Pavillon de la Ville de Paris et la galerie du Solbosch, réservée à l'Hygiène et à l'Alimentation françaises.

Cette galerie se terminait au pont du Solbosch, relié à la Section anglaise et à la Section française par le Restaurant français.

Inauguration Officielle de l'Exposition

C'est le 23 avril 1910 que l'Exposition Universelle Internationale de Bruxelles fut officiellement inaugurée par LL. MM. le Roi et la Reine des Belges.

La foule des visiteurs était considérable lorsque les troupes de la garnison vinrent prendre les emplacements qui leur avaient été désignés. Les artilleurs de la garde civique occupaient la grande allée conduisant à la Salle des Fêtes. Au pied de l'escalier de ce grand hall étaient alignés 250 soldats porteurs de superbes étendards de soie reproduisant les couleurs des pavillons des diverses nations participant à l'Exposition ; sur la terrasse du « Chien-Vert », les habitants de Bruxelles-Kermesse étaient massés.

La Grande Salle des Fêtes, illuminée par un joyeux soleil, est bientôt remplie par toute une foule d'invités. L'estrade royale est tendue de velours vert et or, et l'estrade officielle est occupée par les membres du Corps diplomatique ; les Ministres, les Sénateurs et Députés, les membres du Conseil d'administration du Comité exécutif et du Secrétariat général du Gouvernement belge; les Commissaires généraux des diverses nations et les invités ont pris place en face de l'estrade royale et de la tribune officielle.

A deux heures, la musique des grenadiers, placée dans le jardin, joue la *Brabançonne*. La berline du Roi et de la Reine s'arrête à l'entrée de la Salle des Fêtes, où LL. MM. sont reçues par les grands dignitaires de l'Exposition.

LL. MM. font aussitôt leur entrée dans la Salle des Fêtes, au milieu des acclamations, pendant que la musique du 1er guides exécute à son tour la *Brabançonne*.

La parole est aussitôt donnée au baron Léon Janssen, Président du Comité exécutif de l'Exposition, qui s'exprime en ces termes :

Sire, Madame, Eminences, Excellences,

Mesdames, Messieurs,

Notre première pensée, en ce jour solennel, est toute de gratitude envers Votre Majesté pour l'appui qu'Elle a daigné promettre à notre Exposition et les encouragements qu'Elle n'a cessé de donner à cette œuvre patriotique. Rien de ce qui touche aux grands intérêts du pays n'échappe à la sollicitude du Roi : nous le savons et nous vivons dans la confiance que nous inspire cette sécurité.

Déjà, le cœur des Belges était pénétré d'un respectueux attachement et d'une patriotique affection pour le Prince Albert de Belgique.

Son accession au trône — préparée par l'étude approfondie des problèmes économiques et sociaux, par des voyages lointains dont le Prince n'a pas craint d'affronter les périls et les hasards, par un souci constant et averti du bien-être du pays — a été salué avec bonheur par le peuple belge.

Tranquille et pleine d'espoir, Sire, la Nation marche vers l'avenir où la mènent les mains aimées et sûres qui tiennent ses destinées.

Aujourd'hui, Votre Majesté et Sa Majesté la Reine ont voulu donner une marque nouvelle et plus éclatante de leur bienveillance, en présidant à l'ouverture de ces grandes assises, auxquelles tant de nations amies sont venues concourir, avec un empressement qui décèle, à l'égard de la Belgique, des sentiments dont nous sommes fiers.

Nous avons la conscience, Sire, que, dans cet empressement, une large part doit être faite à la haute estime et au respect professé par nos Souverains, parmi ces Nations. L'hospitalité qu'elles trouveront sur le sol belge répondra, nous osons le penser, à ces sentiments : elle marquera à nos hôtes toute la joie de nos cœurs, toute la cordialité de notre accueil.

Le Roi Léopold II avait daigné donner aussi son haut patronage à l'Exposition universelle et internationale de Bruxelles, dont le succès eût été, certes, une profonde satisfaction pour lui, dans son ambition de voir une Belgique toujours plus grande. Les œuvres d'expansion auxquelles il a donné, durant son règne, une si vive impulsion, lui étaient particulièrement chères. Sa sollicitude clairvoyante eût trouvé, dans ce rapprochement nouveau des Nations, un gage de paix et de fraternité répondant au sentiment qu'il avait, à un si haut degré, de ce que peut, pour la prospérité de la Patrie, l'affermissement de ses relations extérieures.

D'immenses territoires coloniaux, dus au prestigieux effort d'un génie tenace et volontaire, prolongent, aujourd'hui, le sol belge par delà les mers.

Et, dans le recul de l'Histoire, les pages que la Patrie vient d'inscrire au livre de sa vie, marqueront une place glorieuse au Roi Léopold II, parmi les grandes figures de la Royauté.

MADAME,

Vous souvient-il du jour où la population de Bruxelles en fête saluait votre venue ?

Vous souvient-il de cette foule vibrante, acclamant sa future Souveraine avec un enthousiasme dont retentissent encore les échos de la capitale et qui marquait, de sa clameur puissante, chacun de vos pas dans la ville en liesse ?

Cette affection montée — ardente et spontanée — du cœur aux lèvres des Bruxellois, vous la leur avez rendue, Madame, sous les formes les plus délicates de la bonté, cette bonté qui, elle aussi, est souveraine et ajoute un charme à tous les charmes, une grâce à toutes les grâces.

En cette journée que je rappelle et dont votre âme a gardé la mémoire, cette affection a éclaté d'instinct. Elle est, aujourd'hui, au plus profond des cœurs : elle s'y est ancrée au cours des ans, puisant son ardeur aux sources les plus nobles et les plus pures. Et, devant les représentants des pays étrangers que nous saluons au pied du Trône, devant l'élite de la Nation, j'ai la joie profonde et l'heureux privilège d'en offrir à Votre Majesté le très respectueux hommage.

Son Altesse Royale Madame la Comtesse de Flandre a daigné accepter les hautes fonctions de Présidente d'honneur d'un des groupes de l'Exposition. C'est. pour Son Altesse Royale, un titre de plus à notre reconnaissance, s'il est possible, au cœur des Belges, d'ajouter encore aux sentiments de patriotique gratitude que, pieusement, il garde à l'Auguste mère du Souverain dont la Nation a salué l'avènement avec tant d'allégresse, de confiance et d'espoir.

Que Son Altesse Royale veuille agréer l'expression de ces sentiments, dont est né notre profond et respectueux attachement pour Elle.

Son Altesse Royale Madame la Princesse Clémentine de Belgique a bien voulu, Elle aussi, donner à l'Exposition de Bruxelles un gage de son bienveillant intérêt en accordant son haut patronage au groupe des arts appliqués.

Nous sentons tout le prix d'un tel encouragement et nous en exprimons notre vive gratitude à la Princesse gracieuse et populaire qui tient une place si grande dans le cœur des citoyens belges et dans le loyalisme de la Nation.

Aux souverains et aux chefs d'Etat de toutes les Nations qui, avec tant de bonne grâce et d'empressement, ont répondu à l'invitation de notre gouvernement, nous exprimons respectueusement notre profonde reconnaissance.

Nous souhaitons du fond du cœur la bienvenue à leurs représentants parmi nous, leur offrant la fervente expression de notre admiration.

Jamais la participation étrangère, rivalisant avec une brillante participation des producteurs belges, ne fut aussi généreuse, aussi large, ne se manifesta aussi grandiose, aussi complète.

Notre pays en est doublement fier, car il se complaît dans la pensée que cet effort splendide est dû à des sentiments de sympathie et d'amitié qui lui sont précieux : il en gardera, jalousement, un souvenir plein de gratitude et de légitime orgueil.

Au début de leurs travaux, à ceux qui ont assumé la tâche de préparer l'Exposition universelle et internationale de Bruxelles, la journée qui s'ouvre apparaissait, dans le lointain, à la fois redoutable et ardemment désirée.

Elle apparaissait redoutable, car elles étaient sans nombre les difficultés attachées à la vaste conception aujourd'hui réalisée. Ces difficultés furent un stimulant de plus au dévouement de notre Conseil d'Administration et à l'activité de notre Comité exécutif, institué par ce Conseil, dont tous les membres ont rivalisé de zèle, dans leur ferme volonté de mener à bien l'entreprise complexe qui leur était confiée.

Sous la conduite d'un homme éminent que, tous, nous regrettons et à qui je veux rendre ici un solennel hommage, le Comité se mit résolument à l'œuvre, et quand la mort vint frapper Emile de Mot, la somme de travail accompli assurait déjà le succès de l'Exposition.

Ce qui nous inspirait la confiance et nous donnait la foi, c'est, tout d'abord, le haut patronage que Votre Majesté a daigné accorder à l'Exposition de Bruxelles, c'est le concours puissant et efficace du gouvernement du Roi et du Commissariat général, la généreuse intervention de l'Administration communale de Bruxelles et l'admirable participation des Nations étrangères, qu'avec gratitude et fierté la Belgique a vues s'associer à elle dans la réalisation de l'œuvre dont nous célébrons l'inauguration.

Ce sont, à côté de ces sympathies, tous les dévouements qui sont venus s'offrir, s'affirmant davantage à mesure que passaient les jours.

C'est l'effort persévérant, énergique, de tous ceux qui, sans compter, ont donné leur temps et le meilleur de leurs talents, avec le plus noble désintéressement, à la cause de l'Exposition.

C'est le labeur et le courage inlassables, la bonne volonté tenace, l'intelligente activité de nos directeurs généraux, de nos agents techniques et de cette pléiade de collaborateurs qui se sont dépensés tout entiers, dans la tâche patriotique pour laquelle la Belgique a réclamé leur concours.

Ce sont encore ces artistes, ces ingénieurs, ces entrepreneurs et cette armée de travailleurs anonymes dont les mains ont édifié les palais que vous admirez, merveilleux ensemble conçu et non moins habilement conduit à ses destinées par un architecte, par un maître, dont la seule modestie égale le talent.

En cette heure radieuse, aujourd'hui que le fruit de leur dur labeur s'offre à nos yeux charmés, admirable et parfait, leurs efforts et leurs peines ne sont oubliés que par eux, dans la joie de ce triomphe qui est leur.

J'adresse à tous ces travailleurs, aux plus humbles comme aux plus hauts, l'hommage de la reconnaissance que leur doit le pays tout entier.

Cette journée était ardemment désirée, elle était impatiemment attendue, disais-je encore.

Elle consacre, en effet, elle couronne, dans un rayonnement d'apothéose, cette longue période de paix féconde, de travail prospère que, sous l'égide de nos Souverains, la Belgique vient d'accomplir.

Et l'immense effort produit atteste non seulement la puissance productive du pays dans les domaines de l'industrie, du commerce, de l'agriculture, des sciences et des arts, elle affirme aussi sa volonté d'étude des questions délicates et graves de l'économie sociale, son constant souci de l'amélioration du sort des travailleurs qui marche de pair avec le progrès de la civilisation.

La visite des compartiments étrangers vous laissera la même impression forte, bienfaisante, profonde. Elle vous imposera partout de pareils hommages.

Dans le concours international des merveilles qui vont s'offrir à vous, la Belgique ne s'efforcera pas seulement de mériter son antique renom d'hospitalité.

Elle place plus haut ses espérances dans cette rencontre internationale, qui met en contact direct des hommes faits pour s'entendre, leur apprendre à se mieux connaître, à s'estimer, à s'aimer davantage.

La lutte pacifique entre Nations rivales serait bien vaine si elle n'avait d'autre but qu'un glorieux étalage et si son effet le mieux assuré n'est qu'une confiance, une estime réciproque, une communion d'idées qui préparent les collaborateurs et les ententes futures — celles-là mêmes, à première vue les plus éloignées.

Ainsi comprise, l'Exposition internationale sert la cause du Progrès et notre Belgique peut nourrir l'ambition d'apporter une contribution nouvelle à la grande œuvre de concorde et de paix qu'ont prise à cœur de si hautes initiatives et à laquelle s'appliquent aujourd'hui, parmi les Nations, de si éminentes personnalités.

Il faut, certes, à ces nobles idées, comme aux plus généreux desseins, la toute-puissance du temps pour germer et grandir.

Mais l'Œuvre de Paix est en marche !

Les bases sont jetées, les fondements sont assis, l'édifice s'élève : réjouissons-nous d'avoir pu y sceller notre pierre.

Réjouissons-nous surtout, si la Belgique a pu prendre, en cette année **1910**, une part nouvelle, affirmer son rôle, élargir son action dans l'œuvre universelle de la fraternité entre les peuples — cette œuvre glorieuse entre toutes — qui poursuit, dans la paix du monde, le bien suprême de l'humanité.

M. Hubert, Ministre de l'Industrie et du Travail, lui succède et s'exprime en ces termes :

Sire, Madame, Excellences,
Mesdames, Messieurs,

Sur le sable ensoleillé des arènes olympiques, les Grecs se donnaient rendez-vous périodiquement : journées d'émulation ardente où les foules suivaient avec ferveur le jeu souple et nerveux des athlètes, le geste des lanceurs de disque, les péripéties des courses de chars ; journées d'allégresse et d'enthousiasme où les cités de l'Hellade faisaient trêve à leurs rivalités séculaires pour fraterniser dans le culte de la force, de l'adresse et de la beauté.

Moins poétiques, sans doute, apparaissent de nos jours les joutes pacifiques où les peuples se rencontrent, mais, en revanche, combien élargies !

C'est toute l'activité des Nations participantes qu'une Exposition universelle et internationale prétend mettre en lumière : leur industrie, leur commerce, les richesses de leur sol, la valeur de leurs artistes et jusqu'à la place qu'elles occupent sur le terrain social et scientifique.

Synthèse grandiose, programme d'une diversité infinie !

Qui dénombrera les produits que crée ou façonne l'industrie, fée prestigieuse, tour à tour modeste et imposante, simple et complexe, somptueuse et utilitaire ?

Quelle variété dans les cultures de tous genres, éparses sous le soleil torride ou sous le ciel pâle des pays du Nord ?

Quoi de plus rebelle, enfin, à l'uniformité que l'œuvre d'art, tantôt rayonnante de grâce et de délicatesse ?

Aussi n'aperçois-je, à proprement parler, dans une Exposition universelle et internationale, ni vainqueurs ni vaincus.

Chaque Nation participante l'emporte sous quelque rapport ; aucune n'occupe la première place dans tous les domaines. Comment, d'ailleurs, la lutte pourrait-elle se concevoir si les supériorités sont non seulement partagées, mais connues d'avance, si, comme il arrive communément, elles trouvent leur origine dans l'inégale répartition des avantages dévolus par la nature ou dans le développement historique des populations ?

Dans la réalité, les Expositions universelles et internationales s'inspirent d'une autre pensée : celle de mesurer, à des intervalles périodiques, le chemin parcouru par chaque Nation sur son terrain propre, et de l'inciter, par suggestion de l'exemple, à des efforts toujours plus énergiques et plus fructueux. Sources abondantes de mutuel enseignement, inappréciables stimulants pour les peuples qui s'élèvent, apothéose du Progrès dans toutes les sphères de l'activité humaine, elles apparaissent à nos yeux comme autant de jalons marquant les étapes successives de la civilisation moderne.

A cet égard, les promoteurs de l'Exposition universelle et internationale de Bruxelles n'auraient pu choisir une heure plus opportune.

Non pas que je veuille invoquer les progrès incessants et parfois merveilleux dans la mécanique, la chimie et les autres sciences appliquées. Dans ce domaine, le génie humain est si fécond que le visiteur regarde presque comme des choses courantes les inventions les plus ardues et les plus dignes d'admiration.

Je vise un événement qui fait sensation : les débuts émouvants de l'aviation et de la dirigeabilité des aérostats : double découverte qui, par son incomparable hardiesse, séduit l'imagination et dont nul, en ce moment, ne pourrait encore prévoir les conséquences lointaines. Aussi bien, personne ne me contredira, si j'affirme que le vol gracieux des aéroplanes et l'évolution des ballons dirigeables formeront, qu'on veuille bien me passer l'expression, le « clou » de la manifestation mondiale qui se prépare.

Dans le domaine social, le Progrès, pour affecter une allure moins mouvementée, n'en est pas moins considérable. Toutes nos institutions sont successivement pénétrées et vivifiées par le grand souffle de solidarité qui s'est levé dans le monde ; dans tous les pays, l'amélioration du sort des classes laborieuses se poursuit d'une manière sûre et méthodique.

Enfin, l'Exposition universelle et internationale de Bruxelles en 1910 est la première où la Belgique s'affirme comme puissance coloniale. Personne, assurément, ne me reprochera de souligner cette circonstance glorieuse, tant il est vrai que l'annexion du vaste empire africain, dont le peuple belge est redevable à la volonté tenace et au génie d'un grand Roi, domine encore notre horizon politique. A tous les patriotes, la participation du département des colonies apparaîtra comme une évocation solennelle d'un événement qui promet d'exercer une influence capitale au point de vue de l'avenir du pays.

Semblable à ces cathédrales magnifiques que les siècles nous ont léguées, l'Exposition universelle et internationale de Bruxelles est un édifice auquel d'innombrables bonnes volontés ont apporté leur pierre. Qu'il me soit permis de rendre ici à toutes un éclatant hommage.

Tout à l'heure, M. le Président du Comité exécutif faisait ressortir, en termes heureux et auxquels il voudra bien me permettre de m'associer, tout le prix des augustes patronages qui encouragèrent l'œuvre à ses débuts, donnant en quelque sorte le signal de l'élan avec lequel Belges et étrangers apportèrent leur concours. Au nom de mes collègues et au mien, j'ai l'honneur, Sire, de présenter à mon tour, à Votre Majesté, à Sa Majesté la Reine, ainsi qu'à Leurs Altesses Royales, Madame la Comtesse de Flandre et Madame la Princesse Clémentine de Belgique, la respectueuse expression de notre profonde gratitude.

Les sections étrangères promettent d'être exceptionnellement brillantes. Jamais, jusqu'à présent, les gouvernements des autres pays ne patronnèrent en aussi grand nombre la participation de leurs nationaux à une Exposition organisée sur notre territoire.

En même temps qu'un puissant élément de succès, tous les Belges aperçoivent dans ces concours officiels une marque de sympathie offerte par des nations propices à nos destins. Ils en conserveront longtemps un souvenir reconnaissant.

A la Compagnie de Bruxelles-Exposition, qui eut l'honneur de concevoir une œuvre devant laquelle des hommes moins vaillants ou moins dévoués à la chose publique eussent reculé ; au Comité exécutif dont l'intelligente initiative et l'inlassable activité surent mener cette œuvre à bonne fin, j'adresse mes compliments. Le résultat obtenu dépasse, j'ose le dire, toutes les espérances.

Monsieur le Commissaire général du Gouvernement et ses distingués collaborateurs se sont acquittés de leur importante et délicate mission avec un zèle et un tact qui justifient pleinement la confiance que nous avions placée en eux. Il m'est agréable de pouvoir leur rendre publiquement ce témoignage. Je me hâte d'ajouter que, dans l'organisation de la section belge, ils furent largement et efficacement secondés par la Commission de patronage, dont le Bureau et les membres ne cessèrent de faire preuve d'un dévouement au-dessus de tout éloge.

On m'en voudrait à bon droit, si j'oubliais de signaler les travaux remarquables entrepris par la ville de Bruxelles en vue d'aménager le site et les abords de l'Exposition. Leur superbe ordonnance, leurs vastes proportions, la rapidité avec laquelle ils furent exécutés soulèveront, j'en ai la conviction, une admiration unanime.

Enfin, dans la multitude des exposants accourus d'en deçà et d'au delà des frontières, je salue les artisans suprêmes de cette fête du travail. Si d'autres ont organisé le succès, c'est à eux que reviendra l'honneur de le remporter. Qu'ils reçoivent mes félicitations comme un prélude des lauriers qu'ils attendent.

Dans quelques instants, l'Exposition universelle et internationale de Bruxelles ouvrira ses portes à l'impatience des foules cosmopolites.

Dans chacun de ces palais fastueux, qui semblent être sortis de terre à la suite d'un coup de baguette magique, le visiteur pénétrera ainsi qu'en un temple consacré au Progrès.

Confiante dans ses destinées et comme rajeunie à l'aurore d'un règne plein de promesses, la Belgique adresse à toutes les Nations une sincère et cordiale bienvenue.

Enfin, S. M. le Roi Albert Ier se lève et prononce le discours suivant :

Mesdames, Messieurs,

Je tiens, tout d'abord, à remercier le Président du Comité exécutif de l'hommage rendu par lui à la mémoire du Roi Léopold II, le promoteur du grand mouvement expansionniste de l'industrie belge, sous le patronage et les encouragements duquel a été conçue l'Exposition de 1910. Je remercie également le Président d'avoir rappelé l'intérêt passionné que je porte à la marche en avant de mon pays dans toutes les voies ouvertes au génie du peuple belge. Je suis heureux aussi de me faire l'interprète des sentiments reconnaissants de la Reine, de la Comtesse de Flandre et de la Princesse Clémentine pour les paroles gracieuses que le Président leur a adressées.

Messieurs, l'Exposition, que je me félicite d'ouvrir, attestera, aux yeux du monde, les immenses progrès réalisés, pendant plus de trois quarts de siècle, par la Belgique, cette terre de travail, où la coopération du génie hardiment créateur et de la main-d'œuvre intelligente et laborieuse a enfanté des merveilles dans tous les champs de l'activité humaine.

Les Belges d'aujourd'hui sont les dignes héritiers de ces agriculteurs tenaces dont le séculaire effort transforma une terre ingrate en sol fertile, et de ces admirables artisans qui, dès le treizième siècle, occupaient le premier rang, en Europe, dans les industries que leurs aptitudes et leur goût artistique élevèrent au plus haut degré de prospérité.

Les Belges d'aujourd'hui ont gardé intact le culte de l'art, qui a rendu célèbres, dès le moyen âge, nos écoles de peinture. La flamme sacrée dont étaient animés les Van Eyck, les Memling et les Rubens échauffe encore le cœur de leurs petits-fils d'à-présent.

Et, de nos jours, que d'industries nouvelles sont venues s'ajouter aux anciennes ! Que de sillons féconds l'esprit novateur du peuple belge a ouverts, que de sentiers non frayés il s'est plu à explorer ; son activité débordante s'est répandue jusqu'en Afrique, et l'Exposition coloniale montrera ce qu'elle a su faire au Congo.

Messieurs, l'Exposition de Bruxelles ne sera pas seulement un incomparable témoignage des efforts accomplis et des résultats obtenus par la Belgique. Elle se distingue de toutes celles qui l'ont précédée dans notre pays par un facteur inappréciable qui contribuera largement à son succès : la participation magnifique des pays étrangers.

Ces pays ont répondu avec empressement à l'invitation du Gouvernement belge, et leurs Parlements ont généreusement voté, en vue de cette coopération, des crédits considérables. Leurs expositions vont rivaliser d'intérêt et de beauté.

Au nom de la Nation belge, je remercie solennellement les puissances amies qui prennent part à l'Exposition de Bruxelles.

Je suis heureux, à plus d'un titre, de la présence de tant d'exposants étrangers et du caractère vraiment international de l'Exposition. La participation étrangère n'est-elle pas la preuve la plus éclatante des sentiments d'estime et d'amitié que la Belgique travailleuse et pacifique inspire aux autres Nations ? L'Exposition contribuera même, je n'en doute pas, à établir des liens plus étroits entre notre Nation et ses sœurs des deux continents : elle provoquera entre elles un plus grand échange de produits et de nouveaux courants commerciaux, alors que, pour tous les travailleurs et pour les Belges en particulier, elle constituera un champ d'expérience et de comparaison inestimable.

L'Exposition aura encore pour résultat de mieux faire connaître Bruxelles et les plus belles villes de notre pays à une foule empressée d'hôtes et de voyageurs, lesquels peuvent être assurés de trouver ici l'accueil le plus sympathique.

Par son caractère international, l'Exposition de 1910 aura, enfin, une portée humanitaire dont le Président du Comité exécutif a signalé l'importance dans son éloquent discours. Car elle apparaît comme une de ces œuvres de paix et de fraternité où la libre concurrence est appelée à remplacer les conflits armés d'autrefois. C'est du moins le vœu qu'au début de mon règne, et en présence des Etats amis de la Belgique, j'ai le droit d'exprimer hautement, et qui trouvera, je n'en doute pas, un écho dans tous les cœurs.

Messieurs, c'est pour moi un agréable devoir de féliciter le Comité organisateur et son digne Président, le Commissaire général du Gouvernement et ses infatigables collaborateurs, dont les efforts ont réalisé le projet grandiose conçu par les promoteurs de l'Exposition. Parmi ces promoteurs, après le Roi Léopold II, apparaît M. de Mot, l'homme populaire qui fut un bourgmestre si dévoué aux intérêts de la capitale ; je tiens à rendre à sa mémoire un sincère hommage.

Mes remerciements et mes félicitations vont aussi aux Commissaires généraux des expositions étrangères. Ils ont accompli des prodiges en érigeant des sections dont chacune est vraiment une exposition complète. A tous les auxiliaires du Comité exécutif : architectes, ingénieurs, artistes, ouvriers, qui ont rivalisé de zèle et de dévouement et dont le mérite s'affirme dans l'éclatant succès de leur commun labeur, j'adresse l'expression de ma vive reconnaissance et mes félicitations les plus chaleureuses.

Je suis heureux de pouvoir déclarer ouverte, aujourd'hui, l'Exposition internationale de Bruxelles.

L'Exposition étant ainsi solennement ouverte, LL. MM. le Roi et la Reine se rendent dans les différents Palais de l'Exposition.

Le soir eut lieu le Banquet officiel d'inauguration, auquel assistèrent les Commissaires généraux des différents pays représentés et un grand nombre d'exposants. M. Léon Janssen, Président du Comité exécutif, a prononcé un très intéressant discours couvert à plusieurs reprises par les applaudissements unanimes des divers assistants.

Nous allons maintenant pénétrer dans la partie de la galerie du Solbosh réservée à l'Alimentation et, après avoir traversé le pavillon de la Ville de Paris, la galerie de l'Hygiène et de l'Alimentation solide, nous arrivons à l'emplacement occupé par la classe 60 de la section française, de laquelle nous allons nous occuper plus particulièrement.

La Section Française

Avant de commencer la description de l'organisation de cette classe, nous devons rappeler que la Section française était placée sous le patronage de M. Jean DUPUY, Sénateur, Ministre du Commerce et de l'Industrie, et qu'un décret spécial avait

M. JEAN DUPUY
Ministre du Commerce et de l'Industrie.

nommé M. CHAPSAL (Fernand), Conseiller d'Etat, Directeur au Ministère du Commerce et de l'Industrie, comme Commissaire général du Gouvernement français ;

M. DEDET (Paul), Chef de bureau au Ministère du Commerce et de l'Industrie, Commissaire général adjoint ;

M. LACHAZE (Lucien), Docteur en droit, Adjoint au Commissaire général ;

MM. DU BOUSQUET, MUTEAU, PAITEL, Attachés au Commissariat général.

M. FERNAND CHAPSAL
Commissaire général du Gouvernement Français.

Le Service des Douanes était placé sous la direction de M. VUILLAUME (F.), Vérificateur des Douanes, et le Service du Gardiennage sous celle de M. le Capitaine CHANET.

Le Comité d'organisation de la Section française fut ainsi constitué:

Premier Président :

M. PINARD (A.),
Maître de forges, Vice-Président du Comité français des Expositions à l'Etranger, Président de l'Alliance syndicale du Commerce et de l'Industrie, Président de la Société d'Economie industrielle et commerciale, ancien Président de la Section française à l'Exposition de Liége 1905.

Deuxième Président :

M. Barbier (Léon),
Industriel, Sénateur de la Seine, ancien Président du Conseil général de la Seine, Président du Comité des Conseillers du Commerce extérieur, Membre du Conseil de Direction du Comité français des Expositions à l'Etranger.

Secrétaire général :

M. Jeanselme (Charles),
Ancien Président de Section au Tribunal de Commerce de la Seine, Secrétaire du Conseil du Comité français des Expositions à l'Etranger.

M. A. PINARD
Président de la Section Française.

Trésorier :

M. Faure (Jean),
Docteur en pharmacie, Conseiller du Commerce extérieur, Vice-Président de la Chambre syndicale des Fabricants de produits pharmaceutiques.

Secrétaire :

M. GODFERNAUX (Raymond),
Ingénieur des Arts et Manufactures, Membre du Comité des Travaux publics des Colonies, Secrétaire général de la Revue des chemins de fer.

Membres :

M. HETZEL (Jules),
Président du groupe III.

M. NICLAUSSE (Jules),
Président du groupe IV.

M. SARTIAUX (E.),
Président du groupe V.

M. RIVES (Gustave),
Président du groupe VI-A.

M. SARTIAUX (Albert),
Président du groupe VI-B.

M. E. DUPONT
Sénateur, Président du Comité Français des Expositions à l'Etranger.

M. POUPINEL (Paul),
Président du groupe IX.

M. TURPIN (Henry),
Président du groupe X.

M. GRUNER (Edouard),
Président du groupe XI.

M. LEGRAND (Charles),
Président du groupe XII.

M. BERGER (Casimir),
Président du groupe XIII-A.

M. DONCKELE (Georges),
Président du groupe XIII-B.

M. PLACIDE-PELTEREAU,
Président du groupe XIV.

M. AUCOC (Louis),
Président du groupe XV-A.

M. HENRY TURPIN
Président du groupe X, alimentation.

M. RAINGO (Georges),
Président du groupe XV-B.

M. AMSON (Georges),
Président du groupe XV-C.

M. BEURNIER (Dr Louis),
Président du groupe XVII-B.

M. KESTER (Gustave),
Président du groupe XIX-A.

M. MERILLON (Daniel),
Président du groupe des Sports.

Délégué du Comité :

M. ESTIEU (Maurice),

Service d'Architecture

Architecte en chef :

M. MONTARNAL (Joseph de),
Architecte D. P. L. G., Chef des Services techniques du Comité français des Expositions à l'Etranger, Architecte en chef des Sections françaises aux Expositions d'Amsterdam 1895, Glasgow 1901, Hanoï 1902-1903, Saint-Louis 1904, Liége 1905, Milan 1906, Bucharest 1907, Dublin 1907, Londres 1908, Saragosse 1908, Quito 1909.

Architecte adjoint :

M. MONTARNAL (Jean de),
Architecte.

Service du Comité d'organisation de la Section française

Secrétaire administratif :

M. BREVANS (E. de),

Le groupe 10 comprenant l'Alimentation constitua son bureau de la façon suivante:

Président :

M. TURPIN (Henry), O. ✻, O. ✿,
Associé principal de la Maison Lafond frères (vins et spiritueux), Président honoraire du Syndicat national du Commerce en gros des vins, cidres, spiritueux et liqueurs de France, Membre du Conseil de Direction du Comité français des Expositions à l'Etranger.

Vice-Président :

M. CAHEN (Jules), O. ✻, C. ✿, O. ♕,
Fabricant de conserves alimentaires, Secrétaire de la Chambre syndicale de l'Industrie des conserves alimentaires en France, Conseiller du Commerce extérieur.

Secrétaire :

M. Malaquin (Eugène), ✻, ❀,

Courtier-gourmet, Président de la Chambre syndicale des courtiers-gourmets.

Trésorier :

M. Sabot (Albert), ✻, ✻, ❀,

Négociant en vins, Trésorier honoraire du Syndicat national des vins et spiritueux de France, Président honoraire de la Chambre syndicale des vins en gros de Paris et du département de la Seine, Maire du douzième arrondissement, Conseiller du Commerce extérieur.

Organisation de la Classe 60

Le 25 mai 1909, les Membres du Comité d'admission de la classe 60 étaient convoqués au Siège du Comité français des Expositions à l'étranger pour constituer le Bureau de cette classe.

Les élections donnèrent les résultats suivants:

Président :

M. FORSANS (P.), ✻, ✻, ✻, C. ✠, ✠, Bordeaux, 17, cours du Médoc,
Président du Syndicat national du Commerce en gros des vins, cidres, spiritueux et liqueurs de France, Conseiller du Commerce extérieur.

M. PAUL FORSANS
Président du Comité d'Organisation et d'Installation de la Classe 60.

Vice-Présidents :

M. CHANDON DE BRIAILLES, Epernay.

M. CHARTON, O. ✻, ✻, O. ✻, Beaune, 38, faubourg Saint-Nicolas,
Vice-Président honoraire du Syndicat national du Commerce en gros

des vins, cidres, spiritueux et liqueurs de France, Président honoraire du Syndicat du Commerce en gros des vins et spiritueux de l'arrondissement de Beaune.

M. Desmoulins, ✻, O. ✻, Paris, 27, rue de Bourgogne,
Rédacteur en chef du *Moniteur viticole*.

M. Dumas, ✻, Villefranche-sur-Saône,
Membre de la Chambre de Commerce de Villefranche-sur-Saône, Vice-Président de la Chambre syndicale du Commerce en gros des vins et spiritueux des arrondissements de Villefranche et Mâcon.

M. Favraud, O. ✻, Jarnac, château de Souillac,
Associé principal de la Maison J. Favraud et Cie.

M. Girard-Amiot, Saumur,
Président du Syndicat des vins mousseux de Saumur, Vice-Président de la Fédération du Commerce d'exportation des vins, cidres, spiritueux et liqueurs de France.

M. Guestier (D.), ✻, Bordeaux, 35, pavé des Chartrons,
Administrateur délégué de la Succursale de la Banque de France, Trésorier de la Chambre de Commerce de Bordeaux.

M. Janneau (P.), ✻, ✻, Condom,
Vice-Président du Syndicat national du Commerce en gros des vins, cidres, spiritueux et liqueurs de France, Vice-Président de la Chambre syndicale des Négociants en vins et eaux-de-vie de l'Armagnac, Vice-Président de la Chambre de Commerce du Gers.

M. Lagarde, ✻, Bordeaux, 1, rue Victoire-Américaine,
Président du Syndicat viticole de Sainte-Croix-du-Mont, Trésorier de la Chambre de Commerce de Bordeaux.

M. Chanut (D^r^), O. ✻, Vosne-Romanée (Côte-d'Or),
Président du Comice agricole et viticole du canton de Nuits-Saint-Georges (Côte-d'Or).

M. Leenhardt-Pomier, Montpellier,
Président du Conseil d'administration du Syndicat agricole de Montpellier, ancien Président de la Société centrale d'Agriculture de l'Hérault.

M. Lignon, Lyon, 146, Grande-Rue de la Guillotière,
Président du Syndicat national du Commerce en gros des vins, cidres, spiritueux et liqueurs de France, Membre de la Chambre de Commerce, ancien Président du Tribunal de Commerce de Lyon.

M. Mestrezat, ✻, Bordeaux, 17, cours de la Martinique,
Président du Syndicat du Commerce en gros des vins et spiritueux de la Gironde.

M. Proust, ✻, ✻, Paris, 123, faubourg Poissonnière,
Président honoraire de la Chambre syndicale du Commerce en gros des vins et spiritueux de Paris et du département de la Seine.

M. Soualle, ✻, ✻, ✻, Pont-Sainte-Maxence (Oise),

Secrétaire général du Syndicat national du Commerce en gros des vins, cidres, spiritueux et liqueurs de France, Président du Syndicat du Commerce en gros des vins et spiritueux de l'Oise, ancien Président du Tribunal de Commerce de Senlis, Conseiller du Commerce extérieur, Membre de la Chambre de Commerce de l'Oise.

M. Sterne (Gustave), ✻, Nancy, 50, rue Stanislas,

Président honoraire du Syndicat national du Commerce en gros des vins, cidres, spiritueux et liqueurs de France.

M. Tricoche (Ernest), ✻, ✻, ✻, C. ✠, Cambes (Gironde),

Président du Syndicat de Défense des Agriculteurs et Viticulteurs des Arrondissements de Bordeaux, Secrétaire des Comités d'admission et d'installation des Expositions de Saint-Louis et de Liège ; Secrétaire général de l'Exposition internationale de Bordeaux.

Secrétaires :

M. Chonion, O. ✠, Meursault (Côte-d'Or).

M. Gès (Emmanuel), ✻, ✻, Domaine de Castel-de-Blés-Saint-Genis (Pyrénées-Orientales),

Président de la Chambre de Commerce française de Barcelone, Conseiller du Commerce extérieur.

M. Goulet, O. ✻, Paris, 3, rue de l'Yonne,

Vice-Président du Syndicat national du Commerce en gros des vins, cidres, spiritueux et liqueurs de France, Président de la Chambre syndicale du Commerce en gros des vins et spiritueux de Paris et du département de la Seine.

M. Guichard (Albert), ✻, Chalon-sur-Saône (Saône-et-Loire),

Président de la Chambre de Commerce de Chalon-sur-Saône, Autun et Louhans, Président honoraire du Syndicat des liquides de l'arrondissement de Chalon-sur-Saône.

M. Houbron, O. ✠, Lille, 11, rue Basse,

Vice-Président du Syndicat national du Commerce en gros des vins, cidres, spiritueux et liqueurs de France.

M. Lardet, ✻, Mâcon,

Président de la Chambre syndicale des Négociants en vins et spiritueux de Mâcon.

M. Larronde, Bordeaux, 31, rue Pomme-d'Or,

Vice-Président du Syndicat des Expositions des vignobles de la Gironde.

M. Lhote (Symphorien), Dijon,

Propriétaire-Viticulteur.

M. Meyer, Saumur, château de Beaulieu,

Vice-Président du Syndicat des vins mousseux de Saumur.

M. Morinerie (de la), ✠, Reims, 31, rue Libergier,
Vice-Président de la Fédération du Commerce d'exportation des vins, cidres, spiritueux et liqueurs de France, Secrétaire du Syndicat des vins de Champagne.

M. Picq, Libourne,
Trésorier du Syndicat du Commerce en gros des vins et spiritueux de l'arrondissement de Libourne.

M. Rogée (Eug.), Saint-Jean-d'Angély,
Président du Tribunal de Commerce de Saint-Jean-d'Angély.

M. Soubbets, Mont-de-Marsan,
Administrateur délégué de la Banque de France.

M. Taberne (C.-F.), I. ✿, O. ✾, ✠, Bruxelles, 77, av. Michel-Ange,
Consul de Colombie, Président du Syndicat agricole de Clapiers, Membre du Comité belge des Expositions à l'Etranger.

Secrétaires adjoints :

M. Brenot, Savigny-les-Beaune.

M. Cotillon (R.), Paris, 46, rue de Barsac.

M. Desmarquest (Jean), Amiens, 47, rue Boucher-de-Perthes,
Négociant-Propriétaire.

M. Hanier, I. ✿, ✾, Neuilly, 16, rue de Longchamps,
Secrétaire général adjoint du Comité international du Commerce des vins, cidres, spiritueux et liqueurs de France, Conseiller du Commerce extérieur.

M. Lunaret (de), Montpellier, 5, rue des Trésoriers-de-France.

M. Vitou, ✾, ✿, Paris, 30, boulevard Saint-Germain.

Trésorier :

M. Saillard, ✾, Paris, 1, rue de Castiglione,
Vice-Président de la Chambre syndicale des vins et spiritueux en gros de Paris et du département de la Seine.

Le Comité de la Classe 60 se mit immédiatement à l'œuvre. Le lundi 21 juin 1909, une première réunion était tenue au siège de la Classe, à Paris.

Le Comité étudiait les différents projets susceptibles d'être adoptés pour donner à l'Exposition des Vins et des Eaux-de-Vie de Vin un caractère particulier, susceptible de retenir l'attention du visiteur, et, à la suite de cette première réunion, un appel était adressé le 22 juillet à tous les Exposants éventuels.

Le dimanche 17 octobre, le Comité se réunissait de nouveau à Paris sous la présidence de son Président, M. Paul Forsans, et il étudiait les propositions qui lui avaient été soumises par divers entrepreneurs ; il examinait les plans qui avaient été dressés, et finalement portait son choix sur une installation de vitrines ou de gradins de style rustique, arrêtant également les prix qui seraient demandés aux Exposants.

Ces prix furent condensés dans une circulaire qui fut adres- à tous les Exposants éventuels, en date du 19 octobre 1909.

Nous la reproduisons ci-après, à titre documentaire :

Paris, le 19 octobre 1909.

MONSIEUR ET CHER COLLÈGUE,

Nous avons l'honneur de vous confirmer notre lettre-circulaire du 22 juillet dernier vous annonçant la future Exposition Universelle et Internationale qui doit se tenir à Bruxelles en 1910 et l'intérêt qu'il y avait pour la propriété et pour notre commerce à ce que leur participation à cette Exposition soit en rapport avec l'importance de la production viticole et avec le chiffre d'affaires que la France fait avec la Belgique.

Le Comité d'organisation de la Classe 60 a pensé qu'il était nécessaire de donner un attrait spécial à l'exposition des vins et eaux-de-vie, afin de retenir l'attention des visiteurs. Il a fait établir, par l'entrepreneur de la Classe, M. Chevalié fils, des vitrines de style rustique, dont les soubassements sont constitués par des panneaux représentant des fonds de tonneaux ou des caisses ; le long des montants ou des corniches courent des pampres de vignes, des grappes de raisins, etc. : le tout est fort attrayant.

Après avoir examiné toutes les données et réduit ses estimations au minimum possible, le Bureau du Comité a fixé comme suit les prix qu'auraient à payer les exposants :

Vitrines style rustique, spéciales

Le mètre	Fr. 530	pour 48	bouteilles
Le 1/2 mètre	300	— 24	—
Le 1/4 —	165	— 12	—
Le 1/8 —	90	— 6	—

Ils constituent un forfait qui comprend :

1° Le transport aller et retour de Paris-domicile ou de la gare pour la province ;

2° L'assurance ;

3° Le déballage et l'installation ;

4° Le gardiennage, le nettoyage et l'entretien pendant toute la durée de l'Exposition ;

5° L'ornementation et la distribution des cartes et prix-courants, si vous le désirez ;

6° Enfin, la présentation de vos produits au Jury, lors de la dégustation.

Les exposants demandant des vitrines isolées du modèle de la Classe auront à payer la somme de 395 francs par mètre linéaire de façade développée et 125 francs par mètre carré, pour frais de représentation, installation, etc.

Le Comité est à la disposition des exposants possédant des vitrines ou désirant des emplacements spéciaux destinés à faire déguster leurs produits, pour leur donner, après étude, les prix et conditions de location du sol nu.

Le Comité a décidé que les expositions individuelles ne pourraient être moindres de 6 bouteilles, et nous vous rappelons que les expositions collectives permettent de grouper les produits de plusieurs exposants.

Les bouteilles qui seront exposées sous votre étiquette devront être vides ou remplies d'eau colorée et, en outre (sans supplément de frais), vous devrez envoyer 2 bouteilles de chacune des qualités exposées par vous pour les vins, et une pour les eaux-de-vie. Pendant la durée de l'Exposition, elles seront placées dans une cave et n'en sortiront que pour être présentées au Jury, lors de la dégustation.

Nous sommes à votre disposition pour tous renseignements complémentaires que vous désireriez recevoir.

Veuillez agréer, Monsieur et cher Collègue, l'expression de nos sentiments les plus distingués.

Le mercredi 22 décembre, le Comité d'installation se transformait en Comité d'admission.

Conformément aux instructions de la Section française, il examinait les demandes d'emplacement dont il avait été déjà saisi par un grand nombre d'Exposants, et procédait à leur admission.

Cependant, de nombreuses demandes étant encore en suspens, le Comité ne pouvait pas encore arrêter l'emplacement définitif qui lui serait nécessaire dans la Galerie de l'Alimentation. En vue de faciliter l'accès de l'Exposition aux petits propriétaires, il décidait que des installations spéciales pourraient être établies, de façon à faire participer le plus grand nombre de petits Exposants pour un prix aussi minime que possible.

Il fut décidé qu'on accepterait des groupements de propriétaires ou des groupements d'individualités sur des installations spéciales, gradins ou tables, pour le prix de 21 francs pour 3 bouteilles.

Une nouvelle circulaire était donc envoyée aux groupements susceptibles de participer à cette installation, en date du 14 décembre 1909.

Nous donnons, ci-après, le texte de cette circulaire :

Paris, le 14 décembre 1909.

Monsieur le Président et cher Collègue,

La Belgique prépare à Bruxelles, pour le mois d'avril de l'année prochaine, une grande Exposition Universelle et Internationale.

Le Gouvernement de la République a nommé M. Chapsal Commissaire général du Gouvernement français à Bruxelles, et M. Pinard, Président de la Section française, a été chargé de l'organisation générale de cette Exposition.

En qualité de Président du Comité d'admission et d'installation de la Classe 60 (vins et eaux-de-vie de vin), j'ai l'honneur de solliciter votre adhésion à la grande manifestation que le Comité veut faire en faveur de nos produits vinicoles.

Le prix de la participation individuelle ou collective a été fixé à 90 francs en vitrine et à 42 francs en gradins pour 6 bouteilles. Afin de favoriser l'admission des *vignerons*, le Comité acceptera les participations individuelles de 3 bouteilles, moyennant 21 francs.

Permettez-moi, Monsieur le Président et cher Collègue, de compter sur votre obligeance pour recueillir les adhésions des membres de votre Syndicat, soit en les groupant dans une exposition collective, soit en leur facilitant une exposition individuelle.

Veuillez agréer, Monsieur le Président et cher Collègue, l'assurance de mes meilleurs sentiments.

Le Président,
Paul Forsans.

Une délégation fut également chargée de se rendre auprès de MM. Chapsal, Commissaire général, et de Montarnal, Architecte en chef, afin d'obtenir les renseignements exacts sur les dimensions de l'emplacement qui pourrait être concédé définitivement à la Classe.

Le Comité se préoccupait également de la question de la dégustation par les membres du Jury, certaines défectuosités ayant été constatées lors du fonctionnement des jurys des diverses expositions précédentes.

Il importait aussi de savoir quels locaux ou plutôt quelles caves l'Administration belge pourrait mettre à la disposition de la Classe 60 pour emmagasiner les vins ou les eaux-de-vie destinés à la dégustation lors des opérations du jury.

Une délégation fut chargée de se rendre à Bruxelles pour obtenir ces renseignements sur place.

Le Comité se préoccupait également des meilleurs moyens de faire déguster par les consommateurs du Restaurant français les produits correspondant à ceux exposés.

M. Paul Forsans, Président, fut chargé à cet effet d'entamer des pourparlers auprès de M. Chapsal, Commissaire général, et auprès de MM. Duval et Gruber, Concessionnaires du Restaurant français, et à ce sujet le Comité émettait le vœu suivant:

Qu'à l'avenir le Gouvernement français obtienne que pour les établissements de consommation dans l'enceinte des expositions, le monopole ne soit pas donné à une seule Société et que la Section française soit maîtresse chez elle.

De plus, la Classe 60 forme le vœu que les établissements de consommation vendent surtout des marques françaises prenant part à l'Exposition, avec lesquelles le tenancier aura à s'entendre pour les conditions.

Conformément à la mission qui lui en avait été donnée, M. Paul Forsans se rendit à plusieurs reprises auprès de M. Chapsal, Commissaire général, qui voulut bien le mettre en rapports avec MM. Duval et Gruber, auxquels il soumit le désir exprimé par les membres du Comité, relativement à l'indication sous certaines conditions de la liste des vins exposés qui pourraient être mis en vente au Restaurant français.

Les conditions proposées par MM. Duval et Gruber furent immédiatement transmises aux différents représentants des régions susceptibles d'utiliser les offres de ces messieurs.

Le temps, malheureusement trop restreint, dont on disposait ne permit pas d'aboutir à une solution satisfaisante.

Entre temps, MM. Forsans et Tricoche se rendaient à Bruxelles. Ils avaient diverses entrevues au Commissariat général belge au sujet de l'emmagasinement des bouteilles destinées à la dégustation du Jury et au sujet de l'emplacement qui serait réservé aux membres du Jury pour procéder à la dégustation.

Le Comité belge offrait de faire établir des caves sous les halls de la Section belge, et proposait que la dégustation ait lieu dans la Salle des Fêtes.

Cette proposition, quoique fort aimable, offrait un grave inconvénient.

Les bouteilles auraient dû subir un déplacement de 4 ou 500 mètres ; le vin n'aurait pas le temps de se reposer et, par conséquent, serait placé dans de mauvaises conditions pour être dégusté avec l'attention que de tels produits méritent.

La délégation étudia divers moyens, et finalement se rendit auprès de M. Alexandre Carle, Secrétaire de la Fédération belge des Négociants en vins.

Elle lui exposa ses désirs et, connaissant sa bienveillance et son dévouement, elle lui demanda s'il lui serait possible d'apporter aux Exposants de la Classe 60 son précieux concours.

M. Carle promit d'étudier la question avec le Président de la Fédération belge, M. le Sénateur Van der Kelen, et de rendre réponse.

Quelque temps après il écrivait au Président Forsans pour lui dire qu'il croyait avoir enfin trouvé la solution au délicat problème qui lui était posé.

M. Jamar, Directeur de la Banque nationale belge et membre de la maison Papin-Dupont, de Mons, avait loué, pour la durée de l'Exposition et pour l'installation des services administratifs de Bruxelles-Kermesse, une grande villa située avenue du Sol-

M. JAMAR
Directeur de la Banque Nationale de Belgique.

bosch, par conséquent à proximité de l'Exposition, et il offrait de mettre cette belle et vaste propriété à la disposition du Jury, les produits destinés à la dégustation pouvant être déposés dans les caves de cette villa sous la surveillance de la douane.

La délégation se rendit de nouveau à Bruxelles, visita le local qui lui était si gracieusement offert, et accepta l'offre généreuse qui lui était faite par M. Jamar.

Le résultat de ces démarches fut communiqué au Comité d'Admission et d'Installation dans une séance ultérieure, et reçut l'approbation unanime des membres du Comité.

Le Comité examina également les plans qui avaient été dressés par M. de Montarnal, Architecte en chef, et les accepta.

Des instructions furent immédiatement données à l'entrepreneur de la Classe, M. Chevalié, pour que les travaux fussent poussés avec la plus grande activité, de façon que l'installation fût aussi avancée que possible, sinon prête, pour le 23 avril, date de l'inauguration.

Si l'installation ne fut pas tout à fait terminée pour cette date, elle était suffisamment avancée pour que le coup d'œil d'ensemble offrît déjà un certain intérêt.

MM. Goulet et Soualle furent délégués pour représenter à cette cérémonie le Comité de la Classe 60.

Le cortège royal, comme nous l'avons dit d'autre part, parcourut rapidement l'Exposition ; il fut reçu au Salon d'honneur de la Section française par M. Beau, Ministre de France ; M. Chapsal, Commissaire général ; M. Dedet, Commissaire général adjoint ; M. Schwob, Commissaire général des Colonies ; M. Legrand, Directeur du Cabinet de M. Jean Dupuy, Ministre du Commerce et de l'Industrie de France, et les délégations des diverses Classes de la Section française.

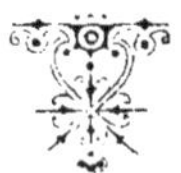

Inauguration de la Section Française

L'inauguration officielle de cette Section eut lieu le samedi 4 juin, à trois heures de l'après-midi.

Le matin, LL. MM. le Roi et la Reine des Belges, accompagnés du général Jungbluth, du commandant de Posch et de la comtesse Van den Steen de Jehay, sont venus visiter la Section française.

Reçus par M. Max, bourgmestre ; le duc d'Ursel, le baron Janssen, le comte Van der Burch et M. Keym, ils traversèrent la Section britannique pour se rendre au Salon d'honneur de la Section.

Le Roi et la Reine furent reçus par M. Beau, Ministre de France à Bruxelles; M. Chapsal, Commissaire général; M. Dedet, Commissaire général adjoint, entourés de MM. L. Lachaze, Du Bousquet, Muteau et Paitel, attachés au Commissariat général français.

M. Charles Jeanselme, Secrétaire général du Comité d'organisation ; M. le Sénateur Dupont, Président du Comité français des Expositions à l'étranger ; MM. Jean Dupuy, Ministre du Commerce et de l'Industrie ; Trouillot, Ministre des Colonies, et Ruau, Ministre de l'Agriculture ; M. Caron, Président du Conseil municipal de Paris, et M. Lépine, Préfet de police, furent présentés au Roi et à la Reine par M. Chapsal, Commissaire général.

Les spahis et les tirailleurs soudanais formaient la garde d'honneur au pied du grand escalier.

M. de Montarnal, Architecte en chef de la Section française, reçut les félicitations du Roi pour la magnifique façade Louis XIV de la galerie d'honneur.

Les pylônes du salon étaient décorés de cartouches aux armes des diverses villes de France, et la grande porte monumentale s'encadrait de deux statues symbolisant l'Art et l'Industrie.

Après les présentations, le Roi et la Reine visitèrent successivement les Classes de la Bijouterie et de la Joaillerie, la galerie de l'Industrie et le hall de la grosse Métallurgie.

La Reine se rendit dans les Sections spéciales de la Couture, de la Toilette, de la Dentelle, de la Broderie, de la Fourrure, Pelleterie, Soierie, pendant que le Roi s'intéressait plus particulièrement à la participation des Sections industrielles françaises.

Passant par la Section de l'Education et de l'Enseignement, le stand des Mines et Carrières, celui de l'Electricité et le Salon des Jouets, le Roi et la Reine ont visité la Section de l'Alimentation, où les représentants des diverses Classes leur ont été présentés.

Le Groupe 10 était représenté par M. Henry Turpin, Président, et M. Malaquin, Secrétaire.

La Classe 60, par M. Paul Forsans, Président; MM. Havy, Charton, Delcous, Chonion, Brenot, Faure, Privat et Desmoulins.

Après une courte apparition dans le Palais de l'Automobile, M. Chapsal a remis à la Reine une magnifique corbeille d'orchidées, et au Roi une élégante plaquette de bronze doré commémorant cette visite d'inauguration.

Le Roi félicita chaudement les organisateurs de la Section française, et le cortège royal quitta l'Exposition à midi un quart.

L'après-midi du même jour, à trois heures, la cérémonie officielle d'inauguration avait lieu dans le grand salon d'honneur, orné de magnifiques tapisseries des Gobelins.

Les invités de la Section française étaient fort nombreux lorsque arrivèrent MM. Jean Dupuy, Trouillot et Ruau, Ministres français, accompagnés de M. Beau.

Après que la musique des carabiniers eut fait entendre *La Marseillaise* puis *La Brabançonne*, M. Chapsal, Commissaire général de la France, prit le premier la parole en ces termes:

Chaque fois qu'au cours de ce dernier quart de siècle la Belgique a organisé une de ces fêtes internationales du travail, comme celle qui nous réunit dans ce cadre grandiose et pittoresque, la France, répondant à ses appels, s'est attachée à y prendre la part la plus complète et la plus brillante.

Ces manifestations ont apparu comme un moyen propice de fortifier nos relations économiques, en même temps qu'une occasion solennelle d'apporter au peuple belge le témoignage de notre vieille et inaltérable amitié.

Les expositions de Bruxelles, d'Anvers et de Liége ont laissé dans l'esprit des Français qui s'y sont associés, avec le souvenir de l'hospitalité la plus généreuse, une estime plus raisonnée, une sympathie plus profonde pour nos voisins, et les rapports se sont multipliés en même temps que les liens d'affection se resserraient.

Aussi, dès qu'il fut convié à l'Exposition de Bruxelles, placée sous le haut patronage de S. M. le Roi des Belges, le Gouvernement de la République française s'est-il empressé de donner son adhésion, heureux d'être le premier à seconder ces hommes d'action et d'énergie qui, après avoir eu l'honneur de concevoir cette œuvre difficile, en sont devenus, avec le concours éclairé des Pouvoirs publics, les persévérants réalisateurs. En prenant cette attitude, il ne faisait d'ailleurs qu'être l'interprète fidèle des sentiments qui animent nos populations.

Ceux de nos compatriotes qui ont coopéré à la participation française, dans le Comité d'organisation comme dans les autres groupements, pourraient, en effet, attester qu'au cours de nos travaux nous n'avons rencontré que des manifestations de vif intérêt, d'enthousiaste attachement pour l'Exposition de Bruxelles, pour cette capitale dont le charme provient autant de l'architecture pieusement conservée dans les quartiers anciens, que du caractère monumental donné aux parties modernes.

Grâce à cet élan de bonnes volontés, grâce à ce désir d'affirmer que le temps ne saurait atteindre une entente fondée sur des affinités de race comme sur l'intérêt bien entendu des deux pays, nous avons confiance que la manifestation organisée sous votre décisive impulsion, Messieurs les Ministres, sera jugée digne de ses devancières, et que rivalisant de zèle et d'ardeur avec les sections étrangères, elle contribuera avec elles à l'éclat de l'Exposition.

A Bruxelles, en 1897, la France occupait un emplacement de 16.000 mètres ; c'est à peu près le double qu'il fallait en 1905 à Liége pour installer nos exposants. En 1910, tous ces chiffres sont de beaucoup dépassés, et la Section française s'étend dans des galeries et pavillons qui mesurent plus de 50.000 mètres.

Mais, je me hâte de le reconnaître, ce n'est pas seulement par les emplacements qu'il convient d'apprécier une section, c'est surtout par ses produits.

Sous cet aspect, qu'il me soit permis de le dire, notre Section se présente dans d'heureuses conditions.

M. Chapsal caractérise, en une langue harmonieuse et colorée, les diverses parties de la Section française.

Telle est, dit-il, dans une rapide esquisse, la participation que j'ai le grand honneur de vous présenter. Tous, nous nous sommes appliqués à en faire un harmonieux ensemble de nos aptitudes, de nos ressources et de nos aspirations et, par son unité, à donner comme une vision synthétique de la France travailleuse, productrice et consciente de ses obligations.

La somme d'initiative intelligente et d'activité féconde qu'il a fallu à tous mes collaborateurs, en particulier au Président et aux membres du Comité d'organisation, pour mener à bien cette belle œuvre, il est facile de la concevoir ; sans citer aucun nom, je tiens, en ce jour où, faisant trêve à vos travaux, Messieurs les Ministres, vous avez bien voulu constater par vous-mêmes le fruit de leur labeur, à leur adresser de chaleureux remerciements.

M. Chapsal exprime sa gratitude aux membres du Comité belge et termine en disant :

Messieurs, tous les artisans de la Section française, unis dans un même sentiment patriotique, attendaient avec impatience cette journée solennelle qui apporte à leurs efforts une encourageante consécration ; ils en conserveront un durable souvenir, heureux d'en reporter tout le mérite à la vaillante et prospère nation belge qui les a conviés à cette lutte pacifique dans un esprit de féconde et noble émulation.

Après lui, M. Hubert, Ministre de l'Industrie et du Travail de Belgique, s'exprima en ces termes :

Dans tous les domaines, il est des renommées si bien établies qu'il leur suffit de paraître pour soulever les acclamations. Je ne crois pas m'aventurer en disant que tel est notamment le cas pour la France toutes les fois qu'elle participe à une Exposition internationale.

C'est qu'aussi bien, sur ce terrain, la France a fait ses preuves depuis longtemps. Qui d'entre nous n'a encore présent à l'esprit l'éclat des grandioses Expositions de Paris, dont le cycle prestigieux marque comme d'autant de jalons l'histoire de la civilisation du XIXe siècle. Personne n'a oublié non plus la part prise par la France aux expositions organisées antérieurement sur notre territoire. Toujours nous l'y vîmes briller au premier rang.

Le ministre fait l'éloge de la participation française :

Cette fois encore, il en sera ainsi. Tous les Belges en sont tellement convaincus qu'ils applaudissent d'avance à un succès devenu en quelque sorte traditionnel.

Placé en quelque sorte, dit-il, entre les deux pôles de la civilisation européenne, le Français participe à la fois de l'imagination exubérante des populations méridionales et de la froide raison des races du Nord.

De la fusion de ces deux tendances, est né un esprit qui se caractérise essentiellement par l'équilibre et l'harmonie des facultés. D'où, apparemment, la virtuosité du Français, dans le domaine de l'art. Tandis que sa claire intelligence lui indique les sommets sublimes où règne le beau, l'inspiration lui donne la force d'en gravir les aspérités.

Mais l'esprit français ne s'attache pas seulement à l'art ; il cherche instinctivement à enjoliver toute chose.

Qu'il me suffise de rappeler que, de tout temps, vos industriels et vos artisans excellèrent dans les travaux qui réclament le bon goût.

C'est ainsi que nous vivons encore de nos jours sur la beauté élégante et somptueuse des ameublements classiques qui firent la gloire de votre pays au XVIIe et au XVIIIe siècles. Je le sais, un art nouveau, mieux approprié aux nécessités et aux us de la vie moderne, commence à se faire jour. Mais, là encore, la production française n'occupe-t-elle pas une place privilégiée ?

La France a pensé, à juste titre, qu'un pays qui veut une participation parfaite, doit présenter une synthèse absolument complète de son activité.

Aussi, dépasse-t-elle toutes les autres nations par l'universalité des produits exposés. C'est en vain qu'on chercherait dans la Section française une industrie, une branche agricole ou commerciale qui ne soit pas représentée. Tout y est ; depuis les objets les plus usuels jusqu'aux appareils scientifiques les plus subtils, depuis les produits de l'industrie la plus traditionnelle jusqu'aux aéroplanes et aux autochromes, depuis les canons et les plaques de blindage jusqu'aux jouets d'enfant et aux accessoires de cotillon.

La statue de la République qui se dresse à l'extrémité de cette galerie, tient d'une main le rameau d'olivier et de l'autre une gloire qui distribue des couronnes.

La pensée de l'artiste fut de représenter la démocratie française réalisant ses destinées dans la paix et dans le travail.

Mais, quand je considère les emblèmes que la France nous présente et que je me remémore les succès exceptionnellement éclatants remportés par elle aux expositions passées, j'entrevois encore une seconde signification :

Je vous invite à acclamer dans la France le Génie des Expositions.

Au nom du Gouvernement français, M. Jean Dupuy, Ministre du Commerce et de l'Industrie, prononça une allocution dont nous extrayons les passages suivants :

Placée au carrefour des grandes routes internationales, elle est merveilleusement située pour donner un aussi beau et pacifique spectacle. La France tient, dans cette fête du travail, la place qui lui revient. Elle y figure avec tout l'éclat de son fier génie ; nos exposants ont tenu à montrer à Bruxelles des prodiges de goût et d'art. La France demeure au premier rang des nations industrielles.

Le Ministre remercie les organisateurs et tous ceux qui ont collaboré au succès de l'œuvre.

Car, dit-il, ils ont permis de maintenir ainsi les bonnes traditions de fraternité entre les deux peuples. Notre patriotisme est commun dans toutes les manifestations de la science, de l'art et des lettres.

Il termine par ces mots :

La Belgique occupe dans le monde une place considérable ; son commerce rayonne sur les deux hémisphères. Je rends hommage au peuple belge et le félicite de son rôle pacifique, pendant ses quatre-vingts années d'indépendance.

M. le baron Janssen exprima aux représentants de la France la gratitude du Comité exécutif belge. Il termina son allocution en déclarant que, dans l'admirable Exposition, il y a une perle précieuse : c'est la Section française.

A quatre heures et demie, M. Ruau, Ministre de l'Agriculture, procéda à l'inauguration du Palais de l'Agriculture de la Section française et, à la même heure, M. Trouillot, Ministre des Colonies, procédait à la même cérémonie pour les pavillons des Colonies françaises.

Le soir, un grand banquet de plus de 600 couverts était offert, par le Commissaire général et le Président de la Section française, dans les grands salons du « Chien-Vert ».

Chacune des trois tables d'honneur était présidée par un Ministre français : MM. Jean Dupuy, Trouillot et Ruau.

Autour de ces tables avaient pris place MM. les Ministres Schollaert, Hubert, Davignon, le général Hellebaut, De Lantsheere, Helleputte et Renkin, Simonis, Président du Sénat ; Cooreman, Président de la Chambre ; Dupont, Sénateur, Président du Comité français des Expositions à l'étranger ; Beau, Ministre de France ; Yang-Shao, Commissaire général de la Chine ; Caron, Président du Conseil municipal de Paris ; le Bourgmestre Max ; Chapsal, Commissaire général de la France ; le baron Janssen ; Albert, Commissaire général de l'Allemagne ; Dedet, Commissaire adjoint de la France ; le duc d'Ursel ; van der Burch et Keym ; Hutchinson, Commissaire général du Canada ; Amelin, Directeur général au Ministère de l'Industrie ; van Asch van Wijck, le nouveau Commissaire hollandais ; les Sénateurs français Saint-Germain, Lourties et Viger; E. Schwob;

Ware, Président de la Section américaine ; Gody ; Cœtermand et Goldzieher ; de Sadeleer, don Escoriazza, Commissaire général du Gouvernement espagnol ; Vaxelaire, Commissaire du Gouvernement ottoman ; le Sénateur Delannoy ; les Echevins Lemonnier, Grimard et Jacquemain ; le Député français Astier ; Ch. Rolland et Garrigues ; Bastenier ; le duc de Camastra et le chevalier Uttini ; Storms ; Duray, Bourgmestre d'Ixelles ; l'Ingénieur Masion ; Mabilleau ; le baron Beyens ; F. Wiener ; Canon-Legrand ; de Bousquet ; le Député de Paris Brunet ; le Sénateur de Pontbriand ; Cassel ; T. van Ophem ; des journalistes français, parmi lesquels M. Berr, du *Figaro*, etc., etc. Liége était représenté à ce banquet par les Echevins Fraigneux et Falloise, M. Digneffe, qui fut le Président du Comité de l'Exposition liégeoise, et MM. Pholien et Dumoulin, qui furent les promoteurs de celle-ci.

M. Beau, Ministre de France, prit le premier la parole :

La Belgique, dit-il, peut être fière des sympathies qui, de toutes parts, viennent à ses jeunes souverains. La France, qui est liée à la Belgique par des liens d'indissoluble amitié, se réjouit du prestige nouveau que l'Exposition apportera à votre pays. Elle a admiré le long et admirable effort du roi Léopold II et elle s'associe aux vœux que fait le peuple pour le nouveau règne qui vient de commencer sous les plus heureux auspices.

M. Beau lève son verre au Roi et à la Reine.

M. Hubert porte le toast au Président de la République :

Le Gouvernement français a donné à la Belgique, en participant officiellement à l'Exposition, un témoignage de réelle amitié pour notre pays. Je lui en exprime et nos sympathies et notre gratitude. Je suis heureux de l'occasion qui m'est offerte de porter la santé de celui qui personnifie avec tant de distinction la puissance démocratique de la France.

M. Hubert fait ensuite un éloge chaleureux de la Section française et boit aux membres du Gouvernement français qui sont venus aujourd'hui à Bruxelles.

M. le Sénateur Dupont, Président du Comité français des expositions à l'étranger, rappelle les expositions de Bruxelles 1897 et de Liége 1905, auxquelles la France fut heureuse de prendre part. Il félicite M. Chapsal et les exposants, salue

MM. Pinard et Barbier, empêchés d'assister à cette fête, et rend hommage à l'activité et à l'initiative du Comité belge.

Le baron Janssen boit à son tour à la brillante participation française :

Nous devons, dit-il, à celle-ci une part du succès de notre Exposition. Le drapeau français qui claque au vent évoque dans notre esprit un idéal de beauté. L'apparition des chefs-d'œuvre de votre littérature constitue un événement mondial.

Votre Section se distingue par son infinie variété et par l'harmonie de son ensemble ; elle affirme, une fois de plus, votre puissance productrice.

Le baron Janssen fait, aux applaudissements de tous, l'éloge de M. Chapsal, de M. Dedet et de tous leurs collaborateurs.

M. Chapsal, Commissaire général, prend ensuite la parole :

Il faut, dit-il, pour mener à bien une exposition, deux vertus : de la persévérance et de l'enthousiasme. Ces vertus, nous les avons trouvées chez nos exposants, chez les membres de nos Comités, qui tous, comme nous, se sentent, par une instinctive sympathie, attirés vers la Belgique.

Le succès que nous célébrons est une œuvre commune et chacun des pays participants — et notamment la Belgique — y a sa part.

M. Chapsal porte un toast à tous ceux qui ont collaboré au succès de la Section française, dans un bel esprit de concorde et de fraternité. Ils ont rendu service à la France.

M. Caron, Président du Conseil municipal de Paris, apporte à la ville de Bruxelles et à son Bourgmestre, M. Max, le salut sympathique et cordial de la ville de Paris.

M. Max se lève aussitôt :

Je suis heureux de pouvoir vous dire nos sympathies profondes pour la France. La Belgique doit les trois quarts de son autonomie à votre pays. C'est, au contact de l'influence de la France, qu'elle a eu le sentiment du beau et de ce luxe de bon aloi que nous admirons aujourd'hui à l'Exposition. Vous nous avez aidés à prendre place parmi les grandes capitales de l'Europe. Nous avons des affinités de races, de langue ; nous saisissons tous les battements du cœur de la France. Aujourd'hui, le boulevard Anspach n'est-il pas le prolongement du boulevard des Italiens ? Nous avons des liens de parenté et nous nous permettons de prendre une part de la joie que vous procure la victoire que vous venez de remporter. Nous le faisons avec d'autant plus d'allégresse que nous éprouvons une gratitude profonde pour le pays qui, le premier, lutta pour l'émancipation de la pensée. Je salue les représentants de la Municipalité de Paris, la patrie généreuse et libre où furent proclamés les droits de l'homme — nés de la justice et de la fraternité.

C'est M. le Ministre Dupuy qui clôt la série des discours. Il célèbre la beauté de l'Exposition de Bruxelles et remercie tous ceux qui ont rendu hommage à la participation française. Il boit aux hommes qui ont organisé la Section française :

Ce sont, dit-il, de bons Français et de vaillants serviteurs de leur pays. Il semble que la nature, les traditions et l'histoire ont établi des liens fraternels entre la France et la Belgique. Nous marchons parallèlement dans la défense des idées de liberté et de justice. Nous sommes également attachés à la défense de nos intérêts, de notre indépendance et nous ne supporterons aucune tutelle.

M. Dupuy boit aux Ministres belges et aux Présidents des deux Chambres.

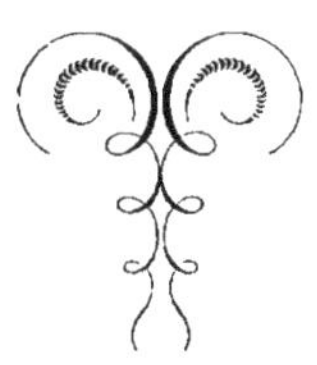

L'Exposition de la Classe 60

Placée dans le grand Palais de l'Hygiène et de l'Alimentation, la Classe 60 faisait suite aux classes d'Alimentation solide, et couvrait une superficie de 800 mètres carrés.

Nous allons d'abord parler de l'exposition des 146 Syndicats composant le Syndicat national du Commerce en gros des vins, cidres, spiritueux et liqueurs de France, Fédération de tous les Syndicats des négociants en vins, spiritueux et liqueurs de France, car il est l'âme même de tout le Commerce de gros de France.

Son exposition comprenait, en outre, un grand tableau artistique énumérant les noms de tous ces Syndicats affiliés, la composition de son Bureau, de sa Commission exécutive, des différents services et de la Bibliothèque. L'exposition d'une Fédération ne peut être que suggestive et documentaire. Celle-ci l'était au premier chef. Puis venaient les stands de MM. Bichat et Cie, Buguet, de Chille, vins mousseux.

Dans un salon réservé se trouvait l'exposition particulière de MM. Pellisson et Cie de Cognac.

Les parois de ce salon étaient composées de foudres, de fûts de diverses contenances, donnant des échantillons des différents produits de la tonnellerie et aussi des fûts qui servent à loger les cognacs et à assurer leur vieillissement parfait.

En sortant de ce salon, immédiatement à sa gauche se voyait l'installation de dégustation de M. Rouquette, de Paris. Ce dernier avait également obtenu une concession dans les jardins où il y avait une installation particulière. En face de lui, l'exposition des membres adhérents de la Chambre syndicale du Commerce en gros des vins et spiritueux de Paris et du département de la Seine, dans une grande vitrine spéciale, puis, dans une autre, l'exposition des vins de Champagne et des produits vinicoles de la maison Félix Potin et Cie.

Exposition Internationale de Bruxelles 1910

Section française de l'alimentation liquide

Classe 60 (Vins & Eaux-de-Vie de Vin)

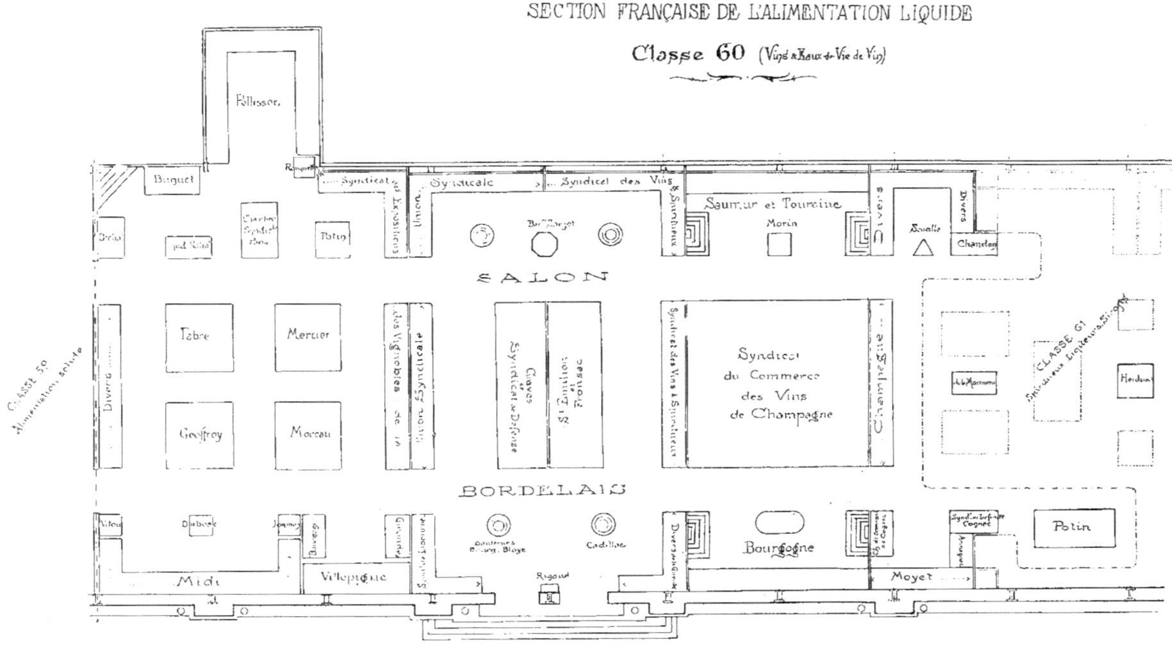

De l'autre côté, le stand de dégustation en treillagé de la maison Gustave Fabre, de Nîmes, installation très pittoresque et qui attirait les regards des visiteurs. A côté de celle-ci, le comptoir de dégustation de la maison Mercier et Cie, d'Epernay,

Un coin du Salon Bordelais.

qui avait, en outre, fait édifier un grand établissement de dégustation dans l'avenue des Concessions.

Dans toute la largeur de la galerie, s'étendait l'installation du Syndicat des expositions des vignobles de la Gironde, qui avait été organisée par les soins de M. Maurice Larronde, Secrétaire de la Classe.

Au milieu de cette installation particulière se trouvait également un comptoir de dégustation.

Remontant dans l'allée de gauche, on pénétrait dans l'installation du Comité de l'exposition bordelaise, où se voyaient successivement les installations en vitrine de l'Union syndicale des Négociants en vins de Bordeaux, du Syndicat du Commerce en gros des vins et spiritueux de la Gironde, du Syndicat du Commerce en gros des vins et spiritueux de Libourne, du Comité de propagande de la Gironde, du Syndicat de défense vinicole et agricole de l'arrondissement de Bordeaux, du Syndicat viticole et agricole de Saint-Emilion, du Syndicat viticole et agricole de Pomerol, du Comice viticole et agricole du canton de Cadillac, du Syndicat des propriétaires des grands vins blancs de Sainte-Croix-du-Mont, du Groupement des individualités de Fronsac, du Syndicat de la juridiction de Saint-Emilion, du Syndicat professionnel du Blayais, du Syndicat viticole de la région de Sauternes et Barsac, du Syndicat viticole des Graves de Bordeaux, du Syndicat des grands crus classés du Médoc, du Syndicat du Haut-Médoc, du Syndicat viticole du Taillan, du Comice agricole du Médoc, du Comice viticole et agricole de Libourne, du Syndicat de la juridiction de Saint-Emilion, du Syndicat viticole de la région de Sauternes et Barsac, du Comice viticole et agricole du canton de Podensac, du Syndicat des expositions des vignobles de la Gironde, du Syndicat des vignerons de Loupiac, du Syndicat régional agricole de Cadillac, Podensac et cantons limitrophes.

Le milieu de ce salon était occupé d'un côté par deux chars qui avaient figuré à la Fête des Vendanges de Bordeaux, l'un pour le Syndicat viticole de Graves, et l'autre pour le Syndicat de défense agricole et viticole de l'arrondissement de Bordeaux.

L'autre côté, occupé par les produits spéciaux des Syndicats de Saint-Emilion et de Fronsac, reproduisait la vue des ruines du palais Cardinal à Saint-Emilion.

Des pylônes supportaient les expositions des Syndicats de Sauternes, Bourg, Blaye et Cadillac.

Etaient fort remarquées également l'élégante vitrine contenant les vins Gruau-Laroze-Sarget, propriété de Mme la baronne Sarget, et l'installation particulière de Mme Esther Rigaud, propriétaire du château Rauzan-Gassies.

Nous devons une mention toute spéciale à cette installation, et féliciter les membres du Comité bordelais, MM. Daniel

Entrée de l'Exposition du Syndicat des Négociants en Vins de Champagne.

Guestier et Mestrézat, et surtout leur Délégué, M. Ernest Tricoche, Vice-Président de la Classe 60.

Après avoir fait le tour de ce salon spécial de la Gironde, le visiteur, reprenant l'allée de gauche, passait devant les vitrines des Syndicats des vins mousseux de Saumur et de la Touraine, offrant la collection complète des excellents vins de la Loire.

Diorama de l'intérieur de l'Exposition du Syndicat des Négociants en Vins de Champagne.

Le milieu de ce petit salon était occupé par la vitrine triangulaire de M. Louis Soualle, de Pont-Sainte-Maxence, et celle de M. Morin, de Nuits.

De l'autre côté de l'allée et ayant une entrée sur les deux allées latérales, se trouvait l'installation particulière du Syndicat des négociants en vins de Champagne, reproduisant la vue d'une cave champenoise, taillée dans la craie ; des dioramas reproduisant, soit des scènes de vendange, soit des scènes de la fabrication si délicate des vins de Champagne, complétaient cette si intéressante exposition.

L'affluence des demandes d'emplacement au Comité d'admission de la Classe 60 ayant été telle, que les terrains concédés s'étaient trouvés insuffisants, le Comité d'installation et d'admission de la Classe, grâce à l'extrême obligeance de M. Bardin, Président de la Classe 61, spécialement réservée aux liqueurs et autres alcools, put obtenir de celui-ci la rétrocession d'une partie du terrain qui avait été précédemment destiné à sa classe.

C'est ainsi que, empiétant sur la Classe 61, l'exposition des

Diorama de l'intérieur de l'Exposition du Syndicat des Négociants en Vins de Champagne.

vins et eaux-de-vie des régions diverses se continuait par les vitrines réservées aux exposants individuels de la région de Champagne et des vins mousseux, notamment MM. Chandon et Cie, d'Epernay. Ces messieurs avaient également installé dans l'avenue des Concessions un stand intéressant, montrant aux visiteurs un pressoir antique et un pressoir moderne par opposition. Une statue de dom Pérignon aveugle, goûtant les raisins, était édifiée devant ce pavillon.

On pouvait à la suite admirer la vitrine de la maison de la Morinerie-Delbeck, de Reims, contenant la collection des vieilles bouteilles à champagne du dix-huitième siècle et les séries de bouteilles utilisées jusqu'à nos jours ; l'installation de la maison Charles Heidsieck, de Reims, reproduisant la coupe d'une crayère.

En traversant la Classe dans le sens de la largeur, on trouve le stand de dégustation de la maison Potin, l'installation des Syndicats de la région de Cognac, Chambre de Commerce de Cognac, Syndicat de défense du Commerce des eaux-de-vie de Cognac, Groupement des individualités du Comice agricole de

Diorama de l'intérieur de l'Exposition du Syndicat des Négociants en Vins de Champagne.

Cognac, dans laquelle se trouvait exposé un alambic charentais.

Le fond de cette travée était entièrement occupé par l'exposition de la maison Moyet-Gauthier, de Saint-Sulpice de Cognac, installation comprenant des fûts types des eaux-de-vie de Cognac.

Le visiteur venait alors dans l'autre grande allée de la Classe 60. Il passait successivement devant l'installation du Comité de la Bourgogne, dont le meuble de beau style attirait particulièrement l'attention. On y remarquait les expositions du Syndicat du Commerce en gros des vins et spiritueux des arrondissements de Villefranche et Mâcon, du Groupement des individualités de la Chambre de Commerce de Beaune, du Comice agricole de Gevrey, du Comité d'agriculture de l'arrondissement de Beaune et de viticulture de la Côte-d'Or, du Groupement des individualités de la région de Chablis, de la Société vigneronne de l'arrondissement de Beaune, du Syndicat d'Auxerre, du Syndicat du Commerce des vins en gros de Dijon, du Syndicat de Mâcon, de l'Union des viticulteurs du canton de la Chapelle-de-Guinchay, du Groupement des individualités de Nuits-Saint-Georges, du Groupement des individualités de Chalon-sur-Saône, du Syndicat des vins et spiritueux de l'arrondissement de Beaune ; puis, après avoir traversé de

Diorama de l'intérieur de l'Exposition du Syndicat des Négociants en Vins de Champagne.

nouveau le salon girondin, on retrouvait les vins de Bordeaux avec l'installation de M. Villepigue, propriétaire du château Figeac, à Saint-Emilion ; le comptoir de dégustation de MM. Moreau et Cie, de Podensac. Puis le salon de dégustation de M. Henri Geoffroy, maison Couvert, de Reims, les installations de MM. Joninon et Vitou, de Paris (ce dernier avait, en outre, installé dans les jardins, pour la dégustation de ses vins très connus en Belgique, un mas provençal fort achalandé), l'exposition du *Moniteur vinicole de Paris*, organe de défense de la viticulture et du commerce, et faisant un merveilleux fond à cette jolie galerie, se dressait la grande installation du Comité régional du Midi, très remarquable avec ses treilles et sa jolie toile de fond, représentant le panorama des Vendanges au Languedoc. Prête la première pour l'inauguration, malgré son importance, elle fit le plus grand honneur à M. Taberne, Secrétaire de la Classe, et Secrétaire du Comité régional du Midi, dont le dévouement et l'activité furent de tous les instants.

Le Stand de MM. Georges MOREAU et Cie, Propriétaires-Viticulteurs, Podensac-près-Bordeaux.

La visite de la Classe 60 se terminait par la vitrine réservée aux exposants individuels du Midi.

Nous aurions voulu placer sous les yeux de nos lecteurs des vues photographiques de ces différentes installations, et nous avions, lors des opérations du Jury, demandé à un photographe de nous reproduire la vue des principales installations. Celui-ci devait opérer aussitôt la fin des opérations de dégustation.

Exposition du Comité Régional du Midi.

Malheureusement à peine les travaux du Jury étaient-ils terminés et les jurés avaient à peine quitté Bruxelles pour regagner leurs foyers, à l'occasion des fêtes du 15 août, qu'un désastre irréparable se produisait à l'Exposition de Bruxelles.

Dans la nuit du dimanche 14 août, alors que le nombre

des visiteurs de l'Exposition était des plus considérables, un incendie se déclarait dans la galerie principale belge ; l'incendie se propageait avec une rapidité inouïe.

En un clin d'œil, toute la Section belge était la proie des flammes. Le sinistre gagnait les bureaux du Commissariat belge, Bruxelles-Kermesse. Il envahissait la Section anglaise avant que les pompiers de l'Exposition, d'Ixelles et même de Bruxelles aient pu intervenir efficacement.

La Galerie de l'Alimentation après l'incendie.

Décrire la panique qui se produisit n'est pas du domaine de ce rapport, mais nos compatriotes, qui étaient encore là-bas, soit parce qu'y habitant, soit parce qu'y étant retenus pour leur service ou leurs fonctions à l'Exposition, en voyant la marche rapide du fléau, se demandaient si toute l'Exposition n'allait pas subir le sort réservé aux sections belge et anglaise.

Nos compatriotes, M. Taberne et M. Maurice Larronde, Secrétaires de la Classe 60 ; Josserand, Gérant du comptoir de dégustation de la Classe 62, bières et cidres, se consultèrent sur ce qu'il y avait à faire. Rencontrant M. Lachaze, adjoint au

Commissaire général de la Section française, ils se joignirent à lui pour essayer de sauver aussi rapidement que possible les archives du Commissariat général français et du Bureau de la Section française, puis pour protéger la galerie de l'Alimentation qui, ainsi que la partie principale de la Section française, était reliée à la Section anglaise par le pont du Solbosch. Ils allèrent solliciter les secours des gardiens de l'exposition française, ainsi que celui du restaurant français Duval-Gruber.

Le concours de tous leur fut immédiatement acquis.

Ils se rendirent au pont du Solbosch, s'armèrent de lances de secours pour empêcher l'incendie de gagner le salon d'honneur de la Section française, ainsi que la Section de l'Alimentation et le pavillon de la Ville de Paris.

On dut faire sauter le pont du Solbosch, mais la galerie de l'Alimentation française, de l'Hygiène et le pavillon de la Ville de Paris furent entièrement détruits.

Le Président de la Classe 60 fut immédiatement avisé, et dès le 16 août, pendant qu'il faisait diverses démarches à Paris, au Commissariat général et à la Section française, il envoyait un délégué sur place à Bruxelles.

La question de la reconstitution d'un pavillon spécial à l'Alimentation fut immédiatement envisagée. Un emplacement fut concédé à côté du pavillon des poids lourds, de l'Automobile et derrière le palais espagnol.

Une réunion des Présidents du groupe de l'Alimentation eut lieu, à Paris, le 17 août, sous la présidence de M. Henry Turpin.

M. Forsans, Président de la Classe, fit part à ses collègues du résultat de ses démarches à Paris, et M. Villamaux, de retour de Bruxelles, fit connaître les résultats de son enquête et de l'entrevue qu'il avait eue avec M. Chapsal, Commissaire général ; M. Dedet, Commissaire général adjoint ; M. de Montarnal, Architecte en chef de la Section française, et les délégués de la Section française.

Le groupe de l'Alimentation accepta la proposition de reconstruction, et M. Forsans, Président de la Classe 60, reçut la mission de ses collègues des autres classes de l'Alimentation de se rendre à Bruxelles pour procéder sur place aux ententes nécessaires pour la reconstruction.

Les travaux commencèrent aussitôt, et quinze jours après, c'est-à-dire aux premiers jours de septembre, le nouveau palais était prêt à être inauguré.

La Galerie de l'Alimentation après l'incendie.

La relation de cette cérémonie nous a été adressée par le sympathique Secrétaire de la Classe 60, qui avait reçu du Président de cette Classe la mission de le représenter. Nous la reproduisons ci-après :

Vue générale de la nouvelle Galerie de l'Alimentation réinstallée après l'incendie du 14 août.

Inauguration de la Section Française d'Alimentation reconstituée.

Samedi 3 septembre après-midi, nous avons fait l'inauguration de notre Section. Tout était prêt, les stands terminés et ornés de plantes vertes, des drapeaux et draperies tricolores décoraient les piliers et les velums au milieu de la galerie des comptoirs bas pour l'alimentation solide (chocolats, dragées, nougats, etc.), puis un long gradin portant toutes les bouteilles du Bordelais, de la Bourgogne et autres régions. Un autre pour les liqueurs, un troisième pour les bordeaux encore, le long de la cloison, celui-là, ainsi que deux autres, l'un pour les champagnes et les vins mousseux, l'autre pour les vins du négoce de la région de Paris et de l'Ile-de-France (départements limitrophes du département de la Seine).

Quant aux départements méridionaux, le stand du Midi les abrite avec une grande pancarte au-dessus de l'emplacement, indiquant le nom de ces départements.

Tout autour de la galerie, entre chaque travée, se trouvent aussi de grandes pancartes blanches avec lettres rouges indiquant les régions du Bordelais, de la Bourgogne, de la Champagne, etc., avec le nom de toutes les collectivités, Syndicats, Sociétés, Comices, etc., qui ont exposé.

Les individualités seules ne sont pas mentionnées, faute de place, mais il est dit « exposants de telle région ».

La tonalité générale des stands et de la décoration de notre galerie est blanche et vert d'eau, avec tenture bleu de France. Inscriptions en lettres rouges sur fond blanc et, comme je vous le dis plus haut, beaucoup de drapeaux et de draperies tricolores.

L'ensemble est très réussi, je crois, et très gai et frais à l'œil, de l'avis de tout le monde ; et M. Chapsal, notre général en chef, a bien voulu en manifester son contentement, surtout que nous avons tout fait à l'économie, disposant, je le savais, vous me l'aviez dit, d'un crédit modeste.

Ce qui a particulièrement plu à notre Commissaire général, c'est la rapidité avec laquelle nous avons marché, et cette rapidité a rempli nos excellents amis belges de la plus profonde stupéfaction.

Quant à nous tous, nous avons voulu montrer ici, en cette terre de Belgique, en cette Exposition si cruellement éprouvée par l'incendie, que l'énergie française n'avait rien à envier à celle de la vaillante Belgique et de l'indomptable Angleterre, nos compagnons d'infortune et d'épreuve en cette terrible nuit du 14 août dernier.

M. Chapsal a tenu, avec une délicatesse d'attention dont nous lui sommes très profondément reconnaissants, à ce que notre renaissance des cendres fut avant tout constatée et fêtée par des compatriotes, par des Français, au jour de la clôture du Congrès des publicistes français, tenu à Bruxelles à l'occasion de l'Exposition.

A 4 heures, samedi, alors que fébrilement on accrochait les derniers drapeaux, notre éminent Commissaire général se présentait devant notre pavillon de l'alimentation, entouré de tous les publicistes français. Là, en quelques mots, M. Chapsal dit à ces messieurs nos épreuves et notre énergie, notre volonté et notre courage, d'où était sorti de terre, en quelque sorte comme d'un coup de baguette, ce nouveau pavillon, construit, aménagé, décoré et orné en moins de quinze jours.

Trop élogieusement des noms furent prononcés, mais il fut répondu à M. le Commissaire général :

« Monsieur le Commissaire général,

« Nous ne sommes tous que des soldats qui ont suivi leurs chefs, leurs présidents de classes, et les troupes ne valent que par la façon dont elles sont commandées et entraînées.

« Vous êtes, Monsieur le Commissaire général, notre général en chef, et, si nous avons pu faire et réaliser tout ce que, trop aimablement, vous venez de louer, c'est à vous, Monsieur le Commissaire général, que nous devons en reporter tout l'honneur et le mérite. Aussi, pouvez-vous compter sur la vive et profonde reconnaissance de tous les exposants, sur leur dévouement absolu. »

Un vin d'honneur fut ensuite offert à nos honorables visiteurs, et là, le verre en main, M. Chapsal voulut bien dire encore combien il était heureux de boire « au vin de France », à cette Section de l'alimentation française, à cette classe des vins, tout particulièrement, sur laquelle, à toutes les Expositions, on peut s'appuyer indéfectiblement et qui, toujours, est digne de son renom, renom de ces excellents vins qui, grâce à elle, se couvrent partout de gloire et remportent tous les suffrages !

Puis, ce fut le tour de M. Yves Guyot, ancien ministre, qui, répondant au Commissaire général, se déclara heureux de pouvoir, lui aussi, lever son verre en l'honneur des vignerons et des commerçants en vins français, car, si des médecins ont pu oublier les bienfaits du vin, lui, du moins, le proclame bien haut : « Le vin est la boisson par excellence, et c'est au bon vin de France que notre race doit bien de ses qualités. Jamais on ne fera trop pour le faire connaître et le propager. » Et il salue ceux qui, par leur énergie et leur courage, ont su faire renaître des cendres ce pavillon qui abrite de nouveau de si bonnes choses !

Enfin, il n'est pas jusqu'à la bière qui n'ait eu ses visiteurs et ses toasts, et M. le Commissaire général fut un des premiers à vouloir boire « un bon bock » de bière française bien fraîche.

Je termine, mon cher Président, en vous narrant ceci comme trait final :

Le lendemain dimanche, au moment de l'affluence des visiteurs émerveillés de notre rapide renaissance, tout d'un coup une musique entraînante, jouant une marche française, se fit entendre ; et, le drapeau tricolore en tête, elle passait fièrement devant notre pavillon, pour lequel l'inscription *Alimentation française* nous manquait encore ce jour-là. Elle passait donc, ignorant que là aussi était la France ! Je m'approchais du chef de musique et lui dit aussitôt : « Vous êtes Français, n'est-ce pas ?

— « Oui, monsieur, nous sommes d'Epernay. »

— « Eh bien, vous passez devant le pavillon de l'Alimentation française qui ouvre de nouveau ses portes, par suite de sa reconstitution après l'incendie, nous serions tous heureux de boire avec vous à notre chère France ! »

Me remerciant, il fit arrêter ses hommes qui formèrent le cercle avec le drapeau au centre, et entourés d'une foule nombreuse, nous nous découvrîmes pour écouter tête nue la *Marseillaise,* puis la *Brabançonne,* accueillies par les cris enthousiastes de : « Vive la France ! Vive la Belgique ! »

M'avançant alors pour remercier au nom de tous les exposants de notre pavillon, de cette aubade improvisée, je m'écriai :

« Messieurs, ce pavillon de l'Alimentation est un terrain français ; c'est vous dire que vous êtes tous ici chez vous. Entrez, vous serez accueillis à tous les stands à toutes les dégustations en invités, ou plutôt, je le répète, comme chez vous. Sans vous gêner, faites-vous servir ce que vous voudrez. » «Vive l'Alimentation française ! » fut le cri général de tous les gosiers altérés, et quelques instants après, le bordeaux et le bourgogne, les vins de Champagne et les vins mousseux, les vins du Midi et les bières et les cidres, rivalisaient à qui mieux mieux pour laisser un bon souvenir à tous ces enfants de France, qui nous avaient apporté le salut des couleurs françaises et l'hymne de la Patrie.

Samedi 10 septembre, à 11 heures, a eu lieu l'inauguration de la collectivité des Classes 60 et 61 de Belgique, à l'Exposition universelle de Bruxelles, classes des vins et liqueurs, reconstituées après l'incendie, dans le Palais des Expositions temporaires.

Presque tous les membres du négoce des vins, en Belgique, assistaient à cette inauguration, au cours de laquelle M. le sénateur Van der Kelen, tenant en main une coupe de champagne, a célébré l'union des négociants en vins de Belgique, qui a pu, au lendemain du sinistre du 14 août, grouper en un faisceau uni et fort toutes les bonnes volontés, toutes les énergies des Classes 60 et 61, et montrer à quels résultats peut aboutir la ténacité belge.

M. le sénateur Van der Kelen a rendu aussi témoignage au dévouement et à l'activité des organisateurs, de ce nouvel effort de la collectivité des Classes 60 et 61, et particulièrement au dévoué M. Carle.

M. F. Taberne ayant été invité à l'inauguration de la collectivité des Classes 60 et 61 de Belgique comme secrétaire, représentant les présidents de ces mêmes Classes françaises, a pris alors la parole pour remercier,

La nouvelle Galerie de l'Alimentation.

au nom des présidents français desdites Classes et en son nom personnel pour cette aimable et délicate attention.

Rappelant qu'il ya huit jours l'Alimentation française a célébré aussi sa nouvelle inauguration et sa réouverture officielle, présidée par M. le Commissaire général Chapsal, assisté de M. Yves Guyot, ancien ministre, et des membres du Congrès des publicistes français, M. Taberne ajoute qu'en ce jour où les Classes 60 et 61 belges et françaises sont reconstituées et prêtes, c'est de tout cœur que les présidents français de ces deux classes envoient leurs félicitations à leurs collègues et amis belges, et une fois de plus saisissent cette occasion de leur dire combien leurs peines sont leurs peines, leurs joies sont leurs joies, en un mot, qu'ils ne font qu'un avec eux.

M. Taberne s'excuse de n'être qu'un faible interprète de ces sentiments, mais assure les présidents, les bureaux et les exposants des Classes 60 et 61 de la sincérité et de la cordialité de ses sentiments, et termine par le cri de « Vive la Belgique ! » auquel répond celui de « Vive la France ! »

A midi et demi, un grand déjeuner réunissait au restaurant des Vignerons les membres de la collectivité belge des Classes 60 et 61 (vins et liqueurs).

Chacun fit honneur à un menu succulent, arrosé de vins parfaits, le tout servi sur une table décorée avec un goût exquis de fleurs et de plantes vertes.

A l'heure des toasts, M. Puttaert se lève le premier, pour porter la santé du Roi, premier citoyen de la Belgique, puis celle des réorganisateurs de la collectivité belge des négociants en gros des vins et spiritueux, et aux exposants eux-mêmes.

M. le docteur Shaltin, échevin de la ville de Spa, répond. Lui aussi rend hommage aux qualités de zèle, d'énergie et de dévouement dont les exposants et organisateurs ont fait preuve.

Très aimablement, il salue la France et celui qui à ce banquet représente les présidents français des Classes 60 et 61, disant que l'énergie et le courage montré par les Français en cette triste épreuve du 14 août a été un véritable stimulant pour les Belges.

Puis, M. le sénateur Van der Kelen prend à son tour la parole, et, tout particulièrement, il tient à dire que, s'il est vrai, qu'après l'incendie du restaurant métropole on fit aussitôt le nécessaire pour assurer toute la collectivité des Classes 60 et 61, il proclame que le même enthousiasme, la même énergie se fussent sans doute produits si l'assurance n'avait pas été faite et réalisée.

Lui aussi rend hommage à la France qui, en tout, donne toujours l'exemple : à la France où il compte tant d'amis ; à la France enfin que l'on aime tant en Belgique pour toutes ses grandes qualités et toutes ses pensées généreuses et chevaleresques.

M. le sénateur Van der Kelen, tirant de sa poche une lettre de M. Havy, le vice-président du Comité international du Commerce en gros des vins et spiritueux, en donne lecture à l'assistance, pour montrer en quels termes délicats et cordiaux M. Havy lui a écrit toute sa sympathie et celle de tous les membres du Comité, pour la terrible épreuve qui a frappé les exposants belges, les amis que l'on a pu apprécier et que l'on aime.

Se tournant vers M. Taberne, M. le sénateur Van der Kelen exprime toute l'émotion qu'il a ressenti à la réception de ces lignes écrites par un homme de cœur, par un ami sincère, et il charge M. Taberne de se faire l'interprète et le fidèle rapporteur de ses paroles et de celles qui ont déjà été prononcées à l'égard de la France auprès de tous les collègues et amis de la France, en leur disant une fois de plus combien les liens resserrés déjà lors du Congrès international et lors du jury, se sont, s'il est possible, resserrés encore après la terrible épreuve qui a frappé à la fois les Belges et les Français et les Anglais aussi.

En terminant, M. le sénateur Van der Kelen ajoute qu'il ne veut pas se rasseoir avant de prier, aussi, M. Taberne de rendre compte de tout ceci à M. le Commissaire général du Gouvernement français, à M. Chapsal, en ajoutant combien la collectivité des exposants des Classes 60 et 61 tient à l'assurer, une fois de plus, de ses sentiments respectueux, sympathiques et cordiaux, à lui exprimer toute son admiration pour son caractère si éminent et si affable, qui a conquis sans exception tous ceux qui ont eu l'honneur d'approcher et de connaître M. Chapsal.

Au nom des présidents français, M. Forsans et M. Bardin, M. Taberne remercie, en quelques mots, les orateurs qui ont célébré la France, en termes si cordiaux, et tout particulièrement M. le sénateur Van der Kelen.

S'excusant encore pour le grand honneur qui lui échoit de parler au nom des deux présidents Forsans et Bardin, et de remercier en leur nom, alors qu'il ne croyait n'avoir qu'à surveiller et diriger divers corps de métier pour la réinstallation du pavillon de l'Alimentation française, M. Taberne exprime simplement les sentiments qui animent les Français vis-à-vis de leurs amis les Belges :

« Lorsque dans la vie, dit-il, on compte des amis dans la joie et la prospérité, combien les liens de cette amitié se resserrent encore quand on a souffert ensemble, lorsqu'on a partagé les mêmes épreuves ! Certes, Messieurs, les liens qui nous unissaient étaient déjà bien forts lors de toutes nos réunions, soit du Congrès international, soit du jury, et nous avons célébré notre amitié réciproque en de multiples banquets dont le souvenir restera impérissable.

« Mais, depuis la nuit tragique, depuis l'épreuve subie ensemble, ne trouvez-vous pas, Messieurs, que d'avoir souffert les mêmes douleurs, notre amitié, notre sympathie réciproques se sont accrues encore ?

« Aussi c'est bien de tout cœur, croyez-le, qu'ici à cette table, au nom des présidents français Forsans et Bardin, au nom de tous nos collègues des Classes 60 et 61, je bois à vous tous, Messieurs, à l'amitié franco-belge inaltérable et toujours de plus en plus forte et sincère ! »

On entend ensuite successivement les toasts de MM. Sohier, de Liège, de M. des Ombiaux, le chantre du vin de Bourgogne. Chacun d'eux célèbre et l'énergie belge et la vaillance française, saluant les bons vins de France qui rendent joyeux et forts et que les Belges prisent à juste titre, de même qu'ils se plaisent en compagnie des Français.

Enfin, M. Van der Kelen prend de nouveau la parole pour porter un toast à la Presse, dont il salue à cette table plusieurs membres des plus sympathiques, reconnaissant quel rôle important et fécond rend la Presse et combien tous les pays lui doivent de reconnaissance pour tout ce qu'elle a fait ; en vue du bien et de la réussite de l'Exposition.

Un membre de la Presse, après avoir remercié en quelques mots, demande l'indulgence des assistants. Ses confrères et lui sont obligés de se retirer, les exigences professionnelles les appelant autre part, maintenant.

Le représentant des présidents français, M. F. Taberne, se lève aussi pour demander à ce qu'on l'excuse de se voir dans l'obligation de suivre ces Messieurs de la Presse, mais ses fonctions l'obligent à ne pas quitter trop longtemps, si possible, le pavillon de l'Alimentation française.

Toutefois, le président Forsans lui ayant recommandé avant de repartir pour la France de bien veiller à payer toujours tout, M. Taberne déclare qu'avant de se retirer, il doit absolument payer les dettes de la Classe 60 et les siennes propres ! Il a donc une grosse dette à acquitter vis-à-vis de M. Carle, une dette de reconnaissance sincère, profonde et cordiale !

« Lorsque nous autres, Français, dit M. Taberne, nous avons vu toute la peine, tout le mal que M. Carle s'est donné pour nous à la villa Capouillet, lors du Congrès international, et lors du jury, notre reconnaissance a été avec élan vers M. Carle.

« Mais, aujourd'hui, cette reconnaissance n'a fait que s'accroître encore, car pour l'ouverture des stands des vins français dans le nouveau pavillon de l'Alimentation française, à chaque instant, on eut recours à l'extrême obligeance de M. Carle. Tantôt c'était pour des bouteilles vides, tantôt pour des capsules ou des étiquettes, etc., et toujours M. Carle, avec sa même bonne grâce, rendit service à ses amis et collègues français.

« Qu'il en soit donc remercié de tout cœur par les Français, heureux de payer cette dette de reconnaissance, bien sincèrement. »

Une heure après, environ, toute la collectivité des exposants belges des Classes 60 et 61 venait rendre visite au pavillon de l'Alimentation française, et là, reçue par tous les exposants français, entre autres par M. Larronde, secrétaire de la Classe 60 et délégué de la collectivité des vignerons du Médoc, ces Messieurs tinrent à honneur de fêter leurs amis et collègues français, le verre en main, chez eux, en rendant visite à tous les stands de la galerie.

De nouveau, M. le sénateur Van der Kelen prit la parole pour dire toute l'admiration des Belges pour l'effort fait par la France au lendemain du désastre du 14 août, et pour la belle reconstitution effectuée si rapidement et avec tant de succès. Il charge à nouveau M. Taberne de se faire l'interprète de ces sentiments auprès de M. le Commissaire général du Gouvernement français, M. Chapsal, et des Présidents français des Classes 60 et 61, et de toutes les autres Classes figurant dans le pavillon de l'Alimentation.

Stand du Comité du Midi (Vins de Languedoc),
Fédération des départements de l'Hérault-Aude-Gard, reconstitué après l'incendie
dans le nouveau Pavillon de l'Alimentation.

M. Taberne remercia, en quelques mots très cordiaux, faisant remarquer aux visiteurs que très peu d'exposants de ces deux Classes étaient assurés individuellement ; que, de ce chef, beaucoup ont perdu pas mal d'argent, et que, pourtant, sans hésiter, ils ont voulu reconstituer leurs stands, leurs expositions, leurs dégustations, non pas pour un bénéfice très modique et des plus aléatoires, mais bien comme preuve d'amitié et de sympathie sincères vis-à-vis des Belges.

Ce ne fut qu'à six heures que se terminèrent tous ces échanges de paroles cordiales, et l'on se sépara, Belges et Français, avec de vigoureux shake-hands, cimentant une fois de plus l'amitié inébranlable franco-belge.

Le Jury des Récompenses

Nous avons relaté, au chapitre précédent (Organisation de la Classe 60), qu'après différentes démarches et grâce au concours de M. Jamar, Directeur de la Banque nationale belge et membre de la maison Papin-Dupont, de Mons ; à celui de

M. Léon VAN DER KELEN
Sénateur, Président de la Fédération Belge des Négociants en Vins et Spiritueux.

M. van der Kelen, Président de la Fédération des Négociants en vins et spiritueux et de M. Alexandre Carle, Secrétaire général de ladite Fédération, les produits destinés à la dégustation du Jury avaient été déposés dans les caves du château Capouillet, situé 87, avenue du Solbosch. Tout le rez-de-chaussée avait été mis à la disposition du Bureau de la Classe 60, pour l'installation du Secrétariat et, une tente avait été dressée sur la grande pelouse, face au château, pour abriter les membres du Jury pendant les opérations de la dégustation. Cette tente magnifiquement tapissée et agrémentée de drapeaux des différentes Nations avait été aménagée avec tout le confort possible, tables, chaises, crachoirs, etc.

C'est à M. Alexandre Carle que nous devons la conception de cette installation et nous sommes heureux de lui témoigner ici la reconnaissance de ceux auxquels incombait la lourde tâche de déguster et de se prononcer sur plus de 25.000 échantillons. Les opérations du Jury commencèrent le mardi 2 août.

Le Jury était constitué de la manière suivante :

JURÉS TITULAIRES :

Allemagne.

MM. le Dr Bassermann-Jordan, à Deidesheim.

Fromm (Joseph), Conseiller municipal, à Francfort-sur-Mein.

Rautenstrauch (Wilhelm), Conseiller de Commerce, Consul belge, à Trèves.

M. ALEX. CARLE
Secrétaire de la Fédération Belge des Négociants en Vins et Spiritueux.

Belgique.

MM. Peyrot (Pierre), Négociant en vins et spiritueux, à Anvers.

Les Membres du Ju
à l
et les grenad

de l'Alimentation
t
. Kermesse.

PUTTAERT (Jean-François), Négociant en vins, ancien Président de la Chambre syndicale des vins et spiritueux, à Bruxelles.
QUINET (Aimé), Négociant en vins, à Mons.
VAN DER KELEN (Léon), Sénateur, Vice-Consul de France, Président de la Fédération belge des Négociants en vins et spiritueux, à Louvain.

Espagne.

MM. BOSCH (Francisco), *Maison Bosch et Cie* (Anis del Mono).
LARIOS (Augusto), de la Société Larios.
RISCAL (le marquis de).

France.

MM. ALTAIRAC (Frédéric), Viticulteur, à Alger (Algérie).
BASTIDE-VESSIÈRES (Camille), Viticulteur, à Aigues-Vives (Gard).
BEAUMONT (Charles de), Viticulteur, à Pauillac.
BESSON, Viticulteur, à la Reghaïa, près Alger.
CALVET (Georges), 75, cours du Médoc, à Bordeaux.
CALVET, Viticulteur, à Pons (Charente-Inférieure).
CAMUZET, Viticulteur, à Vosne-Romanée (Côte-d'Or).
CHANDON DE BRIAILLES, *Maison Chandon et Cie*, Négociant, à Epernay.
CHARTON (Claude), Viticulteur, à Beaune.
CHONION, Négociant, à Meursault (Côte-d'Or).
CLERC (Elie), Viticulteur, à Aïn-Tedelès (Oran).
COMBROUZE, Viticulteur, à Saint-Emilion (Gironde).
CUVILLIER, ancien Président de la Chambre syndicale du Commerce des vins de Paris et du département de la Seine, Négociant, à Paris.
MORINERIE (Raymond de la), Négociant, à Reims.
DELCOUS, Négociant, à Paris.
LUNARET (de), Viticulteur, à Montpellier.
DEMANGE, Négociant en vins, à Alger.
DUFFO (J.-L.), à Aïn-el-Asker (Tunisie).
DUBOIS-CHALLON, Viticulteur, à Saint-Emilion.
DUMAS (Francisque), Négociant, à Villefranche-sur-Saône.
DUROUX (Jean), Viticulteur, à Rouïba (Algérie).
FAVRAUD (J.), Viticulteur, à Jarnac.

FORSANS (Paul), ancien Président du Syndicat national du Commerce en gros des vins, spiritueux et liqueurs de France.
GIRARD-AMIOT, à Saumur.
GOULET, à Paris.
GUESTIER (Daniel), à Bordeaux.
GUICHARD (Albert), à Chalon-sur-Saône.
HAVY, à Paris.
HEIDSIECK (Charles), à Reims.
HOUBRON, à Lille.
HUET, *Maison Delaage et Cie*, à Libourne.
JACOULOT (Vincent), à Romanèche (Saône-et-Loire).
LARRONDE (Gabriel), à Bruxelles.
LARRONDE (Maurice), Viticulteur, à Senac (Gironde).
LATASTE (Dr), à Libourne.
LEENHARDT-POMIER, à Montpellier.
LEGENDRE (Charles), à Libourne.
LIGNON, à Lyon.
MALAQUIN (Eugène), à Paris.
MALDANT (Louis), à Chenove-Ermitage (Côte-d'Or).
MARTIN (Louis), à Mascara (Algérie).
MAUVIGNEY (Jérôme), à Bordeaux.
MESTREZAT (D.-G.), Négociant, à Bordeaux.
MOMMESSIN (Jean), à Charnay-les-Mâcon (Saône-et-Loire).
NOULENS, à Sorbets (Gers).
PICQ, à Libourne (Gironde).
PROUST, à Paris.
RAMELOT, au Havre.
ROQUETTE-BUISSON (de), Viticulteur, à Saint-Emilion.
SARRAZIN (Adrien), Négociant, à Dijon.
SCHYLER-SCHRODER (Alf.), à Bordeaux.
SOUALLE, à Pont-Sainte-Maxence.
TABERNE, à Bruxelles.
TRICOCHE (Ernest), à Cambes (Gironde).
TURPIN (Henry), à Rouen.
UZAC, à Bordeaux.

Grand-Duché de Luxembourg.

M. MERSCH (Frédéric), Président de la Commission de Viticulture, à Grevenmacher.

Italie.

MM. ANDRIOLI (Giovani), à Vérone.
CASSANO (Paolo), à Gioja del Colle.
FORTUNATI (Luigi), à Rome.
REBORA (Giuseppe), à Novi-Ligura.
ROSSI (Antonio), à Bruxelles.
ROUFF (Enrico), à Naples.

Perse.

M. PERQUY (Emile), à Berg-op-Zoom.

Uruguay.

M. BONNEVIE (Prosper), Consul de l'Uruguay, à Bruxelles.

JURÉS SUPPLÉANTS :

Allemagne.

M. HARTRATH (Médar), à Trèves-Charlottenau.

Belgique.

MM. DELBRUYÈRE, à Mons.
DELRUE (Emile), à Tournai.
MABILLE (Ernest), à Binche.

Espagne.

MM. IGARTUA (Juan).
PASTOR (Vicente).

France.

MM. BLANCHY (F.), Négociant, à Bordeaux.
BRENOT (Albert), à Savigny (Côte-d'Or).
BRUNO (Joseph), à Alger.
CARLES (Edouard), Viticulteur, à Narbonne.
CHAPERON (Raymond), à Libourne.
COTILLON (René), à Paris.
DEGORS, à Blaye.
DESMARQUEST (Jean), à Amiens.
DESMOULINS, à Paris.
DOUAT (Raoul), à Bordeaux.

Faure (Ed.-G.), à Bordeaux.
Faure (Emile), à Bruxelles.
Fougerat, à Segonzac (Charente).
François (Louis), à Sainte-Radegonde, près Tours.
Gaden (Gaston), à Bordeaux.
Gourdault (Maurice), à Paris.
Heurtault, à Joué-les-Tours (Indre-et-Loire).
Hine, à Jarnac.
Jarot, à Nuits-Saint-Georges (Côte-d'Or).
Joninon, à Paris.
Lande (Marc), à Bordeaux.
Lavau (Emile), à Saint-Emilion (Gironde).
Lemaitre-Mercier (Georges), Négociant, à Epernay.
Lung (Frédéric), à Alger.
Mathelot, Viticulteur, à Cadillac (Gironde).
Meusnier (Maurice), à Chouzy-sur-Cisse (Loir-et-Cher).
Meyer, Négociant, à Saumur.
Michel (Félix), à Montpellier.
Moreau, à Podensac (Gironde).
Morin (Edouard), à Nuits-Saint-Georges (Côte-d'Or).
Naigeon (Gustave), à Beaune.
Petit (Ferdinand), à Bordeaux.
Potin (Robert), à Bordj-Cedraïa (Tunisie).
Privat (Louis), à Bordeaux.
Remoissenet, à Beaune.
Ricome (Jules), à Alger.
Rogée-Fromy (Eugène), à Saint-Jean-d'Angély.
Scaliet, à Paris.
Solères, à Paris.
Thomas, à Gevrey-Chambertin (Côte-d'Or).

Grand-Duché de Luxembourg.

M. Neyen (J.-Aug.), Vice-Président de la Commission de Viticulture, à Remich.

Perse.

M. Vaeyenburg (Jules), à Bruxelles.

Le matin, à dix heures, tous les membres du Jury étaient réunis dans la Salle des Fêtes, pour qu'il soit procédé à l'installation du Jury des récompenses.

Près de trois mille personnes s'y trouvaient assemblées.

Sur l'estrade avaient pris place, aux côtés de M. Hubert, Ministre du Travail, qui présidait, le Duc d'Ursel, MM. Gody et Storms, du Commissariat général, le Baron Janssen, Lemonier, Dupret, de Lannoy, Keym, le Comte Van der Burch, du Comité exécutif. MM. les Commissaires généraux Chapsal, Albert, Winthour, de Escoriaza, de Camastra, le Ministre de Chine, Richter, le Prince Colonna, Président de la Commission italienne ; Pinard, Président de la Section française ; Corty, Président de la Chambre de Commerce d'Anvers, etc...

M. le Ministre de l'Industrie et du Travail, après avoir ouvert la séance, attira l'attention des membres du Jury sur l'importance de la mission qui leur était conférée. Il évoqua le souvenir des expositions de jadis, qui, quoique non patronnées officiellement, faisaient pressentir déjà les grandes assises internationales qui se succèdent aujourd'hui et qui sont une des causes du développement constant du progrès.

Il rappela qu'une exposition n'est pas un concours entre nations, telle ou telle nation pouvant participer officiellement à l'exposition, alors que telle autre n'a aucun appui officiel et que les récompenses valent ce que vaut le Jury qui ne doit s'inspirer que de l'équité et de l'intérêt de l'œuvre grandiose qui a été réalisée.

Cette assemblée, dit le Ministre, représente l'élite du monde savant, industriel et commercial, et le Gouvernement belge remercie ce « brillant aréopage à l'abri de toute critique ».

Il dit ensuite :

En nommant les membres du Jury de l'Exposition de Bruxelles, les divers gouvernements intéressés se sont inspirés uniquement du désir d'assurer le plein succès de cette œuvre grandiose.

C'est vous dire que l'assemblée que j'ai l'honneur de présider en ce moment représente l'élite de ceux qui, tant en Belgique que dans les autres pays participants, se distinguent dans les diverses branches de l'activité économique, sociale et scientifique.

Au nom du Gouvernement belge, je remercie les membres de ce brillant aréopage d'avoir bien voulu nous apporter le précieux et indispensable concours de leurs lumières et de leur dévouement. Tout me donne la certitude que, par un examen attentif et consciencieux, ils sauront placer leur science non seulement à l'abri de toute critique, mais encore au-dessus de toute discussion.

Je remets entre vos mains, ce à quoi la Belgique tient en ce moment par-dessus tout, la bonne renommée de l'Exposition universelle et internationale de Bruxelles !

M. Gody, Commissaire général-adjoint, donna ensuite quelques explications sur le règlement du Jury.

La séance fut levée et les divers Jurys de Classes se rendirent ensuite dans les locaux qui leur étaient spécialement affectés, pour procéder à la constitution de leur Bureau et à l'accomplissement de leurs fonctions.

A deux heures de l'après-midi, la musique des grenadiers de Bruxelles-Kermesse, ainsi que le poste de police, venaient

M. LIGNON
Président du Jury de la Classe 60.

prendre position des deux côtés de l'escalier de la Villa Capouillet, et l'entrée des membres du Jury était soulignée successivement par la *Brabançonne*, la *Marseillaise* et les hymnes nationaux des divers pays participant à l'Exposition.

M. Henry Turpin, Président du Groupe de l'Alimentation, prenait ensuite la parole et priait les membres du Jury de chacune des Classes du Groupe 10 de vouloir bien procéder à l'élection de leur Bureau respectif.

M. Paul Forsans, Président du Comité d'organisation et d'installation de la Classe 60, avait décliné toute candidature, demandant que la présidence du Jury de la Classe fût attribuée à son successeur à la présidence du Syndicat national du Commerce en gros des vins, cidres, spiritueux et liqueurs de France, M. Achille Lignon, de Lyon ; en conséquence, et par acclamations, les membres du Jury de la Classe 60 portèrent à la présidence M. A. LIGNON.

Furent ensuite nommés à l'unanimité comme :

Vice-Présidents : MM. RÉBORA (Italie) et le Dr BASSERMANN-JORDAN (Allemagne).

Secrétaires-Rapporteurs : MM. Pierre PEYROT, d'Anvers, et Emile GOULET, de Paris, ce dernier spécialement chargé du rapport de la Section Française.

En prenant la présidence, M. Achille Lignon proposait tout d'abord aux membres du Jury d'acclamer comme Président d'honneur M. Henry Turpin, Président du Groupe 10. La proposition fut couverte d'applaudissements.

M. Lignon, prenant ensuite la parole, remercia les membres du Jury de l'honneur qu'ils avaient bien voulu lui faire, et il tint à témoigner de son amitié pour M. Paul Forsans qui s'était effacé pour laisser la place au Président du Syndicat national.

M. Paul Forsans prit la parole à son tour pour remercier M. Lignon des paroles très aimables qu'il venait de lui adresser, et engagea ses collègues du Jury à se mettre immédiatement au travail.

Application de la Convention de Madrid

M. Turpin, Président du Groupe de l'Alimentation, demanda alors la parole pour rappeler aux membres du Jury des Classes 60, 61 et 62 qu'au cours des précédentes expositions, et depuis l'Exposition universelle de Paris en 1900, les Jurés avaient toujours été appelés, avant de procéder à la dégustation des produits, à décider que ne seraient pas examinés les produits portant une fausse indication, soit comme marque d'origine, soit comme appellation géographique de provenance, ceci par application de la Convention de Madrid du 14 avril 1891.

C'est ainsi qu'en 1900, sur la proposition de M. Kester, Président du Jury international de la Classe 60, ce Jury, se trouvant en présence d'échantillons de vins et d'eaux-de-vie de vin exposés ou présentés à la dégustation revêtus d'étiquettes portant de fausses indications d'origine, adopta à une grande majorité la motion suivante :

L'an mil neuf cent, le dix-neuf juin, le Jury international de la Classe 60, réuni sous la présidence de M. Kester, consulté sur l'opportunité d'émettre son opinion au sujet de la dégustation des produits français ou étrangers qui lui seraient présentés avec une fausse indication de provenance,

A décidé, à l'*unanimité,* que les vins ou eaux-de-vie de France ou de l'étranger revêtus d'étiquettes portant une fausse indication d'origine ne seraient pas examinés par lui et, par suite, ne pourraient concourir à aucune récompense ;

A l'unanimité, il a ensuite exprimé le vœu que les échantillons des dits produits figurant dans les différentes sections de l'Exposition universelle de 1900 soient retirés des installations, par respect de la loyauté et dans l'intérêt des consommateurs, des producteurs et des négociants de toutes les régions viticoles.

Le Président : KESTER. *Le Rapporteur :* Paul LE SOURD.
Le Secrétaire : Raoul CHANDON.

En 1904, à l'Exposition de Saint-Louis, les membres du Jury du Groupe 92 firent adopter une résolution identique.

Dès le commencement des travaux, M. Kester, Vice-Président du Jury, fit adopter la résolution suivante :

Les Jurés français du Groupe 92, à l'Exposition de Saint-Louis 1904, ont l'honneur de rappeler, aux représentants des diverses nations, la décision suivante votée par le Jury international, Classe 60, à l'Exposition universelle de Paris en 1900 :

« Que les vins et eaux-de-vie de France ou de l'étranger, revêtus d'étiquettes portant une fausse indication d'origine, ne seraient pas examinés par le Jury et, par suite, ne pourraient concourir à aucune récompense. »

Le Jury exprime, en outre, le vœu que les échantillons des divers produits figurant dans les diverses sections de l'Exposition universelle de 1900 soient retirés des installations, par respect de la loyauté et dans l'intérêt des consommateurs, producteurs et négociants de toutes les régions viticoles.

Les Jurés français rappellent à leurs collègues que cette décision se trouva immédiatement confirmée et consacrée en 1900 par les poursuites intentées aussitôt par le Commissaire général d'une des nations

qui n'avait pas adhéré à la convention contre l'un de ses propres nationaux qui avait obtenu une récompense en se servant de faux noms d'origine.

Ils demandent à leurs collègues du Jury international de Saint-Louis de bien vouloir confirmer cette décision prise à Paris en 1900 et ils expriment le vœu que d'ici peu toutes les nations adhèrent à la Convention de Paris de 1883, complétée par celle de Madrid de 1891, qui, tout en respectant la liberté du commerce, est la sauvegarde des transactions dans tous les pays civilisés.

A Liége, en 1905, M. Piguet, Président du Jury, présenta la motion suivante qui fut adoptée à l'unanimité :

Que dans un but de loyauté commerciale également cher à tous les pays, l'examen des marques fausses et des appellations géographiques non justifiées et propre à induire le public en erreur soit strictement abandonné.

A Milan, en 1906, le Jury du Groupe 77 fut saisi par M. G. Kester de la motion ci-après :

Les membres du Jury international, réunis le 4 septembre 1906, dans le but d'examiner les vins et eaux-de-vie de vins présentés à l'Exposition internationale de Milan, avant toute opération, et après une discussion à laquelle ont pris part la plupart des Jurés, a pris à l'unanimité la décision suivante :

« Le Jury international des vins et eaux-de-vie de vins du Groupe 77, réuni sous la présidence de M. le Comte Alvise da Schio,

« A décidé :

« Que les produits revêtus d'étiquettes portant une fausse indication d'origine ne pourraient concourir à aucune récompense ;

« Toutefois, le Jury se réserve de juger les produits présentés de bonne foi par un exposant qui s'engagerait à modifier son indication. »

« Milan, le 4 septembre 1906. »

A Londres, en 1908, une proposition analogue fut déposée par les Jurés français qui s'étaient aperçus que les bouteilles contenant des vins australiens portaient des étiquettes à noms de crus français, suivis de la mention du pays d'origine, ainsi : *Australian Burgundy, Australian Champagne*, etc., etc... Les Jurés français protestèrent contre cette usurpation d'appellation.

Les Jurés anglais répondirent que la jurisprudence anglaise relative à l'interprétation de la Convention de Madrid était différente de la jurisprudence française, et que la douane anglaise acceptait les produits imités, pourvu que le pays d'origine fût nettement indiqué sur les récipients.

Un procès-verbal fut élaboré par MM. Kester, Turpin, Mandeix et Jean Calvet pour les Jurés français, et MM. Haig et Heatman pour les Jurés anglais, et voici le texte qui a été approuvé par lord Blyth :

Appelés à nous joindre à nos collègues anglais pour examiner les produits viticoles des colonies britanniques, nous avons nommé, le 24 juin, une délégation qui, sous la direction de M. Jean Calvet, s'est rendue, à deux heures, le même jour, au pavillon de l'Australie.

Dès le premier examen de l'extérieur des échantillons exposés, la question de principe du respect de la Convention de Madrid, notamment de l'article 4, s'est trouvée posée.

En effet, la majeure partie des vins présentés portaient des indications, selon notre opinion, pouvant induire en erreur la clientèle sur l'origine des produits ainsi dénommés.

Les Jurés français en ont alors référé à leurs présidents, MM. Kester, Turpin et Mandeix.

Ceux-ci, se rendant près du Jury britannique, ont basé leur discussion sur la thèse soutenue par la France, dans toutes les Expositions universelles depuis 1900, thèse qui a été consacrée dans les ordres du jour formels, adoptés par les Jurys internationaux, notamment à Paris 1900, Saint-Louis 1904, Liége 1905, Milan 1906, Bordeaux 1907.

Ces ordres du jour peuvent se résumer par la motion suivante :

« Que, dans un but de loyauté commerciale, également chère à tous les pays, l'examen des marques fausses et des appellations géographiques non justifiées et propres à induire le public en erreur, soit strictement abandonné. »

Les Jurés anglais, présidés par M. Haig, sans contester les principes de la Convention, mais basant leur attitude sur la jurisprudence intérieure britannique et les déclarations des puissances signataires de la Convention, à Bruxelles en 1897, se sont refusés à y voir une atteinte dans le fait de présenter par exemple un « Australian Burgundy » soutenant que l'interprétation de la Convention dans leur pays leur permettait l'emploi de certains noms régionaux en les faisant suivre ou précéder d'une indication donnant le lieu exact d'origine.

Il nous est impossible d'admettre cette interprétation.

Désireux de témoigner de notre parfaite bonne volonté vis-à-vis de nos collègues d'Angleterre, nous leur avons proposé une solution amiable :

Celle de ne plus se servir, dans l'avenir, d'appellations erronées.

A cette condition, nous aurions consenti à examiner conjointement les produits exposés.

Après discussion, M. Haig, au nom de ses collègues britanniques, a déclaré ne pouvoir prendre un tel engagement.

En conséquence, il nous était impossible de continuer les opérations, c'est-à-dire d'examiner les produits que nous considérions n'être pas présentés sous leur véritable dénomination.

Nous nous sommes alors retirés, présentant nos regrets à nos collègues d'être obligés, par notre jurisprudence et nos traditions à prendre cette détermination.

Les Anglais, cependant, ne paraissent pas très éloignés d'adopter l'interprétation française, puisque leur rapport relatif aux vins d'Australie contient les observations suivantes :

Nous savons parfaitement que l'adoption de noms européens n'avait d'autre but que d'indiquer au consommateur le type ou la nature du vin, dont les simples mots « rouge » ou « blanc » ou même des mots locaux de vignobles ne lui auraient rien dit, lorsque les produits de nos possessions se sont présentés pour la première fois sur le marché. Mais, à notre avis, les crus des régions vinicoles de nos colonies établiraient et soutiendraient mieux aujourd'hui leur réputation sur les marchés du monde, si leurs vins se trouvaient définis et appréciés sous la propre dénomination de leurs districts d'origine, pour lesquels ils pourraient alors réclamer un droit exclusif d'appellation.

Le Comité français des Expositions à l'étranger fut saisi de la question, et il consulta M. Claude Couhin, Avocat à la Cour d'appel de Paris.

Dans leur rapport sur l'Exposition de Londres, MM. Charton et Desmoulins ont relevé l'avis du distingué juriste.

A Bruxelles, c'est M. Rogée-Fromy qui soumit à l'acceptation du jury la motion suivante :

Le Jury international, désireux de continuer l'heureuse tradition établie dans les expositions antérieures, déclare que, dans un but de loyauté commerciale particulièrement chère à tous les pays, l'examen des marques fausses ou trompeuses et propres à induire le public en erreur sera strictement abandonné.

Cette proposition fut acceptée à l'unanimité par tous les Jurés des diverses Nations représentées. Elle a été scrupuleusement observée.

Une délégation du Jury fut chargée de visiter les diverses installations, et il put constater que la campagne menée contre les fausses indications d'origine commence à porter ses fruits.

Le premier travail du Jury fut de procéder à la nomination d'Experts destinés à apporter leur concours aux membres titulaires ou suppléants dont la tâche, sans eux, eût été écrasante.

L'intérieur de la tente de dégustation.

Furent nommés experts :

MM. Affre, à Savigny-les-Beaune.
Biche-Latour, à Bordeaux.
Bichot (Albert), à Meursault.
Buhan fils, à Bordeaux.
Calmette, à Libourne.
Canaby, à Paris.
Chataigner, à Joué-les-Tours.
Damade, à Bordeaux.
Dumoulin, à Savigny-les-Beaune.
Duquesnay, à Lille.
Garros, à Bordeaux.
Gauthier, à La Chapelle-de-Guinchay.
Giovetti, à Bordeaux.
Girard, à Savigny-les-Beaune.
Girault, à Meursault.
Gouin, à Paris.
Gravet, à Paris.
Grivelet, à Nuits.
Janneau fils, à Condom.
Langlade, à Libourne.
Lawton, à Bordeaux.
Loron, à Pontanevaux.
Mallard-Gaulin, à Beaune.
Messener-Blanchet, à Paris.
Mestre, à Bordeaux.
Pellisson, à Cognac.
Petit-Laroche, à Bordeaux.
Rouleau-Moyet, à Cognac.
Roques, à Paris.

Le Jury, ainsi définitivement constitué, se mit immédiatement au travail.

La dégustation avait été répartie en un certain nombre de tables, proportionnellement aux échantillons envoyés par chacune des Régions ou suivant les pays.

En ce qui concerne la France et conformément au catalogue spécialement édité par la Classe, les produits étaient divisés en 14 Régions composées comme suit :

PREMIÈRE RÉGION

La première Région comprend les départements de : Seine, Seine-et-Oise, Seine-et-Marne et Oise.

233 Exposants avaient été groupés, tant par les soins de la Chambre syndicale du Commerce en gros des vins du Département de la Seine que par celle des Courtiers-Gourmets de Paris.

Les récompenses suivantes furent accordées :

Diplômes de grand prix.

CHAMBRE SYNDICALE DU COMMERCE EN GROS DES VINS ET SPIRITUEUX DE PARIS ET DU DÉPARTEMENT DE LA SEINE, 2, rue du Pas-de-la-Mule, Paris.

CHAMBRE SYNDICALE DES COURTIERS-GOURMETS, 73, rue du Port-de-Bercy, Paris.

En participation :

COUTURAT (Ernest-Eugène), 2, cour Dessort, Paris.

FORTIN (Ernest), 22, rue de Mâcon, Paris.

FOUILHOUX (Jean), 6, Grand Préau (Halle aux Vins), Paris.

LACHAMBAUDIE (Louis), 93, rue du Port-de-Bercy, Paris.

CHAMBRE SYNDICALE DES REPRÉSENTANTS EN VINS ET SPIRITUEUX EN GROS DE SEINE ET SEINE-ET-OISE, 19, rue Bergère, Paris.

CHAUDRON FRÈRES, 30, rue de Bordeaux, Paris-Bercy.

DECROZE (Louis), à Pont-Sainte-Maxence (Oise).

DELVAUX (A.), 12, boulevard du Château, à Neuilly (Seine).

DEMAGNEZ (Eugène), 5, rue Gallois, à Paris-Bercy.

FÉDÉRATION DU COMMERCE D'EXPORTATION DES VINS, CIDRES, SPIRITUEUX ET LIQUEURS DE FRANCE, 19, rue Bergère, Paris.

HANIER (Charles), 18, rue de Longchamp, à Neuilly-sur-Seine (Seine).

LOURY ET GUIRAUD, 16, rue du Port-de-Bercy, Paris-Bercy.

MONITEUR VINICOLE (J.-G. Dubosc), 6, rue de Beaune, Paris.

PAILLARD, 2, chaussée d'Antin, à Paris.
PARDON JEUNE, 12, rue de Barsac, à Paris-Bercy.
SAILLARD (L. ET L.-J.) ET Cie, 18, rue du Languedoc, Halle aux Vins, Paris.
SIBILLOTTE (L.) ET FILS, 1, rue de Mâcon, à Paris.
SOCIÉTÉ MUTUELLE DU COMMERCE DES LIQUIDES EN GROS, 19, rue Bergère, à Paris.
SYNDICAT NATIONAL DU COMMERCE EN GROS DES VINS, CIDRES, SPIRITUEUX ET LIQUEURS DE FRANCE, 19, rue Bergère, Paris.
VITOU (Henri), 2, rampe de la Seine (Halle aux Vins), à Paris.

Diplômes d'honneur.

ALLAIN ET FILS, 2, cour Saint-Emilion, à Paris-Bercy.
AUSTRUY (Célestin), 116, avenue de la Gare, à Saint-Ouen (Seine).
BARON (Charles), 55, rue de Graves (Halle aux Vins), Paris.
BLONDE FRÈRES, 14, rue de Mâcon, Paris-Bercy.
CARRÉ (R.), 39, rue de Nuits, à Paris-Bercy.
COUTURAT (Ernest-Eugène), 2, cour Dessort, à Paris.
CHAMBRE SYNDICALE DU COMMERCE EN GROS DES LIQUIDES DU DÉPARTEMENT DE SEINE-ET-MARNE, à Melun.
CHAMBRE SYNDICALE DU COMMERCE EN GROS DES VINS ET SPIRITUEUX DU DÉPARTEMENT DE SEINE-ET-OISE, à Versailles.
CHAMBRE SYNDICALE DES DISTILLATEURS-LIQUORISTES DE LA BANLIEUE DE PARIS, 19, rue Bergère, à Paris.
CHAMBRE SYNDICALE DES DISTILLATEURS EN GROS DE PARIS, 10, rue de Lancry, à Paris.
DEFERT (Louis), 112, rue du Port-de-Bercy, à Paris-Bercy.
JARLAULD (Veuve), JARLAULD ET Cie, 52, rue du Petit-Bercy, à Paris.
JAUZIN (L.), 5 et 7, rue Marcelin-Berthelot, à Montrouge (Seine).
KARRER (E.), 24, boulevard Carnot, à Saint-Denis (Seine).
LACHAMBAUDIE (Louis), 93, rue du Port-de-Bercy, à Paris-Bercy.
LACOSTE FRÈRES ET GILLOT, 67, rue de Mâcon, à Paris-Bercy.
LAROCHE ET MARC, 17, rue de Mâcon, à Paris-Bercy.
MARTIN (R.), rue de Paris, à Joinville-le-Pont (Seine).
MEGRET, 74, boulevard Richard-Lenoir, à Paris.
MOREL FRÈRES ET SAULOU, 3 et 9, rue Doria, à Charenton (Seine).
POURVOYEUR (Ed.), à Ribécourt (Oise).
ROUQUETTE (Emile), 1, rue Saint-Louis-en-l'Ile, Paris.
SOUPEAUX (E.), 11, rue de Bordeaux (Halle aux Vins), à Paris.

Syndicat du Commerce en gros des vins et spiritueux du département de l'Oise, à Compiègne.

Syndicat du Commerce des vins en gros de l'Ile-de-France, 31, rue Saint-Antoine, à Paris.

Valette (A.), 124, rue du Bois, à Levallois-Perret (Seine).

Diplômes de médaille d'or.

Berthellier (René-Vincent), à Pont-Sainte-Maxence (Oise).

Berthelemot (L.), 32, rue du Cher, Charenton (Seine).

Boivin (J.-M.), 44, rue du Languedoc (Halle aux Vins), à Paris.

Boussard (Victor-Albert), *Maison Savignon et Cie*, 14, rue Abel-Laurent, à Paris.

Caillat-Perrot, 2, rue de Graves (Halle aux Vins), Paris.

Chambre syndicale parisienne du Commerce des vins en bouteilles, 19, rue Bergère, à Paris.

Coelier fils, 8, rue Suger, à Saint-Denis (Seine).

Courreyre, 46, rue de Graves, à Paris-Bercy.

Desgroux-Charnay, 60, route d'Orléans, à Montrouge (Seine).

Deshayes (Louis), 8, place de l'Hôtel-de-Ville, à Montreuil-sous-Bois (Seine).

Fortin (Ernest), 22, rue de Mâcon, à Paris.

François (Georges), à Bois-le-Roi (Seine-et-Marne).

Génicoud (Léon), 24, rue de l'Yonne, à Paris-Bercy.

Langlois-Fournier, 6, boulevard de la Gare, à Sarcelles.

Libaud fils, Colombu et Margerand, 30, butte de la Seine (Halle aux Vins), Paris.

Louy et Couvreur, 9, rue de Bordeaux (Halle aux Vins), à Paris.

Luppé (Pierre de), 29, rue Barbet-de-Jouy, à Paris.

Maillet et Anglade, à Creil (Oise).

Moreau (J.), 11, rue de Mâcon, à Paris-Bercy.

Perdrier (F.) et Gonin, 200, rue du Port-de-Bercy, à Paris-Bercy.

Postel et Lasnier, 28, quai de Bercy, à Charenton (Seine).

Syndicat du Commerce d'importation des vins de liqueur, 19, rue Bergère, à Paris.

Syndicat général des Cidres, 163, rue Saint-Honoré, à Paris.

Diplômes de médaille d'argent.

Fouilhoux (Jean), 6, grand Préau (Halle aux Vins), Paris.

Leroy, 24, rue Jean-Jacques-Rousseau, à Ivry-Port (Seine).

Syndicat du Commerce en gros des vins et spiritueux, de la Fabrication des alcools et vinaigres de l'arrondissement de Meaux, 14, rue du Pot-d'Etain, à Meaux (Seine-et-Marne).
Valès (Emile), 48, rue de Paris, aux Lilas (Seine).

Diplômes de médaille de bronze.

Bichat (F.), boulevard de Stains, à Aubervilliers (Seine), et rue des Mesneux, à Reims (Marne).
Brunet et Cie, 119, rue de Bercy, à Paris-Bercy.
Celer frères, Maison Barjot et Neveux, à Pont-Sainte-Maxence (Oise).
Doit (Ferdinand), 53, Enclos des Mâconnais, à Paris-Bercy.
Flamand, rue du Port-de-Bercy, à Paris.

Diplômes de mention honorable.

Faure (J.-L.), 10, rue de Seine, à Paris.
Grellet (Marquis de), 2, rue Géricault, à Paris.

2e RÉGION

La deuxième région comprenait les départements de la Marne et de l'Aube.

M. Raymond de la Morinerie, Secrétaire du Syndicat des Vins de Champagne, nous a envoyé une note historique sur les vins de cette région. Nous la reproduisons ci-après :

Le Vin de Champagne

Dès la plus haute antiquité, les vins rouges et blancs récoltés sur les coteaux des environs de Reims et d'Epernay jouirent d'une très grande renommée ; mais ce n'est que dans le cours du dix-septième siècle que l'on commença à les consommer en mousseux.

La tradition attribue la découverte de la mousse à Dom Pérignon, moine cellérier de l'abbaye d'Hautvillers, né en 1638 et décédé en 1715. En réalité, Dom Pérignon n'en fut pas l'inventeur, les vins mousseux étant déjà depuis longtemps en

Une des Caves de la Villa Capouillet.

vogue en 1668, époque à laquelle il fut nommé à ce poste, qu'il occupa jusqu'à son décès.

Mais si cette légende est attachée à son nom, c'est qu'il se fit une très grande réputation par sa connaissance du vin, sa manière de le préparer et que, par ses relations et le commerce important auquel il se livrait, Dom Pérignon sut faire acquérir aux vins de la Champagne une renommée qui ne cessa de s'accroître.

Les vins de la Champagne tiennent leur caractère particulier de finesse et de bouquet de la situation septentrionale de son vignoble, de la constitution géologique du sol, ainsi que du mode de culture.

Contrairement à ce qui se passe dans les vignobles moins septentrionaux, où l'on observe une fermentation rapide, en Champagne, où le climat est plus froid et où les moûts sont très riches en acidité, elle est plus lente, languissante même en certaines années, et c'est au printemps suivant qu'elle se continue et se complète, lorsque la température redevient plus élevée. C'est cette poussée printanière qui rend les vins mousseux et qui est utilisée pour leur mise en bouteilles.

Le vin de Champagne mousseux fait son apparition à la Cour dans les dernières années du règne de Louis XIV, et acquiert à Paris une grande vogue, surtout sous la Régence, où il fait la joie et l'ornement des soupers et des fêtes du Palais-Royal qui consacrèrent définitivement sa réputation.

Jusque vers 1760, les caprices de la mousse, les désastres de la casse et les mécomptes de certaines années limitent la production qui reste entre les mains d'un nombre restreint de producteurs. Cependant les demandes se font plus nombreuses, la consommation augmente et, vers 1780, de nouvelles maisons de négoce s'établissent ; désormais, le commerce entre dans une phase nouvelle, il devient régulier, et de la fin du dix-huitième siècle datent plusieurs de nos maisons actuelles qui sont à la tête du grand commerce des vins de Champagne.

L'industrie des vins mousseux profite du mouvement scientifique de la fin du dix-neuvième siècle, et les établissements modernes possèdent un outillage perfectionné : force motrice pour monte-charges, voies ferrées dans les caves, éclairage électrique et laboratoires de recherches.

Le décret du 4 janvier 1909, rendu en conformité de la loi du 1er août 1905, délimita la « Champagne viticole » et décide que l'appellation régionale de « Champagne » est exclusivement réservée aux vins récoltés et manipulés entièrement sur le territoire de la Champagne viticole.

L'importance du commerce des vins de Champagne a été en progression constante ; les ventes qui, en 1785, étaient de 300.000 bouteilles environ, atteignaient, en 1845, le chiffre de 6.500.000 bouteilles et cette année (1910) ont dépassé 39 millions de bouteilles.

Les récompenses suivantes furent accordées :

Diplômes de grand prix.

COLLECTIVITÉ DU SYNDICAT DU COMMERCE DES VINS DE CHAMPAGNE, 6, rue de Mars, à Reims (Marne).

En participation :

AYALA ET Cie, *Maison Ayala et Cie*, à Ay (Marne).
BILLECART-SALMON, *Maison Billecart père et fils*, Mareuil-sur-Ay.
BINET FILS ET Cie, *Maison Binet fils et Cie*, Reims.
CAZANOVE (Charles de), *Maison Franks-Joseph de Cazanove*, Avize.
CLIQUOT-PONSARDIN (Veuve), *Werlé et Cie, successeurs*, Reims.
DELBECK ET Cie, *Maison de La Morinerie, Delbeck et Cie*, Reims.
DEUTZ ET GELDERMANN, *Maison Lallier, Van Cassel, Durvin et Cie*, Ay.
DINET-PEUVREL ET FILS, *Maison C. Loche*, Avize.
DUMINY ET Cie, *Maison Couvreur et Cie*, Ay.
FARRE (Charles), *Maison Charles Farre*, Reims.
FRÉMINET ET FILS, *Maison Fréminet et fils*, Châlons-sur-Marne.
GIESLER ET Cie, *Maison Giesler et Cie*, Avize (Marne).
GOULET (George), *Maison Veuve Goulet et Cie*, Reims.
GOULET (Henry), *Maison Mareschal et Cie*, Reims.
HEIDSIECK ET Cie, *Maison Walbaum, Goulden et Cie*, Reims.
HEIDSIECK (Charles), *Maison Heidsieck*, Reims.
IRROY (Ernest), *Maison Blondeau, Berque et Cie*, Reims.
KRUG ET Cie, *Maison Krug et Cie*, Reims.

Lanson père et fils, *Maison Lanson père et fils*, Reims.
Lecureux et Cie, *Maison Lecureux et Cie*, Avize.
Moet et Chandon, *Maison Chandon et Cie, successeurs*, Epernay.
Montebello (Duc de), *Maison Alfred de Montebello et Cie*, Mareuil-sur-Ay.
Mumm (G.-H.) et Cie, *Maison G.-H. Mumm et Cie*, Reims.
Perrier-Jouet et Cie, *Maison Gallice et Cie, successeurs*, Epernay.
Perrier (B. et E.), *Maison Gabriel Perrier, successeur*, Châlons-sur-Marne.
Perrier (Joseph), *Maison P. Pithois*, Châlons-sur-Marne.
Piper-Heidsieck, *Maison Kunkelmann et Cie*, Reims.
Pommery et Greno, *Maison Louise Pommery fils et Cie*, Reims.
Renaudin, Bollinger et Cie, *Maison J. Bollinger*, Ay.
Rœderer (Louis), *Maison L. Olry-Rœderer*, Reims.
Pol Roger et Cie, *Maison Pol Roger et Cie*, Epernay.
Ruinart père et fils, *Maison Ruinart père et fils*, Reims.
Saint-Marceaux (de) et Cie, *Maison André Givelet et Cie, successeurs*, Reims.
Wachter et Cie, *Maison Wachter et Cie*, Epernay.

Diplôme d'honneur.

Puisard (J.-A.), à Cramant-Avize (Marne).

Diplômes de médaille d'or.

Abelé (H.), à Reims (Marne).
Bourgeois (E.), 4, rue de Charleville, à Reims (Marne).
Carré fils (E. et L.), à Avize (Marne).
Carteron (Ad.) et ses fils, à Epernay (Marne).
Cercelet-Rabeux, Les Riceys (Aube).
Lequeux (Alfred), à Châlons-sur-Marne (Marne).
Loche (P.), à Avize (Marne).

Diplômes de médaille d'argent.

Boulet d'Hauteserre, à Verzy (Marne).
Chambre syndicale des Vins et Spiritueux et de l'Epicerie du département de la Marne, à Reims.

Chambre syndicale du Commerce des vins et spiritueux et de l'Épicerie en gros du département de l'Aube, 10, place d'Audiffred, à Troyes.

Collectivité du Syndicat viticole de Bar-sur-Aube.

En participation :

Blot-Dambonville, Bar-sur-Aube.
Boichot (Achille), Bar-sur-Aube.
Boichot (Gabriel), Bar-sur-Aube.
Bonnet (Constantin), Bar-sur-Aube.
Bourlon-Sablon (Veuve), Bar-sur-Aube.
Chansotte (Paul), Bar-sur-Aube.
Chercq (Gaston), Bar-sur-Aube.
Damont (James), Bar-sur-Aube.
Dosne (Veuve), Bar-sur-Aube.
Duboucarrat, Bar-sur-Aube.
Hury-Enfer, Bar-sur-Aube.
Hury (Gabriel), Bar-sur-Aube.
Jeannin, Bar-sur-Aube.
Lavocat (Ernest), Bar-sur-Aube.
Menesson (Jules), Bar-sur-Aube.
Odelin, Bar-sur-Aube.
Rage, Bar-sur-Aube.
Rubaud-Perrin, Bar-sur-Aube.
Thierry (Victor), hôtel Saint-André, Bar-sur-Aube.
Toulouse, Bar-sur-Aube.
Vaillant, Bar-sur-Aube.

Collectivité du Syndicat viticole d'Ailleville, près Bar-sur-Aube.

En participation :

Collot (Marcel), Ailleville.
Pouchenot, Ailleville.
Vouriot, Ailleville.

Syndicat du Commerce en gros des vins, spiritueux et liqueurs des arrondissements de Chalons-sur-Marne, Epernay et Sainte-Menehould, à Châlons-sur-Marne.

Syndicat du Commerce en gros des vins et spiritueux de l'ar-

RONDISSEMENT DE VITRY-LE-FRANÇOIS, place d'Armes, à Vitry-le-François.

SYNDICAT DU COMMERCE DES VINS, LIQUEURS ET SPIRITUEUX EN GROS DE ROMILLY-SUR-SEINE ET DE LA RÉGION DE ROMILLY-SUR-SEINE (Aube).

SYNDICAT DE DÉFENSE DES VINS EN GROS ET VINS DE CHAMPAGNE, à Epernay.

Diplômes de médaille de bronze.

BICHAT, rue des Mesneux, Reims.
BRIÈRE (E), ET C. DE LABAUME, rue de Pargny, à Reims (Marne).
GOULET (Joseph), 20, rue Trianon, à Reims (Marne).
MERMILLOD (A.), à Ambonnay (Marne).

3me RÉGION

La troisième région : Meurthe-et-Moselle, Meuse, Vosges, Nord, Somme.

Les exposants de cette région étaient peu nombreux, néanmoins ils ont envoyé à la dégustation des vins destinés à faire apprécier les produits de ladite région.

Les récompenses suivantes furent accordées :

Diplômes de grand prix.

STERNE (Gustave), 50, rue Stanislas, à Nancy (Meurthe-et-Moselle).

SYNDICAT CENTRAL DU COMMERCE EN GROS DES VINS ET SPIRITUEUX DE LA RÉGION DU NORD, Grande-Place, à Lille.

Diplôme d'honneur.

SYNDICAT DU COMMERCE EN GROS DES VINS ET SPIRITUEUX DU DÉPARTEMENT DE MEURTHE-ET-MOSELLE, à Nancy.

Diplôme de médaille d'or.

LEBÈGUE-LINA, 78, place Saint-Georges, à Nancy (Meurthe-et-Moselle.

Diplômes de médaille d'argent.

Chambre syndicale des vins et spiritueux de l'arrondissement de Valenciennes (Nord).

Chambre syndicale du Commerce en gros des vins et spiritueux du territoire de Belfort, 16, faubourg de France, à Belfort.

Chambre syndicale du Commerce des vins et spiritueux de l'arrondissement de Béthune, 76, boulevard Thiers, à Béthune.

Chambre syndicale du Commerce en gros des vins et spiritueux de l'arrondissement de Montbéliard, Café d'Alsace, à Montbéliard (Doubs).

Syndicat du Commerce des vins et spiritueux du département de la Somme (Salon Liesse, rue Sire-Firmin-Leroux), à Amiens.

Syndicat des Marchands en gros de l'arrondissement d'Arras, place du Théâtre, à Arras.

Syndicat du Commerce en gros des vins et spiritueux du département de la Meuse, à Bar-le-Duc.

Syndicat du Commerce en gros des vins et spiritueux du département du Doubs, Café de la Bourse, à Besançon.

Syndicat du Commerce en gros des vins et spiritueux de l'arrondissement de Boulogne-sur-Mer, à Boulogne-sur-Mer.

Syndicat des Négociants en vins et spiritueux de la région des Ardennes, 15, place Carnot, à Charleville.

Syndicat du Commerce en gros des vins et spiritueux du département de la Haute-Marne, place de la Gare, à Chaumont.

Syndicat des Distillateurs de kirsch du département de la Haute-Saône, à Fougerolles (Haute-Saône).

Syndicat du Commerce des vins et spiritueux en gros du département de la Haute-Saône, à Gray.

Syndicat des Négociants et Représentants du Commerce des vins en gros de l'arrondissement de Lure, à Luxeuil.

Syndicat du Commerce en gros des vins, spiritueux et liqueurs de l'arrondissement de Péronne, à Péronne.

Syndicat du Commerce en gros des vins et spiritueux de l'arrondissement de Remiremont (Vosges).

Syndicat du Commerce en gros des vins et spiritueux de l'arrondissement de Saint-Dié (Vosges).

Syndicat des Distillateurs et Négociants en vins et spiritueux de l'arrondissement de Saint-Pol.

Syndicat du Commerce de l'épicerie, des vins et spiritueux de

Saint-Quentin et du département de l'Aisne, 5, rue d'Andelot, à Saint-Quentin.

Syndicat central du Commerce en gros des vins et spiritueux du département de l'Aisne (Bourse du Commerce), place de la République, à Soissons.

Syndicat du Commerce en gros des vins et spiritueux des arrondissements de Vesoul et Lure (Haute-Saône).

Union amicale des Entrepositaires de vins et spiritueux de l'arrondissement d'Abbeville, 102, rue Saint-Gilles, à Abbeville (Somme).

Diplôme de mention honorable.

Lefrançois (Félix), Sin-le-Noble.

4me RÉGION

La quatrième région comprenait les départements de l'Yonne, de la Côte-d'Or, de la Saône-et-Loire et du Rhône.

M. Cl. Charton, Membre du Jury, Vice-Président du Comité d'organisation, nous a fait parvenir l'étude suivante sur les vins de Bourgogne :

Vins de Bourgogne.

Le vignoble bourguignon s'étend, si l'on suit la ligne du chemin de fer P.-L.-M., de Sens à Villefranche-sur-Saône. Il est placé sous les 45e, 46e et 47e degrés de latitude. Sa longueur est d'environ 60 lieues et sa largeur a une moyenne approximative de 25 lieues. Il comprend les vignobles de l'Yonne, de la Côte-d'Or, de la Côte chalonnaise, du Mâconnais et du Beaujolais.

L'origine de ce vignoble illustre n'est pas déterminée. Il semblerait, cependant, que les incursions gauloises au delà des Alpes avaient pour véritable motif de satisfaire l'ardent désir qu'éprouvaient nos ancêtres de se procurer les excellents vins d'Italie. Et la légende attribue l'importation de la vigne au conquérant gaulois Brennus, auquel le poète fait dire :

Les champs de Rome ont payé mes exploits,
Et j'en rapporte un cep de vigne.

Un fait certain, c'est que, bien avant la conquête des Gaules par les Romains, les peuples qui habitaient nos contrées connaissaient l'usage du vin et possédaient des variétés spéciales de ceps qui paraissent très analogues, sinon identiques, à celles qui existent aujourd'hui.

Déjà ces vignobles se faisaient remarquer par leur supério-

Les opérations du Jury.

rité et excitaient la jalousie des vainqueurs. Sous un futile prétexte de disette de blé, en l'an 96 de notre ère, l'empereur romain Domitien ne fait-il pas arracher la moitié des vignes et ne défend-il pas d'en planter de nouvelles ! Mais il devient odieux à tous et un poète grec répand dans Rome un écrit où se trouvent ces deux vers :

> Va, coupe tous les ceps, tu n'empêcheras pas
> Qu'on ait assez de vin pour boire à ton trépas !

Mais, en l'an 279, l'empereur Probus lève la défense de planter de la vigne et en permet la culture dans toute l'étendue des

Gaules. Aussi nos coteaux se couvrent rapidement de vignobles luxuriants et cette culture retrouve rapidement son ancienne splendeur. Elle prend un tel essor qu'au sixième siècle, Grégoire de Tours écrit, en parlant de Dijon : « Du côté du couchant sont de riches coteaux couverts de vignobles nombreux qui produisent aux habitants des vins si délicieux qu'ils en ont mépris des vins d'Ascalon ! »

Et depuis, cette importance ne fait que progresser. Le vignoble s'étend de plus en plus pour devenir ce qu'il est aujourd'hui.

Avec son extension territoriale, s'accroît aussi sa renommée. C'est qu'en effet les vins de Bourgogne ont un passé des plus anciens et des plus glorieux. Objet d'admiration et de convoitise au début de notre ère, ils deviennent des présents très appréciés que les premiers ducs de Bourgogne offrent aux têtes couronnées.

Pétrarque attribue, en 1366, aux vins de Bourgogne, « l'obstination des cardinaux à ne pas retourner à Rome. C'est, — dit-il, — qu'en Italie il n'y a pas de Beaune et qu'ils ne croient pas mener une vie heureuse sans cette liqueur ; ils regardent le vin comme un second élément et comme le nectar des dieux. »

Nos archives sont pleines de pièces constatant les envois de vins faits par les ducs de Bourgogne ou par les villes de Dijon et de Beaune aux rois, aux papes et aux grands dignitaires. Les bourgeois de Bayeux ne présentent-ils pas au connétable Duguesclin une pipe de vin de Beaune en 1377. C'était alors le premier vin de l'Europe.

Erasme, dans ses lettres, attribue aux vins de Beaune « la guérison de maux d'estomac et de coliques et en célèbre l'excellence. Oh ! heureuse Bourgogne ! — s'écrie-t-il, — qui mérite si bien d'être appelée la mère des hommes, puisqu'elle leur fournit de ses mamelles un si bon lait ! »

Durant la convalescence de Louis XIV, après une longue maladie, son médecin, Fagon, donna en 1680 la préférence aux vins de Bourgogne sur ceux de Champagne.

Et pour terminer cette longue et glorieuse énumération qu'on pourrait prolonger jusqu'à l'infini, qui ne sait que Napoléon Ier mettait nos grands vins au premier rang et appréciait tout particulièrement le Chambertin !

De nos jours, les crus généreux récoltés sur les vignobles bourguignons jouissent d'une réputation mondiale. Ils font l'objet d'exportations très importantes en Angleterre, en Belgique, en Russie, en Amérique, en Suisse et en Allemagne. Il n'y a qu'un ombrage à ce charmant tableau : c'est la lutte que la viticulture doit soutenir non seulement contre les fléaux de la vigne, mais encore contre l'âpreté des lois fiscales et contre les tarifs douaniers toujours de plus en plus élevés !

Pour se faire une idée plus précise et plus complète de l'important groupe viticole bourguignon, il convient d'étudier séparément les vignobles qui le constituent. C'est ce que je vais faire en allant du Nord au Sud.

Vignobles de l'Yonne. — La superficie plantée en vignes est d'environ 40.000 hectares et la récolte moyenne est approximativement de 600.000 hectolitres, ce qui paraîtrait relativement peu si on ne considérait que les gelées printanières sont à la fois fréquentes et redoutées. Les arrondissements de Tonnerre et d'Auxerre sont célèbres pour la qualité de leurs produits. Les meilleurs vins de ces deux pays se disputent la priorité et sont également dignes de figurer sur les tables les plus somptueuses. Quand les vignobles appartenaient aux nobles, aux riches bourgeois et aux abbayes, c'était « le breuvage des nobles et des chanoines ». De nos jours, ces vins occupent une place honorable sur la place de Paris.

Le Tonnerrois donne des vins qui sont pourvus de toutes les qualités que l'on estime dans ceux de la Basse-Bourgogne et d'un degré de spiritueux supérieur à celui de la plupart des vins de l'Auxerrois. C'est une boisson de gourmets !

Les vins de l'Auxerrois, plus susceptibles d'être bus à haute dose sans incommoder, conviennent mieux aux estomacs délicats et sont préférés aux précédents par de nombreuses personnes.

L'arrondissement d'Avallon fournit des vins corsés et généreux, celui de Joigny des vins légers et agréables ; mais celui de Sens produit des vins dont la qualité est sensiblement supérieure, sauf quelques exceptions.

Les vignobles de l'Yonne sont surtout connus et réputés à cause de leurs grands vins blancs dont le Chablis est le type le plus parfait et vient immédiatement après les premières cuvées de Meursault. Ils conservent leur blancheur transparente, ils sont spiritueux sans être trop fumeux, ils ont beaucoup de corps, une finesse et un parfum très agréables.

Les meilleurs crus de Tonnerre, de Danemoine et d'Epineuil donnent des vins qui, traités comme on le fait en Champagne, moussent parfaitement et sont fort agréables, mais très capiteux.

Cote-d'Or. — De l'Yonne, le visiteur passe dans la Côte-d'Or. Ce département, qu'on appelle ainsi à cause de la richesse de ses produits, comprend environ 30.000 hectares de vignes.

La renommée de ses vins est universelle. Aussi je ne ferai que citer les produits ordinaires très appréciés pour leur fraîcheur, leur franchise et leur fruité remarquable, et qu'on récolte dans l'arrière-côte, la Plaine, le Val de Saône, l'Auxois et le Châtillonnais. Je veux étudier plus spécialement cette côte universellement connue qui a donné son nom à notre département. Tout d'abord, on est surpris par sa faible superficie : 3.000 hectares environ, soit une longueur de 60 kilomètres sur 500 mètres de largeur. C'est là, entre Beaune et Santenay, que le vignoble produit ces vins célèbres connus sous le nom de « vins fins de la Haute-Bourgogne » et qui, s'ils ont quelques rivaux, ne sont surpassés par aucun d'eux ! C'est qu'ils réunissent toutes les qualités qui constituent un vin parfait ; ils n'ont besoin d'aucun mélange, d'aucune préparation pour obtenir leur plus haut degré de perfection, et c'est même les altérer que d'y introduire des substances aromatiques ou d'autres vins, quelle qu'en soit la qualité.

On distingue généralement trois parties dans la Côte proprement dite : la Côte dijonnaise, la Côte de Nuits et la Côte de Beaune.

Côte dijonnaise. — Les vignobles qui constituent la Côte dijonnaise sont situés aux environs de l'ancienne capitale de la Bourgogne et principalement sur les communes de Dijon, Couchey, Chenôve et Marsannay. Les crus les plus connus sont ceux du Clos du Roi et du Chapitre, sur Chenôve, qui appartenaient aux ducs de Bourgogne et aux rois de France. Ils donnent des vins d'une couleur foncée, d'un bon goût, très solides et qui acquièrent en vieillissant beaucoup de qualité et un bon goût.

Côte de Nuits. — La Côte de Nuits comprend les vignobles situés sur les communes suivantes : Fixin, Brochon, Gevrey-Chambertin, Morey, Chambolle-Musigny, Vougeot, Flagey-Echézeaux, Vosne-Romanée, Nuits-Saint-Georges, Prémeaux,

Prissey, Comblanchien, Corgoloin et Serrigny. Ce sont là des noms connus par les deux mondes et dont la réputation illustre est près de deux fois millénaire ! Il faudrait l'étendue de plusieurs volumes pour célébrer leurs vertus comme il convient. Mais le cadre de cette étude ne me le permet pas ; d'ailleurs, les ouvrages qui traitent de cette question sont très répandus. Je ne ferai que saluer bien haut les crus les plus célèbres : le Chambertin, le Musigny, le Clos-Vougeot, le Richebourg, le Romanée-Conti, le Saint-Georges... et combien d'autres qui sont les fleurons de cette admirable couronne !

Côte de Beaune. — Les vignobles qui la constituent sont situés sur les communes de Pernand, Aloxe-Corton, Savigny, Beaune, Pommard, Volnay, Monthelie, Auxey, Meursault, Puligny, Chassagne, Santenay. Dignes continuateurs des précédents, ils figurent au premier rang des vins du monde. Quel est donc, en effet, le vin qui, à l'instar du Corton 1911, peut se vanter d'avoir été payé 4.000 francs la pièce de 228 litres ? (Je dis la pièce et non la queue.) Je ne ferai que mentionner les meilleurs et les plus réputés parmi les innombrables crus de cette Côte-d'Or célèbre qui mériteraient cependant d'être tous cités. Qui ne connaît le Chassagne et le Corton, les Marconnets et les Vergelesses, les crus de Pommard et de Volnay, les grands vins rouges de Meursault et ses vins blancs plus célèbres encore, la Goutte d'Or, les Montrachet avec leur goût de noisette très agréable, leur sève et leur bouquet dont la force et la suavité les mettent au premier rang parmi les vins blancs ?

Au centre de ce vignoble célèbre, s'élève Beaune, la capitale incontestée de la Bourgogne viticole. Cette ville antique a droit au titre de capitale pour deux raisons : d'abord par suite de l'étendue et de l'excellence hors pair de son vignoble dont les crus sont connus et appréciés du monde entier. Ensuite, parce que Beaune est le centre d'un commerce vinicole excessivement actif et important. C'est par excellence la cité du vin. Vous n'y entendez pas les sirènes des usines, le bruit sourd des machines et des moteurs, vous n'y respirez pas la fumée âcre qui sort des hautes cheminées... A Beaune, du vin, partout des foudres énormes remplis de vin, toujours le goût du vin !... Maisons de commerce, employés de bureaux, tonneliers, vignerons, courtiers, tout le monde tire ses ressources du vin ! Pour lui, des syndicats, des sociétés vigneronnes se sont constitués, des écoles ont été bâties. Honneur donc au vin de Beaune qui répand de tels bienfaits autour de lui !

Qui n'a entendu parler de la vente des Hospices de Beaune, à laquelle assistent chaque année des milliers de visiteurs français et étrangers ? Cette vente est unique au monde, et les prix qui y sont obtenus peuvent donner une idée de la qualité des produits de ces fameux domaines. Ainsi, le 12 novembre 1911, la fameuse cuvée « Chancelier Nicolas Rolin » (vin de Beaune) fut adjugée moyennant la somme de 7.400 francs la queue de deux pièces, soit 456 litres, doublant presque le record du 14 novembre 1906 (4.000 francs la queue). Ce fut un spectacle sans précédent, et on vit les acquéreurs mettre des enchères fantastiques pour obtenir cette cuvée illustre.

Cote chalonnaise. — Au sud de la Côte-d'Or, se trouve la Côte chalonnaise. Ses vins sont excellents et ses vignobles tiennent une place très honorable. La valeur des crus varie beaucoup suivant les cépages, le sol et l'exposition ; dans les arrière-côtes très fertiles, le rendement est considérable avec le cépage de Gamay. Les meilleurs vins sont ceux de Buxy, Cheilly, Aluze, Saint-Désert. Les bons vins ordinaires sont récoltés sur les communes de Chagny, Chaudenay, Saint-Léger, Sennecey, etc. Mais les crus les plus renommés se trouvent à Dezize-lès-Maranges, à Givry et surtout à Mercurey. Mentionnons Rully dont les vins rouges soutiennent la comparaison avec ceux de Mercurey et qui doit surtout sa réputation à ses excellents vins blancs.

Maconnais. — Puis nous entrons dans le magnifique vignoble du Mâconnais. Après avoir été détruit par le phylloxéra, on peut le considérer comme entièrement reconstitué. Les vins blancs ordinaires sont très agréables pour la consommation journalière, verts et bien fruités ; les grands ordinaires, de bonne conservation, sont des vins de table par excellence et se vendent beaucoup à Paris. Les grands vins blancs méritent, par leur bouquet et leur richesse en alcool, d'être comptés parmi les meilleurs de la Bourgogne.

On peut diviser le Mâconnais en deux grandes régions : le Haut-Mâconnais, produisant des vins ordinaires, et le Mâconnais proprement dit, donnant de grands ordinaires et de bons vins blancs.

Parmi les bons ordinaires, en rouges, citons : Charnay, Saint-Sorlin, Uchizy, Romanèche-Thorins, Azé, Sennecey. Et parmi les bons vins blancs ordinaires : Fuissé, Solustré et surtout Pouilly. Mais les plus grands crus de la région sont au sud du Mâconnais, à Thorins, dont le fameux Moulin-à-Vent est connu de tous.

Beaujolais. — Enfin, nous arrivons dans le Beaujolais, qui doit son nom à ses anciens propriétaires, les sires de Beaujeu. Ses centres les plus importants sont : Villefranche, Belleville, Anse et Beaujeu. Sur un sol riche et fécond, la vigne robuste et bien cultivée produit des vins qui ont un bouquet vraiment remarquable et qui peuvent se transporter facilement. Les grands crus de Chénas, Fleurie et Thorins donnent des vins fins, tendres, précoces. Ceux de Juliénas, Morgon et Brouilly sont corsés et de plus longue durée. Citons les vins gris, obtenus par une très courte fermentation en cuve, qui prennent en vieillissant une belle teinte dorée : ils sont agréables, très légers et délicats.

Ainsi donc, ces divers vignobles forment une gamme parfaite de grands vins incomparables, de grands ordinaires et d'ordinaires aux qualités précieuses.

Pour être complet, il nous faut ajouter les eaux-de-vie obtenues par la distillation des marcs de Bourgogne et qui atteignent à la perfection.

A quoi peut-on attribuer cette célébrité du vignoble bourguignon ?

Il la doit tout d'abord à la constitution parfaite d'un sol généreux, à une exposition exceptionnelle et à un cépage savamment choisi. Mais il la doit aussi aux soins culturaux minutieux qu'explique l'ardent amour du vigneron bourguignon pour sa vigne.

Pour terminer cette rapide étude, je ne manquerai de rappeler l'usage vraiment bourguignon en vertu duquel un flacon de notre grand vin ne se boit pas sans que les verres soient choqués l'un contre l'autre en signe de fraternité. Cette coutume générale est aussi ancienne que l'histoire de nos vignobles. Bien avant la conquête romaine, les Gaulois et les Celtes buvaient dans leurs repas à la santé de leurs amis et au succès de leurs armes ; la jeune Gauloise qui acceptait irrévocablement un fiancé lui offrait une coupe pleine ; les serments faits la coupe en main étaient sacrés et l'ennemi avec lequel on avait bu devenait inviolable. Ainsi, cette loi de boire à tout ce que nous aimons, que nous ont transmise nos pères, est un héritage qui vient de nos plus anciens aïeux. C'est un usage antique, fortement gravé dans nos mœurs, qui a pu résister aux proscriptions politiques et aux anathèmes religieux, qui a traversé les siècles sans s'altérer et presque sans devenir moins fréquent. Comme nos ancêtres, conservons donc cette vieille gaieté et cette vieille coutume, cet héritage de bonheur et de paix, buvons à l'avenir de notre vin de Bourgogne, de ce vin fameux qui est le lien de la société, l'ami de la vérité, le médiateur des réconciliations, le soutien du corps et de l'esprit !

Diplômes de grand prix.

Bocion (P.-J.), à Beaune.
Bouchard aîné et fils, à Beaune.
Chambre de Commerce de Beaune.

En participation :

Billet-Petitjean, Beaune.
Bouchard aîné et fils, Beaune.
Darviot (Henri), à Beaune.
Gauthey-Cadet et fils, Aloxe-Corton.
Latour (Louis), Beaune.
Moreau-Voillot, Beaune.
Patriarche, père et fils, Beaune.

Chambre syndicale du Commerce en gros des vins et spiritueux de l'arrondissement de Beaune.

En participation :

Ambal (Veuve), Rully.
Barolet (A.), Beaune.
Beaudet (A. et L.) frères, Beaune.
Beuverand (G. de) et de Poligny, à Chassagne.
Bocion (P.-J.), Beaune.
Bourgogne (P.) et fils, Nuits-Saint-Georges.
Bussières (Emile), Aloxe-Corton.
Capitain-Gagnerot fils, Ladoix.
Chanson père et fils, Beaune.
Colomb Maréchal, Meursault.

Corcol (G.), Savigny.
Coron père et fils, Beaune.
Fellot (A.), Savigny-les-Beaune.
Fougères et Cie, Beaune.
Giroud (Camille), Beaune.
Lefèvre et Remondet, Nuits-Saint-Georges.
Ligeret (A.), Nuits-Saint-Georges.
Manuel (H.), Meursault.
Marcilly (P. de), frères, Chassagne.
Paupion (H.), Savigny.
Polack (H.), Nuits-Saint-Georges.
Ponthus-Cimier (Léon), Nuits-Saint-Georges.
Rosenheim (L.) et fils, Nuits-Saint-Georges.

Chambre syndicale du Commerce en gros des vins et spiritueux des arrondissements de Villefranche et Macon, à Belleville-sur-Saône (Rhône).

En participation :

Arnaud (A.), jeune, 20, rue Pierre-Berthier, Villefranche.
Bender (Emile), Odenas.
Blanc (J.-Pierre), Denicé, Lieu du Vivier.
Collin et Bourisset, Crèches, près Mâcon.
Crepaux (Léon), Villefranche-sur-Saône.
Delaye jeune, Villefranche-sur-Saône.
Dessalle (G. et A.), Belleville.
Dufaitre (Jean), Villefranche.
Guiche (Marquise de la) et Merode (Comtesse de), à Lachassagne.
Jourdan (Antoine), Villefranche.
Marchand-Florent, Cercié.
Merite (Jean), Saint-Lager.
Moreau-Dumas frères, Belleville.
Morel (Antoine), Anse (Rhône).
Paquier-Desvignes et fils, Saint-Lager.
Perret (François), Belleville.
Perrin (Francisque), Villefranche.
Perron (D^r), Sennecy-le-Grand.
Pommier frères, Villefranche-sur-Saône.
Souzy (Jules du), Quincié.
Vermorel (Victor), Villefranche.
Vial (Vincent), Belleville.

Chambre syndicale du Commerce en gros des vins et spiritueux du département de la Cote-d'Or, Bourse du Commerce, à Dijon.

En participation :

Belorgey (Edouard), Morey.
Bonnaire (Paul), Plombières.
Bouhey-Allex, rue Rondelet, Dijon.
Brenot (Ed.), 13, rue des Roses, Dijon.
Courreaux-Thévenot, Puligny-Montrachet.
Delaunay (F.), Is-sur-Tille.
Devillebichot (Paul), Plombières.
Jourdan et Cie, 67, rue Chabot-Charny, Dijon.
Loppin de Gemeaux (Ch.-A.), Gémeaux.
Pansiot (Paul), Gevrey-Chambertin.
Polack (Ch.) et fils, rue du Chapeau-Rouge, Dijon.
Quenot (Henri), Dijon.
Ratel-Bonnot (Paul), Ahuy-les-Dijon.
Regnier (Lucien), rue de Gray, Dijon.
Regnier-Moser et Collette, Dijon.
Vivant (Gilles), 10, rue Andra, Dijon.

Champy père et Cie, à Beaune (Côte-d'Or).
Chanson père et fils, à Beaune (Côte-d'Or).

Collectivité de la Chambre syndicale des Négociants en vins et spiritueux de Macon, à Mâcon (Saône-et-Loire).

En participation :

Bernard, Négociant en vins, Mâcon.
Cabeza, Mâcon.
Chauvet-Volluet, La Chapelle-de-Guinchay.
Collin et Bourisset, Crèches-les-Mâcon.
Decoi (Guillaume), propriétaire, Chanes.
Faye et Cie, Mâcon.
Jandard, Romanèche.
Laneyrie-Rousselot, Juliénas.
Lemonon (Veuve A.), Crèches.
Lorin (J.-F.), Charnay-les-Mâcon.
Thomachot, Prissé-les-Mâcon.
Thomachot-Blanc, La Roche-Vineuse.

THORINS, La Chapelle-de-Guinchay, Pontanevaux.
VANNIER, Geugnon (Saône-et-Loire).
COLLECTIVITÉ DE L'UNION DES VITICULTEURS DU CANTON DE LA-CHAPELLE-DE-GUINCHAY.

En participation :

ALQUIÉ, Romanèche-Thorins.
BERNARD-COTTET, Romanèche-Thorins.
BERNOLLIN (Louis), Romanèche-Thorins.
BERTHELON (Jean-Marie), Saint-Amour-Bellevue.
BOISSON (Camille), Romanèche-Thorins.
BONNERUE (Joseph), Romanèche.
BOURDON-NEVEUX, Saint-Amour-Bellevue.
BROYER, Crèches-sur-Saône.
BURIER (Benoît-Antoine), Romanèche.
CAFFIN (C.), Romanèche.
CHABERT (Mme de), commune de Saint-Vérand.
CHAMONARD (J.-B.), Romanèche-Thorins.
CHAMONARD (J.-B.), Saint-Symphorien-d'Ancelles.
CHANAY (P.), Romanèche.
CHARVET (Mme), La-Chapelle-de-Guinchay.
CONDEMINAL, La-Chapelle-de-Guinchay.
CROTTE (Pierre), Romanèche.
CROZET (Joseph), Romanèche-Thorins.
CROZET (Claudius), Romanèche-Thorins.
DAILLOUX (Antoine), Romanèche-Thorins.
DELORE (Mlles Xavier), Romanèche.
DESNUELLES (Fr.), Romanèche.
DESVIGNES, La-Chapelle-de-Guinchay.
DUBOST, La-Chapelle-de-Guinchay.
DUFÈTRE (A.-J.-M.), Romanèche-Thorins.
DUFÈTRE (A.), La-Chapelle-de-Guinchay.
DUMONT (Joanny), Romanèche.
DUPERRAY (Mme veuve), Saint-Amour-Bellevue.
DUPLAND, Crèches-sur-Saône.
DURAND (Louis), Crèches-sur-Saône.
DURNERIN (F.), Romanèche-Thorins.
FARGET (Claudius), Romanèche-Thorins.
FAYARD (Ph.), Romanèche.
FERRET (Louis), Saint-Amour-Bellevue.
FERRET-GALICHON, Crèches-sur-Saône.

Foillard-Morel, Romanèche-Thorins.
Foillard (Antoine), Romanèche-Thorins.
Foillard (Claudius), Romanèche-Thorins.
Fouchy (Ph.-F.), commune de Chasselas.
Frasson (Fernand), Romanèche.
Goy (J.-Cl.), Saint-Amour-Bellevue.
Gravier (Jules), Romanèche-Thorins.
Guilloux (François), Romanèche-Thorins.
Guilloux (Simon), Romanèche.
Guyonnet (Auguste), Saint-Amour-Bellevue.
Jacquetant (Benoît), commune de Chaintre.
Jandard (Alphonse), Romanèche.
Juillard-Chatelet, Romanèche.
Labruyère (P.), Saint-Amour-Bellevue.
Lacharme (A.), Romanèche.
Lachèze (Prosper), La-Chapelle-de-Guinchay.
Laneyrie (J.-M.), Saint-Amour-Bellevue.
Latour (Etienne) fils, Romanèche-Thorins.
Loron (Joannès), Romanèche-Thorins.
Loron (Auguste), Romanèche.
Malgontier (Camille), La-Chapelle-de-Guinchay.
Manin (Auguste), Romanèche-Thorins.
Marguerand (Joseph), Romanèche-Thorins.
Margue frères, Crèches-sur-Saône.
Moindrot, La-Chapelle-de-Guinchay.
Moura (Jules), Romanèche-Thorins.
Mulin (Georges), Romanèche-Thorins.
Nuques (J.-B.), Romanèche-Thorins.
Paquier (Fr.), Saint-Amour-Bellevue.
Pardon (C.-A.), Romanèche.
Patissier (Joseph), La-Chapelle-de-Guinchay.
Perrachon-Bourdon, Crèches-sur-Saône.
Perrin (Laurent), Romanèche-Thorins.
Pinet (Mme veuve née Chamonard), Pruzilly.
Pluveau (Cyprien), Chânes.
Poisard, Saint-Amour-Bellevue.
Poncet (Marc) fils, Romanèche-Thorins.
Ravinet (Jules), Saint-Amour-Bellevue.
Roujon (Adolphe), Saint-Symphorien-d'Ancelles.
Roy (Jean-Claude), Romanèche-Thorins.
Rousset (J.-M.), Leynes.

Roux (Joannès), Romanèche.
Ruet (Claudius), Romanèche.
Sambin (Jean), Romanèche.
Sargnon (Dr), Pruzilly.
Sauzet (P.), Romanèche.
Silvestre (F.), Romanèche-Thorins.
Simorre, La-Chapelle-de-Guinchay.
Siraudin (Mme V.-Marie), Saint-Amour-Bellevue.
Tagent (Veuve), Romanèche-Thorins.
Tagent (René), Romanèche-Thorins.
Thevenet (A.), Romanèche-Thorins.
Thy de Milly (Comtesse), Romanèche-Thorins.
Touzet, Romanèche.
Trouilloux (A.), Chânes.
Toutant (Mme veuve), Saint-Amour-Bellevue.
Vachon (Mme), Romanèche.
Vaffier (Dr), Chânes.
Van Cronembourg, Saint-Romain-des-Iles.
Vignat (Joseph), Romanèche.
Vincent (J.-M.), Romanèche-Thorins.

Collin et Bourisset, Crèches-les-Mâcon.

Comice agricole de Gevrey.

En participation :

Boinet (Emile), Gevrey.
Camus (Léon), Gevrey.
Chamard, Chambolle-Musigny.
Gouroux (Henri), Gevrey.
Grey (Veuve), Gevrey.
Jantot (Ch.), Gevrey.
Joliet frères, rue Chabot-Charny, Dijon, et Gevrey.
Jovignot (Jules), Fixin.
Lagny (Baron de), Gevrey.
Laroze (Félix), Gevrey.
Lorange (Ch.), Gevrey.
Magnien-Fleurot, Gevrey.
Marchand-Bolnot, Gevrey.
Marguerite-Seguin, Vougeot.
Michaud, Reulle-Vergy.

Naigeon-Chauveau, Gevrey.
Philippon (Albert), Gevrey.
Seguin-Detain, Chambolle-Musigny.
Tortochot (Félix), Gevrey-Chambertin.

Comité d'Agriculture de l'arrondissement de Beaune et de Viticulture de la Cote-d'Or.

En participation :

Angerville (Marquis d'), Volnay.
Berrod (A.), Beaune.
Billard-Lechenault, propriétaire, Pommard.
Chouet-Titard (Ch.), Meursault.
Coste, Chenot et Sordet, Pommard.
Gonnet-Bernard, Pommard.
Guillemot (A.), Couchey.
Jobard-Muthelet, Meursault.
Josserand (L.), Beaune.
Moingeon-Geneau, Nuits-Saint-Georges.
Moingeon-Ropiteaux, Pommard.
Matrot frères, Evelle.
Michelot-Rousselin, Pommard.
Montoy (Arthur), Beaune.
Parent frères, Pommard.
Perriaux (D.), Savigny-les-Beaune.
Ravet-Moine, Pernaud.
Renevey (Théodore), Corgoloin.
Rivot (J.-B.) fils, Pommard.
Rossignol et Cellard, Volnay.
Vesoux (Dr A.), Beaune.

Coste, Chenot et Sordet, Pommard.
Crépaux (Léon), Villefranche-sur-Saône.
Dessalle (G. et A.), à Belleville.
Dupré frères et fils, 10, boulevard Davout, à Auxerre (Yonne).
Faye et Cie, à Mâcon.
Folliot (Paul), à Chablis (Yonne).
Garraud fils, à Beaune.
Gauthey-Cadet et fils, à Aloxe-Corton.
Groupement des individualités de Nuits-Saint-Georges.

En participation :

Baudement (Paul), Nuits.
Bavard-Gagnard, Nuits.
Bahezre (Henri de), Nuits.
Boudier-Vivant (Joseph), Corgoloin.
Boudier (Paul) fils, Comblanchien.
Challand (Henri), Nuits.
Cocasse (Ernest), Nuits.
Confuron-Bornot, Pont-de-Vosne.
Dechaux-Nolette, Nuits.
Gardey-Virely, Nuits.
Glantenet (François), Nuits.
Gouges-Grivot, Nuits.
Gremeaux-Grandné (Louis), Nuits.
Grivelet, Vosne-Romanée.
Gros-Floriet (Louis), Vosne-Romanée.
Gros-Renaudot, Vosne-Romanée.
Jarot-Denevers frères, Nuits.
Jaugey (Lucien), Nuits.
Jeanniard, Nuits.
Jouan-Marcillet (Félix), Nuits.
Lamarche-Confuron (Alfred), Vosne-Romanée.
Lamarche-Grivelet, Vosne-Romanée.
Lupé, Cholet et Cie, Nuits.
Malbranche (Gabriel), Vosne-Romanée.
Marillier (Marcel), Nuits.
Mugneret-Pasquier (Eug.), Vosne-Romanée.
Quillardet, Marsaunay.
Reitz (Paul), Corgoloin.
Tainturier (J.-B.), Nuits.
Vienot (Charles), Prémeaux.

Groupement des individualités de Chalon-sur-Saone.

En participation :

Bonneau-Dodille, Mercurey.
Colcombet frères, Dracy-le-Port.
Cornudet (Léon), Jully-les-Buxy.
Hubert père et fils, Rully.
Le Courbe, Aubigny-le-Rouge.
Ninot (Ch.), Rully.

Petiot (Emile et Abel), Chemirey.
Robiaud (Jean), Mercurey.
Pichenot (Dr), Buxy.

Bontemps (Philippe), Chalon.
Guiche (Marquise de la) et Mérode (Comtesse de), à Lachassagne.
Imbaud (Alfred), à Meursault (Côte-d'Or).
Ligeret (A.), Nuits-Saint-Georges.
Marcilly (P. de) frères, à Chassagne.
Matrot frères, à Evelle.
Moingeon-Ropiteau, à Savigny-les-Beaune (Côte-d'Or).
Montoy (Arthur), à Beaune.
Moreau-Dumas frères, à Belleville.
Moreau fils, à Chablis.
Paquier-Desvignes et fils, à Saint-Lager.
Patriarche père et fils, à Beaune.
Pic (Albert), à Chablis (Yonne).
Picq-Bonnet (Emile), à Chablis (Yonne).
Pinson-Lamarre, à Chablis (Yonne).
Pommier frères, à Villefranche-sur-Saône.
Protat, à Pouilly-Fuissé.
Simonet-Fèvre et Cie, à Chablis (Yonne).

Société vigneronne de l'arrondissement de Beaune (Côte-d'Or).

En participation :

Chapuis, Aloxe-Corton.
Devaux-Reuchin, Beaune.
Forgeot père, Beaune.
Gaessler-Noirot, Beaune.
Garnier (A.), Meursault.
Garraud fils, Beaune.
Genin (C.), Geney (Ain) et Pommard.
Gloria (Antoine), Beaune.
Guillon (P.), Chalon-sur-Saône.
Imbault (Alfred), Meursault.
Jacquelin (L.), Pommard.
Jaffelin (H.), Beaune.
Javilliey-Raby, Beaune.
Jolliot (Henri), Beaune.

Moingeon-Ropiteau, Savigny-les-Beaune.
Monthélie (Henri), Monthélie.
Mussy-Dauphin, Pommard.
Perdrier (Louis), Beaune.
Ricard (H. et L.), Beaune.
Société vigneronne, Bouix.
Tavernier (P.), Meursault.
Vieillard, Beaune.

Syndicat du Commerce en gros des vins et spiritueux du département de l'Yonne, 10, rue de la Fraternité, à Auxerre.

En participation :

Buffaut frères, Auxerre.
Couillault, Epineuil.
Laporte (Eugène), buffet de la gare de Laroche.
Prévost (Henri), Vincelottes.
Sourdillat-Tachy, Brienon.
Vincent (Aristide), 6, rue Sutil, Auxerre.

Syndicat du Commerce en gros des vins et spiritueux de Lyon et du département du Rhône, à Lyon.
Syndicat des Négociants en gros, liqueurs et alcools de Lyon et du département du Rhône, à Lyon.
Tagent (Veuve), à Romanèche-Thorins.
Thy-de-Milly (Comtesse), à Romanèche-Thorins.

Union agricole et viticole de Chalon-sur-Saone.

En participation :

Bidault-Bruchet, Chandenay.
Guillaume, Givry.
Lenud, Saint-Vallerin.
Laboulaye (Mme), Buxy.
Mathieu, Saint-Désert.
Mugnier-Robin, Poncey.
Narjoux (Dominique), Rully.
Pingeon, Le Bourgneuf-Val-d'Or.

Vaffier (Dr), à Chânes.
Vermorel (Victor), à Villefranche.

Diplôme d'honneur.

AMBAL (Veuve), à Rully.
ANGERVILLE (Marquis d'), à Volnay.
BAHEZRE (Henri de), à Nuits.
BAUDRY-JOUSSOT (Adolphe), à Chablis.
BEAUDET (A. et L.) FRÈRES, à Beaune.
BENDER (Emile), à Odenas.
BEUVERAND (G. de) ET POLIGNY (de), à Chassagne.
BILLET-PETITJEAN, à Beaune.
BOUDIER-VIVANT (Joseph), à Corgoloin.
BRENOT (Ed.), 13, rue des Roses, à Dijon.
BUY (Joanny), 36, quai Saint-Vincent, à Lyon (Rhône).
CHANRON (Pierre), rue Cyrano, à Lyon.
CHOUET-TITARD (Ch.), à Meursault.
GONNET-BERNARD, Pommard.
HELIE (Henri), à Chablis.
JACQUEMONT (Michel), 21, rue d'Alger, à Lyon.
JACQUETANT (Benoît), à Chaintre.
JOURDAN (Antoine), à Fleurie.
LAMARCHE-GRIVELET, à Vosne-Romanée.
LAPORTE (Eugène), à Laroche.
LARDET (Tony), à Mâcon.
LAROZE (Félix), à Gevrey.
LEFÈVRE ET REMONDET, à Nuits-Saint-Georges.
LORIN (J.-F.), à Charnay-les-Mâcon.
LORON (Eugène), à Pontaneveaux.
LUPÉ, CHOLET ET Cie, à Nuits.
MARTINET, PIAT ET Cie, 22, rue de la République, Mâcon (S.-et-L.).
MOREAU-VOILLOT, à Beaune.
PARENT FRÈRES, à Pommard.
PERRET (François), à Belleville.
PERRIAUX (D.), Savigny-les-Beaune.
PETIOT (Emile et Abel), à Chemirey.
QUENOT (Henri), à Dijon.
REGNARD FILS, à Chablis.
RICARD (H. et L.), à Beaune.
TAVERNIER (P.), à Meursault.
TEIL DU HAVET (Baron du), Charnay-les-Mâcon.
THOMACHOT, à Prissé-les-Mâcon.
TOURNIER (Francisque), 43, boulevard du Sud, à Lyon.
VIAL (Vincent), à Belleville.
VIENOT (Charles), à Prémeaux.

Diplômes de médaille d'or.

Arnaud (A.) jeune, 20, rue Pierre-Berthier, à Villefranche.
Beau (Raoul-Charles), à Chablis.
Belorgey (Edouard), à Morey.
Bergerand-Colinon, à Chablis.
Berliat, à Charnay.
Bernard, négociant, à Mâcon.
Berrod (A.), à Beaune.
Boinet (Emile), à Gevrey.
Boisson (Camille), Romanèche-Thorins.
Bonin, 16, place du Serin, à Lyon.
Boudier (Paul) fils, à Comblanchien.
Bouhey-Allex, rue Heudelet, à Dijon.
Bourgogne (P.), et fils, à Nuits-Saint-Georges.
Bussières (Emile), à Aloxe-Corton.
Cabeza, à Mâcon.
Capitain-Gagnerot fils, à Ladoix-Serrigny.
Challand (Henri), à Nuits.
Chamonard (J.-B.), à Romanèche-Thorins.
Chanay (Ph.), à Romanèche.
Chapuis, à Aloxe-Corton.
Choquenot (Alex.), à Chablis.
Colcombet frères, à Dracy-le-Port.
Colomb-Maréchal, à Meursault.
Coron père et fils, à Beaune.
Couillault, à Epineuil.
Couperot (Pol), à Fleys, par Chablis.
Curtat, 96, cours Richard-Vitton, à Lyon.
Darviot (Henri), à Beaune.
Delaye jeune, à Villefranche.
Debaix frères, à Coulanges-la-Vineuse.
Droin-Joussot (Veuve), à Chablis.
Dubost, La Chapelle-de-Guinchay.
Dufaitre (Jean), Villefranche.
Dufètre (A.), La Chapelle-de-Guinchay.
Fellot (A.), à Savigny-les-Beaune.
Fèvre-Duplessis, à Chablis.
Foillard-Morel, à Romanèche-Thorins.
Forgeot père et fils, à Beaune.
Frasson (Fernand), à Romanèche.

GAESSLER-NOIROT, à Beaune.
GIROUD (Camille), à Beaune.
GLORIA (Antoine), à Beaune.
GONDARD-MERLE (Marius), à Pouilly.
GOUROUX (Henri), à Gevrey.
GUILLON (P.), à Chalon-sur-Saône.
GREY (Veuve), à Gevrey.
GROS-RENAUDOT, à Vosne-Romanée.
HUBERT PÈRE ET FILS, à Rully.
JAUGEY (Lucien), à Nuits.
JEANNIARD, à Nuits.
JOBARD-MUTHELET, à Meursault.
JOLIET FRÈRES, rue Chabot-Charny, à Dijon.
JOLLIOT (Henri), à Beaune.
LAGNY (Baron de), à Gevrey.
LAMARCHE-CONFURON (Alfred), à Vosne-Romanée.
LATOUR (Etienne) FILS, à Romanèche-Thorins.
LEMONON (Veuve), à Crèches.
LOFFIN DE GEMEAUX (Ch.-A.), à Gemeaux.
LORON (Joannès), à Romanèche-Thorins.
MAGNIEN-FLEUROT, à Gevrey.
MALBRANCHE (Gabriel), à Vosne-Romanée.
MANUEL (H.), à Meursault.
MARCHAND-BOLNOT, à Gevrey.
MOINGEON-GENEAU, Nuits-Saint-Georges.
MOINGEON-ROPITEAUX, à Pommard.
MONCHARMONT (Joanny), 332, avenue de Saxe, à Lyon.
MONTHÉLIE (Henri), à Monthélie.
MOURA (Jules), à Romanèche-Thorins.
MUGNERET-PASQUIER (Eug.), à Vosne-Romanée.
NINOT (Ch.), à Rully.
PERDRIER (Louis), à Beaune.
PHILIPPON (Albert), à Gevrey.
PINGEON, Le Bourgneuf-Val-d'Or.
PLÈCHE, à Lyon.
POLACK (Ch.) ET FILS, rue du Chapeau-Rouge, à Dijon.
POLACK (Maurice), 18, rue du Chapeau-Rouge, à Dijon.
PONCET (Marc) FILS, à Romanèche-Thorins.
RAVINET (Jules), à Saint-Amour-Bellevue.
REGNIER (Lucien), rue de Gray, à Dijon.
REITZ (Paul), à Corgoloin.

RENARD (J.) ET ZACHARIE, 16, rue du Colombier, à Lyon.
ROBIAUD (Jean), à Mercurey.
ROPITEAU FRÈRES ET GUIDET, à Meursault.
ROSENHEIM (L.) ET FILS, à Nuits-Saint-Georges.
ROSSIGNOL ET CELLARD, à Volnay.
ROUJOU (Adolphe), à Saint-Symphorien-d'Ancelles.
SALAVERT FRÈRES, à Bourg-Saint-Andéol (Ardèche).
SOUVERAIN, à Chablis.
SOUZY (Jules du), à Quincié.
SYNDICAT DU COMMERCE DES VINS, SPIRITUEUX ET VINAIGRES DE LA VILLE ET DE L'ARRONDISSEMENT DE CHALON-SUR-SAONE.
SYNDICAT CENTRAL DES MARCHANDS DE VINS ET DÉBITANTS AYANT ENTREPOT DE LA VILLE DE LYON ET DE LA RÉGION, 17, place d'Albon, Lyon.
SYNDICAT DES DISTILLATEURS ET BOUILLEURS PROFESSIONNELS DE LA RÉGION DE VILLEFRANCHE-SUR-SAONE.
THOMACHOT-BLANC, à La Roche-Vineuse.
TOUTANT (Mme Veuve), à Saint-Amour-Bellevue.
VANNIER, à Gueugnon (S.-et-L.).
VIEILLARD (Ernest), à Beaune.
VIREY (Philippe), à Monceau-Lamartine-Prissé.

Diplômes de médaille d'argent.

BAROLET (A.), à Beaune.
BAVARD-GAGNARD, à Nuits.
BERTHELON (Jean-Marie), à Saint-Amour-Bellevue.
BIDAULT-BRUCHET, à Chandenay.
BILLARD-LÉCHENAULT, à Pommard.
BLANC (Jean-Pierre), à Dénicé-Lieu-du-Vivier.
CAMUS (Léon), à Gevrey.
CHABERT (Mme de), à Saint-Vérand.
CHAMARD, à Chambolle-Musigny.
CHAMBRE SYNDICALE DU COMMERCE EN GROS DES VINS, SPIRITUEUX ET LIQUEURS DES DÉPARTEMENTS DE LA DROME ET DE L'ARDÈCHE, à Valence.
CHATELAIN (Paul), à Chablis.
CONFURON-BORNOT, à Pont-de-Vosne.
CORNUDET (Léon), à Jully-les-Buxy.
COUPEROT (Adolphe), à Fleys, par Chablis.
COURREAUX-THÉVENOT, à Puligny-Montrachet.

Devaux-Reuchin, à Beaune.
Droin (Charles), à Chablis.
Droin-Desbœufs, à Chablis.
Faiveley (Paul), à Vosne-Romanée.
Foillard (Claudius), à Romanèche-Thorins.
Froussard (Jean), à Chablis.
Garnier (A.), à Meursault.
Girard (François), à Nuits-Saint-Georges.
Gouley (Adolphe), à Chablis.
Gourland (Henri), à Chablis.
Gremeaux-Grandné (Louis), à Nuits.
Grivelet, à Vosne-Romanée.
Gros-Floriet (Louis), à Vosne-Romanée.
Guillaume, à Givry.
Guillemot (A.), à Conchey.
Helie (Fernand), à Chablis.
Jacquelin (L.), à Pommard.
Jaffelin (H.), à Beaune.
Jantot (Ch.), à Gevrey.
Javillier-Raby, à Beaune.
Josserand (L.), à Beaune.
Laboulay (H. de), à Buxy (S.-et-L.).
Lachèze (Prosper), à La Chapelle-de-Guinchay.
Laneyrie (Joseph), à Charnay.
Laneyrie-Rousselot, à Juliénas.
Lorange (Ch.), à Gevrey.
Marchant-Florent, à Cercié.
Marguerite-Seguin (Joseph), Vougeot.
Marillier (Marcel), à Nuits.
Marisy (Victor de), à Gevrey-Chambertin.
Mérite (Jean), à Saint-Lager.
Michaud, à Reulle-Vergy.
Michelot-Rousselin, à Pommard.
Morel (Antoine), à Anse (Rhône).
Mugnier-Robin, à Poncey.
Naigeon-Chauveau, à Gevrey.
Naudet-Vautrouiller (Alfred), à Chablis.
Notton (Adolphe), à Chablis.
Paupion (H.), à Savigny.
Perrin (Francisque), à Villefranche.
Perron (Dr), à Sennecey-le-Grand.

Pinson-Lasnier, à Chablis.
Ponthus-Cimier (Léon), à Nuits.
Quillardet, à Marsannay.
Ravet-Moine, à Pernand.
Regnault (Hippolyte), à Fontenay, par Chablis.
Regnier (M.-L.) Maurin, à Nuits-Saint-Georges.
Rivot (J.-B.) fils, à Pommard.
Robin (Jean), à Villié-Morgon (Rhône).
Rousset (J.-M.), à Leynes.
Sorgnon (Dr), à Pruzilly.
Syndicat des Marchands de vins en gros du département de l'Isère, 12, place Grenette, à Grenoble.
Syndicat des Négociants en gros de liqueurs, vins et spiritueux du département de l'Isère, café des Mille-Colonnes, à Grenoble.
Trouilloux (A.), à Chânes.
Vautrouiller (Jules), Chablis.
Vesoux (Dr), à Beaune.
Vincent (Aristide), 6, rue Sutil, à Auxerre.

Diplômes de médaille de bronze.

Baudement (Paul), à Nuits.
Billaud (Henri), à Chablis.
Bonnaire (Paul), à Plombières.
Buffaut frères, à Auxerre.
Carré-Mégrot (Ernest), à Chablis.
Carroué (Louis) frères, à Chichée.
Cocasse (Ernest), à Nuits.
Corcol (G.), à Savigny.
Crochot (Félix), à La Chapelle-de-Vaupelteigne.
Delaunay (E.), à Is-sur-Tille.
Devillebichot (Paul), à Plombières.
Duplessis-Goulley, à Chablis.
Fèvre (Gendre), à Fontenay, par Chablis.
Frémion (Jules), à Courgis.
Gautheron (Jules), à Fye, près Chablis.
Genin (C.), à Geney (Ain) et Pommard.
Jouan-Marcillet (Félix), à Nuits.
Laboulaye (Mme), à Buxy.

Laly (Henri), à Uxeau, par Gueugnon (S.-et-L.).
Lantenant (Paul), à Chablis.
Lecourbe, à Aubigny-le-Rouge.
Lenud, à Saint-Vallerin.
Mathieu, à Saint-Desert.
Mussy-Dauphin, à Pommard.
Narjoux (Dominique), à Rully.
Paquet (Veuve), 6, rue Troullier, à Paris, et les Riceys (Aube).
Pichenot (Dr), à Buxy.
Picq-Bidault, à Chichée.
Prevost (Henri), à Vincelottes.
Quittot (Arthur), à Courgis.
Séguin-Detain, à Chambolle-Musigny.
Société vigneronne, à Bouix.
Sourdillat-Tachy, à Brienon.
Tainturier (J.-B.), à Nuits.
Tortochot (Félix), à Gevrey-Chambertin.
Tremblay (Cléophas), à La Chapelle-Vaupelteigne.

Diplômes de mention honorable.

Gardey-Virely, à Nuits.
Glantenet (François), à Nuits.
Gouges-Grivot, à Nuits.
Jovignot (Jules), à Fixin.
Pansiot (Paul), à Gevrey-Chambertin.
Ratel-Bonnot (Paul), à Ahuy-les-Dijon.
Renevey (Théodore), à Corgoloin.
Vivant (Gilles), 10, rue Andra, à Dijon.

5me RÉGION

La cinquième région comprenait les départements de l'Ain et du Jura.

Dans cette région, quatre exposants, dont un avait établi un comptoir de dégustation dans la classe.

Les récompenses suivantes furent accordées par le jury :

Diplômes de médaille d'argent.

BUGUET (Louis), à Chille.
SYNDICAT DU COMMERCE EN GROS DES LIQUIDES DES DÉPARTEMENTS DE LA SAVOIE ET DE LA HAUTE-SAVOIE (Hôtel de Ville), à Chambéry.
SYNDICAT DES NÉGOCIANTS EN VINS ET SPIRITUEUX DU DÉPARTEMENT DE L'AIN, rue Pasteur, Café de la Réunion, à Bourg.
VEUILLET, à Bourg (Ain).

6me RÉGION

La sixième région comprenait les départements de l'Ardèche, des Bouches-du-Rhône, du Var et de Vaucluse.

Peu d'exposants, malgré la renommée de certains vins. Le jury a cependant eu à examiner quelques vins de Courthezon, de Châteauneuf-du-Pape, ainsi que des vins blancs de Cassis-sur-Mer.

Les récompenses suivantes furent accordées :

Diplômes d'honneur.

COLONIEU, à Courthezon (Vaucluse).
NICOLAY (Théodore de), à Châteauneuf-du-Pape.
SYNDICAT DES NÉGOCIANTS EN GROS DES VINS, SPIRITUEUX ET LIQUEURS DE MARSEILLE, DES BOUCHES-DU-RHÔNE ET DU VAR, 12, rue de la Cannebière, à Marseille.

Diplômes de médaille d'or.

BODIN (Emile), à Cassis-sur-Mer (Bouches-du-Rhône).
GRANEL (Louis), à Aix-en-Provence.
MARIE (A.), à Avignon.
PARET-PIETRI (Claude), à Châteauneuf-du-Pape.
UNION SYNDICALE DES COMMERÇANTS EN VINS DE L'ARRONDISSEMENT DE MARSEILLE, 18, rue des Dominicains, à Marseille.

Diplômes de médaille d'argent.

PIN FRÈRES, à La Gaude (Alpes-Maritimes).
SYNDICAT DU COMMERCE DES VINS ET SPIRITUEUX DES CÔTES DU RHÔNE, à Tournon-sur-Rhône (Ardèche).
SYNDICAT VINICOLE DU COMMERCE EN GROS DES ALPES-MARITIMES, 1, avenue de la Gare, à Nice.

7me RÉGION

La septième région comprenait les départements de l'Aude, du Gard, de l'Hérault et des Pyrénées-Orientales.

M. Franck Taberne a bien voulu nous adresser le travail suivant relatif à l'organisation de l'Exposition de cette région.

RAPPORT SUR LES VINS DU MIDI

à l'Exposition Internationale Universelle de Bruxelles 1910

Pour faire connaître et apprécier les meilleurs vins du Midi de la France à l'Exposition universelle et internationale de Bruxelles 1910, les trois départements du Midi de la France : l'*Aude*, le *Gard* et l'*Hérault*, s'étaient fédérés, sous le nom de Comité du Midi et avaient édifié un des plus jolis et des plus réussis stands de la Section des Vins.

Voici du reste la description que j'en faisais au distingué et très zélé Président du Comité du Midi, M. Jules Leenhardt-Pomier, au lendemain de l'inauguration de la Classe de l'Alimentation :

« Adossée contre un mur, recevant le jour d'en haut par la verrière du hall, tamisé par un velum, notre « pergola » ou tonnelle italienne, montée très haut sur huit poteaux, abrite un long comptoir, établi sur de petits foudres aux fonds sculptés, en chêne verni, dont les porte-fonds reproduisent les noms des diverses villes de la région méridionale.

« Sur ce comptoir, des bouteilles disposées en plusieurs gradins, avec, au milieu, un espace libre pour servir les verres de la dégustation de nos vins. Le service en est fait par une gentille Française costumée en Arlésienne, Mireille symbolisant le Midi !

« A droite et à gauche du comptoir se dressent deux pylônes portant huit étagères sur lesquelles sont disposées les bouteilles des vins des divers exposants du Midi.

Les opérations du Jury.

« Des pampres de vigne et de grosses grappes de raisins artificiels ornent notre « pergola » et encadrent de jolies vues de nos principales villes du Midi.

« Dans le fond du stand, M. Bailly, le peintre-décorateur de l'Opéra de Paris, le maître réputé du décor de théâtre, nous montre, sous le beau ciel bleu de notre Midi, la campagne languedocienne, au moment de la vendange, dans un vaste horizon azuré, aux reflets rosés tels que la nature nous les a fait, avec sa lumière intense, mélangée du bleu du ciel et de la poudre d'or d'un soleil éblouissant.

« Au premier plan, dans un large vallon, où s'étendent à perte de vue, des vignes touffues, plusieurs « colles » de vendangeurs et vendangeuses sont là, dans les attitudes qui nous sont familières, faisant la cueillette du raisin. Les attelages aux chevaux caparaçonnés de pompons rouges, aux harnais et aux colliers pointus du Languedoc, les « banastous » allant et venant, charger ou décharger les « comportes » pleines de raisins. Tout est absolument réaliste et bien nature.

« A droite, sur la hauteur, les silhouettes des maisons et de la ville de Montpellier, avec des toits rouges ou grisâtres. Le Château-d'Eau du Peyrou, la Tour des Pins, celles de la cathédrale, la flèche de Sainte-Anne, puis enfin les arceaux de l'aqueduc du Peyrou. Le tout se détachant sur les touffes de bois d'oliviers, les arbres du Peyrou, et se profilant sur l'azur du ciel.

« A gauche : « des garrigues », puis le pic Saint-Loup et les contreforts des montagnes qui l'entourent. Enfin, au milieu et comme fond de ce beau panorama, une large échancrure dans le vallonnement, s'abaissant et découvrant à perte de vue la Méditerranée en une longue ligne bleu foncé, striée des petites voiles blanches des barques de pêcheurs ; plus loin, on aperçoit les toitures de quelques-unes de leurs cabanes sur le rivage. »

Hélas ! ce beau stand, ce magnifique effort de toute la région méridionale et de son Comité, disparut dans la nuit sinistre du 14 août 1910, où l'incendie dévora en quelques instants, dans son intensité effrayante, non seulement toute la section anglaise et une partie de la section belge, mais aussi le pavillon de la Ville de Paris, la galerie de l'Alimentation française et une petite partie de la galerie d'honneur de la France.

Quatorze jours après ce désastre, le stand du Comité du Midi était de nouveau le premier prêt dans la nouvelle galerie reconstituée de l'Alimentation française, comme il avait été, du reste, le premier prêt aussi, le 23 avril 1910, jour de l'ouverture officielle de l'Exposition.

De nouveau le public se pressait devant notre stand pour connaître et déguster nos vins rouges et nos vins blancs, nos muscats, nos grenaches, nos malvoisies et nos eaux-de-vie fines du Languedoc, sans oublier nos vins mousseux du Château des Cheminières.

Tous ces produits, comme à Liége et à Londres, eurent le plus grand succès, les consommateurs appréciant en eux à la fois la qualité et le bon marché. Il n'est pas douteux que producteurs et négociants du Midi de la France n'aient déjà commencé à recueillir les avantages de cette œuvre de vulgarisation.

C'est encore dans cet esprit qu'une grande inscription placée en haut du stand, disait en quelques lignes que, sur les quatre-vingt-six départements de la France et les soixante-dix-huit où l'on récolte du vin, les quatre départements méridionaux produisent à eux seuls plus de la moitié d'hectolitres de vins que les soixante-quatorze autres départements réunis.

Enfin les récompenses décernées par le jury montrent que les départements méridionaux ont remporté un réel succès pour leurs vins, à l'Exposition universelle et internationale de Bruxelles 1910 :

3 Grands prix.
24 Diplômes d'honneur.
54 Médailles d'or.
46 Médailles d'argent.
34 Médailles de bronze.
5 Mentions honorables.

Les vins que le jury eut à examiner pour la région du Midi (la septième région dans le classement du catalogue) furent comme vins de liqueur, les muscats de Frontignan, de Lunel et de Maraussan, pour l'Hérault ; les clairettes, les blanquettes de Limoux, puis le grand vin mousseux Grand Crémant du Château des Cheminières, dans l'Aude ; enfin, les banyuls, les grenaches et muscats de Rivesaltes, dans le Roussillon, et, comme vins rouges et vins blancs, les Saint-Georges, les clairettes et les picpouls de l'Hérault, les Langlades du Gard, les vins rouges et les vins blancs de ces divers départements. Parmi ces vins, les meilleurs des minervois et des corbières du Narbonnais et du Carcassonnais, sans compter les costières du Gard.

Les vins rouges présentés au jury par le Comité du Midi furent trouvés en général très agréables, fruités, limpides, brillants et quelques-uns tout particulièrement d'une finesse et d'un bouquet tout spéciaux. Ce furent surtout les vins blancs secs qui attirèrent l'attention très marquée de nos collègues belges. Quelques-uns rappelant beaucoup, par leur goût, leur couleur et par leur type, certains vins du Rhin et de la Moselle. Or, ces derniers vins se vendant des prix assez élevés en Belgique, il n'est pas douteux que, certainement, les vins blancs du Midi se rapprochant de ce type, ne plaisent beaucoup en Belgique et ne s'y ouvrent ensuite un débouché sérieux.

De même pour tous les bons vins rouges du Midi, nos collègues belges ont été très agréablement surpris de la qualité de ces vins, qui peuvent leur rendre de grands services, à des prix très modérés. Leur goût fruité a particulièrement plu.

Quant aux vins de liqueur, leur succès fut incontestable, par leur grain, leur finesse, leur liqueur et leur cachet tout spécial et inimitable. Nous dégustâmes entre autres des muscats absolument parfaits, sans compter des banyuls et des grenaches excellents ; enfin, parmi les vins blancs mousseux méridionaux, le Grand Crémant du Château des Cheminières fut hors de pair sans conteste.

Je termine en citant les bonnes eaux-de-vie du Languedoc, qui furent trouvées très fines et très droites de goût, montrant ainsi avec quel soin jaloux les producteurs s'attachent à obtenir avant tout la qualité.

En résumé, le Comité du Midi peut être fier et satisfait des résultats obtenus. En exposant avec esprit de suite, à Liége en 1905, à Londres en 1908, à Bruxelles en 1910, il a pu, petit à petit, arriver à faire connaître et apprécier les meilleurs des vins méridionaux. Il a pu dissiper ainsi bien des préventions et des partis pris, convaincre le consommateur comme le négociant, qu'en s'adressant dans le Midi, on peut trouver de bons vins de consommation courante, à des prix avantageux. Des vins bien naturels, bien sains et hygiéniques, pouvant rendre de grands services et, sans leur faire concurrence en rien, avoir leur place à la suite des vins de Bordeaux, de Bourgogne, de l'Anjou, etc.

Place marquée aussi, pour ses eaux-de-vie et, enfin, en tout premier rang, pour ses excellents vins de liqueur, tels que muscat de Frontignan, Lunel, Maraussan, dont la réputation n'est plus à faire, ainsi que des excellents grenaches, banyuls et rivesaltes bien connus et appréciés, eux aussi.

Les résultats obtenus par le Comité du Midi sont donc un exemple probant à donner à ceux qui prétendent qu'aucune suite pratique pour l'exposant ne découle d'une exposition. Honneur donc au Comité du Midi et tout particulièrement à son éminent et très sympathique Président, M. Jules Leenhardt-Pomier, Vice-Président de la Classe 60, pour le succès remporté, les récompenses obtenues, les résultats pratiques acquis et, enfin, pour les nouveaux débouchés ouverts en Belgique pour les vins de la région méridionale.

Voici la liste des récompenses obtenues par les exposants de la région méridionale :

Grands prix.

Comité régional du Midi, 8, rue Clos-René, à Montpellier (Hérault).
Confédération générale des Vignerons, à Narbonne.
Joué (Augustin), 23, quai Vauban, à Perpignan.

Diplômes de grand prix.

Barral d'Estève, à Marseillan.
Boucoiran (Emile), à Franquevaux.
Bret (Paul), à Montpellier.
Carrière et Collière, à Monbazin.
Chambre syndicale du Commerce en gros des vins et spiritueux de Montpellier, 13, rue du Clos-René, à Montpellier.
Chambre syndicale du Commerce en gros des vins et spiritueux du département du Gard, 4, rue de la Violette, à Nîmes (Gard).
Chambre syndicale du Commerce des vins des Pyrénées-Orientales, 5, rue Lazare-Escarguel, à Perpignan.
Chavanette (J.), à Tuchan.
Coopérative vinicole, Cases de Pène « l'Agly ».
Fabre (Gustave), à Nîmes (Gard).
Fraisse (Gustave), à Riols.
Gès (Emmanuel), Castel de Blés, par Saint-Genis (Pyrénées-Orientales).
Compagnie des Salins du Midi, à Montpellier (Jarras et Villeroy).
Landry (Théodore), à Nîmes et Paris.
Maroger de Rouville, à Bernis.
Massol (Clément), Clos Massane, près Montpellier.

Mir, Château de Cheminières.
Pams (F.), 9, rue Vieille-Intendance, à Perpignan.
Redouté (Alexandre), Narbonne (Aude).
Syndicat agricole de Clapiers.

En participation :

Caussel (Louis), Clapiers.
Héritiers Leenhardt, Clapiers.
Lacroix (Charles), Clapiers.
Pierre (Emile), Clapiers.

Syndicat de la Confédération générale des Vignerons (arrondissements de Béziers et Saint-Pons).
Syndicat et Société agricole de Perpignan, route de Prades, à Perpignan.

En participation :

Barthelemy (Aristide), Maury.
Camy (Emmanuel) fils, 5, place Saint-Joseph, Perpignan.
Capdet (Germain-M.), Fourques.
Coopérative vinicole, Cases de Pène « L'Agly ».
Ducup de Saint-Paul (Mme), Perpignan.
Fabresse (Marc), Pézilla.
Ferreol (François), Cases de Pène.
Pla Goderch, Espira de l'Agly.
Rouzoul (Firmin), instituteur, Llupia.
Soulier (Paul), Collioure.
Talayrach (C.), Pézilla-la-Rivière.
Vilar (Léon), Laroque-des-Albères.

Syndicat du Commerce en gros des vins et spiritueux de l'arrondissement de Narbonne, 6, quai de Lorraine, à Narbonne (Aude).
Tarbouriech (F.) et Bouchard, à Pézenas (Hérault).

Diplômes de médaille d'or.

Arnihac (Rémy), à Saint-Félix-de-Lodez.
Auger (Alexandre), à Frontignan.
Balazard (Adolphe), à Ledenon.
Bastardy, à Moux.

BISSANNE (Jean), à Murviel-lès-Montpellier.
BOUZANQUET (Gaston), à Vauvert.
BRUNEL-SULLY, à Uchaud.
CAUSSEL (Louis), à Clapiers.
CAZAL (François), à Sainte-Vallière.
CHAINE, à Montpellier.
CLERGET (Charles) ET Cie, à Cette.
COOPÉRATIVE DE LEZIGNAN.
CHAVANETTE (Laurent), à Vingrau (Pyrénées-Orientales).
CRASSOUS (François), à Montpellier.
CROZALS (Cyprien de), à Béziers.
DUCUP DE SAINT-PAUL (Mme), à Perpignan.
DAUBAIL, Lézignan.
FERRÉOL (François), Cases-de-Pène.
FEUQUER (Paul), à Saint-Georges-d'Orques.
FONTMAGNE (Baron de), à Castries.
GERVIES (Amédée), à Aigues-Vives.
GORDON-MARTIN, à Saint-Georges-d'Orques.
GUILHAUMON (J.), à Puisserguier (Hérault).
HÉRITIERS LEENHARDT, à Clapiers.
HORTELÈS (Charles), à Montpellier.
KERGOLAY (de), à Montpellier.
KOESTER (Louis) ET Cie, à Cette.
LACROIX (Charles), à Clapiers.
LIGER (Georges), à Puichéric (Aude).
MALAVIALLE (A.), à Paziols (Aude).
MAROGER (Ernest), à Nîmes.
MARTIN (Henri de), château Ricardelette, par Narbonne.
MARTY-MARTY, à Giroussens.
MARTY (Jean), à Limoux.
MOURET, à Vendres.
MOURNET, à La Nouvelle.
PIERRE (Emile), à Clapiers.
PONS (Adrien), à Murviel-lès-Montpellier.
POULALION (Louis), à Saint-Georges.
PRADE (Némorin), à Aigues-Vives.
RIEUX (Emile), à Marseillan.
ROUQUETTE (Samuel), à Fons-outre-Gardon.
ROUZOUL (Firmin), à Llupia.
SABATIER (Henri), à Manduel.
SERVEL (Marius), à Pérols.

Servel (Victor), à Montpellier.
Soulier (Paul), à Collioure.
Syndicat agricole du Gard, 14, boulevard des Arènes, à Nîmes.

En participation :

Armand (Mme Veuve Pierre), Saint-Mamert.
Balazard (Adolphe), Ledenon.
Bargeton (Louis), Collnis.
Berenger (Louis-Marc), Sommières.
Boucoiran (Emile), Franquevaux.
Bouzanquet (Gaston), Vauvert.
Brunel-Sully, Uchaud.
Chalmeton de Croy, Générac.
Commes (Raymond), Nîmes.
Claris (Edmond), Le Mas-Rouge, par Jonquière.
Doumergue (Edmond), Frigoulet, par Tarascon, et Nîmes (Gard).
Duret (Elie), Vauvert.
Fabre (Gustave), Nîmes.
Favatier (Auguste), Saint-Laurent-des-Arbres.
Flament (Charles), Gallargues.
Floutier-Bougarel, Montiguargue.
Fontaines aîné, Beauvoisin.
Fraissinet (Albert), Nîmes.
Gleize (Sylla), Ledenon.
Guiot-Feuillet, Marguerittes.
Hutter (Aimé), Nîmes.
Landry (Théodore), Paris.
Laval-Trouchaud, Lézan.
Maroger de Rouville, Bernis.
Maroger (Ernest), Nîmes.
Nourrit (Julien), Montpezat.
Philippon (Frédéric), Uchaud.
Prade (Némorin), Aigues-Vives.
Raizon (Henri), Beaucaire.
Rouvière (Louis), Montfrin.
Rouquette (Samuel), Fons-outre-Gardon.
Sabatier (Henri), Manduel.
Sol (Eugène), Aigues-Mortes.

SYNDICAT DE LA CONFÉDÉRATION GÉNÉRALE DES VIGNERONS (arrondissement de Montpellier-Lodève).

SYNDICAT DE LA CONFÉDÉRATION GÉNÉRALE DES VIGNERONS (arrondissement de Carcassonne).

SYNDICAT DU COMMERCE DES VINS DE LA RÉGION DE CARCASSONNE.

SYNDICAT DU COMMERCE EN GROS DE CETTE, 17, quai du Nord, à Cette.

SYNDICAT DES NÉGOCIANTS ET COMMISSIONNAIRES EN VINS DE LÉZIGNAN.

VILAR (Léon), à Laroque-des-Albères.

Diplômes de médaille d'argent.

AMIGUES, à Mouze.
ARMAND (Mme Veuve Pierre), à Saint-Mamert.
BARTHÉLÉMY (Aristide), à Maury.
BERENGER (Louis-Marc), à Sommières.
BOUFFET, à Carcassonne.
BRIAL (Jean), 2, rue Saint-Martin, à Perpignan.
BURGET ET FONTANEL, à Maisons.
CAMY (Emmanuel) FILS, 5, place Saint-Joseph, à Perpignan.
CAPDET (Germain-M.), à Fourques.
CAZALIS (Gaston), à Resquies.
CLARIS (Edmond), Le Mas-Rouge, par Jonquière.
DELAFARGE (Raoul), château de Vaisseriès, par Béziers.
DERVIEUX (M.), à Montpellier.
DESPETIT, à Yeuzes, par Mèze.
DOUYSSET (Elie), à Saint-André-de-Sangonis.
DURAND (Emile), à Caux.
DURAND (E.) ET BOUSQUET (J.), à Caux (Hérault).
DURAND (Félicien), à Caunes.
EBELOT (Louis), domaine de Jau, par Estagel (Pyrénées-Orient.).
FAVATIER (Auguste), à Saint-Laurent-des-Arbres.
FRAISSE, à Pouzols (Aude).
GLEIZE (Sylla), à Ledenon.
GRANAUD (F.), à Béziers.
GRELAT (Achille), château de Gaussan, par Bizanet (Aude).
GROUSSET (Dr), à Ventenac-Cabardès.
HUTTER (Aimé), à Nîmes.
JOUCLA (Antoni), à Camplong.
JOULIA (Léon), à Villeneuve-Minervois.

Linas (Louis), à Puimisson.
Martin (François), à Pézenas.
Mavit (Louis), à Saint-Jean-de-Védas.
Mazoyer (Louis), à Montpellier.
Règne (Célestin), à Casseras.
Regraffe (J.), à Bédarieux.
Rivals (Jules), à Saint-Martin.
Rouvière (Louis), à Montfrin.
Sapte (Joseph), à Montpellier.
Sauliac (Ernest), à Saint-Chiniau.
Sicard (Edmond), à Montblanc.
Sol (Eugène), à Aigues-Mortes.
Soler (A.), à Olonzac.
Syndicat du Commerce des vins et spiritueux en gros de l'arrondissement d'Alais, 6, place de la République, à Alais (Gard).
Syndicat du Commerce des vins du terroir de « Banyuls », Cerbère et Port-Vendres.
Syndicat régional des Bouilleurs, Distillateurs, Liquoristes et Négociants en alcools de l'arrondissement de Béziers.
Tabouriech (Lubin), à Maraussan.
Vidal (Georges), à Saint-Georges.

Diplômes de médaille de bronze.

Affre (Veuve) et fils, à Saint-Etienne-d'Albagnan.
Allie (Marius), à Gigean.
Alquier, à Vendémies.
Amiort (François), à Longueil-Annel (Oise).
Bargeton (Louis), à Collnis.
Bertrand, Villeseque-de-Corbières.
Bosc (Laurent), à Maugins.
Boudet, à Pepieux.
Bouscarain (Louis), à Lausargues.
Cabanel (Jean), à Servian.
Cambon (Auguste), à Villevayrac.
Caremier, à Trèbes.
Chalmeton de Croy, à Générac.
Commes (Raymond), à Nîmes.
Dalbez, à Comigues.

Decourt-Falaysi, à Ouveillan.
Doumergue (Edmond), à Frigoulet, par Tarascon, et Nîmes.
Durand-Roger, à Comigue.
Fabresse (Marc), à Pézilla.
Fontaines aîné, à Beauvoisin.
Fraissinet (Albert), à Nîmes.
Gros (Uldéric), à Fabrègues.
Guiot-Feuillet, à Marguerittes.
Laboucarie, à Raissac-d'Aude.
Laval-Trouchaud, à Lézan.
Maury, à Maraussan.
Nougaret (André), à Malvezie-Narbonne.
Pla-Coderch, à Espira-de-l'Agly.
Raizon (Henri), à Beaucaire.
Rainaud (Veuve), à Lapalme.
Ribaut frères, à Carcassonne.
Sarda, à Maisons.
Serveille (Jules), à Mèze.
Talayrach (C.), à Pézilla-la-Rivière.

Diplômes de mention honorable.

Floutier-Bougarel, à Montignargues.
Mazan (Louis), à Puissalicon.
Nougaret (André), à Bessan.
Nourrit (Julien), à Montpezat.
Philippon (Frédéric), à Uchaud.

8me RÉGION

La huitième Région comprenait la Haute-Garonne, le Lot-et-Garonne, le Tarn et les Landes.

Le Jury a eu à examiner quelques vins blancs et rouges et quelques eaux-de-vie.

Il a accordé les récompenses suivantes :

Diplômes d'honneur.

ANDRIEU (Louis), 33, allée Saint-Agne, à Toulouse (Haute-Garonne).
AUBRY (Désiré), château de Pellepoix, à Beaumont-sur-Sèze.
GRIMARD (Jean), à Lavardac (Lot-et-Garonne).
GROUPEMENT DES INDIVIDUALITÉS DE LA SOCIÉTÉ CENTRALE D'AGRICULTURE DE LA HAUTE-GARONNE, place Dupuy, à Toulouse.

En participation :

ANDRIEU (Louis), Lafourguette (Haute-Garonne).
AUBRY (Désiré), château de Pellepoix, Beaumont-sur-Sèze.
DESCLAUX (Léo), rue Malcousinat, Toulouse.
LHUILLIER (Abel), Tournefeuille (Haute-Garonne).
RAVEL, à Castelmauron (Haute-Garonne).
RENDU (Ambroise), aux Vitarelles, par Plaisance (Haute-Garonne).
ROUART (Eugène), Bagnols-de-Grenade (Haute-Garonne).
SAUNE (de), Sayrac (Haute-Garonne).
SUBRA, Flourens (Haute-Garonne).

Diplômes de médaille d'or.

LHUILLIER (Abel), Tournefeuille (Haute-Garonne).
ROUART (Eugène), à Bagnols-de-Grenade (Haute-Garonne).
ROUMENGOU (Jean), château la Glacière, à Cugnaux (Haute-Garonne).
SUBRA, Flourens (Haute-Garonne).

Diplômes de médaille d'argent.

CHAMBRE SYNDICALE DU COMMERCE EN GROS DES VINS ET SPIRITUEUX DU DÉPARTEMENT DE LA HAUTE-GARONNE, 2, rue du Taur, à Toulouse.
DESCLAUX (Léo), rue Malcousinat, à Toulouse.
DOURTHE (Albert), château Gramont-Cavalier, à Linxe (Landes).
LACOSTE (Jules), Barcio, commune de Sos (Lot-et-Garonne).
RAVEL, à Castelmauron (Haute-Garonne).
SAUNE (de), Sayrac (Haute-Garonne).

SYNDICAT DES DISTILLATEURS-LIQUORISTES DU LOT-ET-GARONNE.

SYNDICAT DES NÉGOCIANTS EN SPIRITUEUX ET VINS DU DÉPARTEMENT DU TARN, à Albi.

SYNDICAT DES NÉGOCIANTS EN VINS DE L'ARRONDISSEMENT DE CASTRES.

SYNDICAT DU COMMERCE EN GROS DES VINS ET VINAIGRES DE L'ARRONDISSEMENT DE BERGERAC (Dordogne).

SYNDICAT DU COMMERCE EN GROS DES VINS ET SPIRITUEUX DU PÉRIGORD, à Périgueux (Dordogne).

Diplôme de médaille de bronze.

RENDU (Ambroise), aux Vitarelles, par Plaisance (Haute-Garonne).

9me RÉGION

La neuvième Région comprenait les départements des Basses-Pyrénées, des Hautes-Pyrénées et du Gers.

M. Forsans nous a fait parvenir les renseignements suivants :

Les Vins de Béarn à l'Exposition de Bruxelles

L'ancien Béarn comptait 7.600 hectares de vignobles en 1789, et sur l'ensemble du territoire occupé de nos jours par les Basses-Pyrénées, la culture de la vigne figurait, à la même date, pour une superficie de 12.533 hectares. En 1840, les vignobles du département représentaient une surface de 23.435 hectares et comptent aujourd'hui 15.942 hectares environ, produisant en moyenne 450.000 hectos. Les vins les plus renommés sont ceux de Jurançon, Saint-Faust, Vic-Bilh et Monein.

Antérieurement à 1789, les vins du Béarn constituaient une branche importante de revenu pour la province. Ils faisaient l'objet d'un grand commerce d'exportation qui, chaque année, leur ouvrait un débouché de 30 à 35.000 hectolitres enlevés presque exclusivement par les villes hanséatiques et les Etats du Nord.

Suspendue dans les premières années de la Révolution, cette exportation reprit vers 1820 sur une échelle plus restreinte. Elle cessa de nouveau plus tard à la suite de l'augmentation des droits de douane établis en France sur les produits du Nord. La Belgique nous conserva sa clientèle et, en 1858, nous exportions encore dans ce royaume de 3 à 4.000 hectolitres,

Les opérations du Jury.

mais de nos jours l'exportation de nos vins de Béarn peut être regardée comme quantité négligeable.

Le vin de Jurançon était célèbre jusqu'en pays lointains avant le vin de Bordeaux.

« Ce qui donne quelque satisfaction, écrivait le savant his-
« torien du Béarn, Marca, au dix-septième siècle, est que les
« fruits qui se récoltent dans le Béarn sont fort excellents,
« soit les fruits à noyaux et à pépins, soit les bleds, froments,
« seigles et millets ou les vins.

« Quant à ceux-ci, les vins de Jurançon sont d'une bonté
« exquise qui surpasse les meilleurs de Chalosse et du Borde-

« lais, et, par conséquent, presque de toute la France ; les « coteaux des lieux voisins de Jurançon, comme Gan, Gelos, « Saint-Faust et Artigueloube, produisent des vins d'une bonté « peu différente. »

La réputation des vins du Béarn était passée en proverbe :

« Dou Bii de Portet A Coupet
« Lou de Mountpezat Hurrupat
« Beu de Crouzeilhes A petite bouteilhe

A petites bouteilles aussi, les crus généreux de Lasseube et d'Aubertin. Ceux de Jurançon, Bellocq et Puyoo, écrit l'intendant Pinon en 1698, ont beaucoup de réputation ; les Anglais et les Hollandais viennent acheter ceux du Vic-Bilh tous les ans pendant la paix. En 1703, l'intendant Lebret rappelle combien la Hollande apporte d'argent au Béarn en prenant ses vins ; il loue surtout ceux de Jurançon, puis ceux de Monein, Bellocq et Ramous.

Vins de Portet, de Crouseilles, vins du Vic-Bilh, vins de Monein, etc... partaient pour la Hollande par les soins d'une Société constituée pour le commerce, et Stralsund en était l'entrepôt dans le Nord de l'Europe.

A la fin du quatorzième siècle, les trois Etats scandinaves : Suède, Norvège, Danemark, avaient conclu l'Union célèbre de Colmar. Il fallait sceller le traité. On alla au fond du Palais de Stockholm prendre une vieille et poudreuse bouteille de Jurançon, qui fut lampée avec respect. C'est qu'à en croire Cavelier, le clos de Gaye était qualifié parmi les « vins de bouche » et réservé pour la table du roi, à telle enseigne que, sous Henri IV, la chronique prétend qu'on plaçait des sentinelles tout autour, afin qu'aucune grappe n'en fût détournée.

Le vin de Jurançon servit à célébrer nos victoires, hélas ! aussi nos défaites ! Lorsque, après Aboukir, Nelson fut devenu un des protagonistes de la lutte contre la Révolution française, un négociant de Hambourg ne crut pas pouvoir le mieux honorer qu'en lui adressant un panier de dix bouteilles de Jurançon datant des premières années du dix-septième siècle, en souhaitant qu'il en pût boire une à chacun de ses succès.

Quelques années après, Français et Anglais le buvaient ensemble dans les tranchées de Sébastopol, où Béarnais et Basques ont combattu nombreux.

C'étaient les Béarnais qui, faisant office d'échansons, versaient à la ronde le vin de Jurançon en s'écriant :

Hardit garsous ! Haut boutelhats
Lous baricots soun abroucats
Que sie deu blanc ou deu claret
A bebe a bebe au qui haye set.

A ces agapes, présidait notre grand Bosquet, un connaisseur qui avait baptisé le Jurançon : « *Vin militaire* ».

En 1838, Bosquet venait d'être fait chevalier de la Légion d'honneur et, au camp de Koléah, Lamoricière, son colonel, lui avait remis son propre ruban en signe d'estime.

Quelques jours après, on fêtait avec le colonel cette promotion, et Bosquet écrivait à sa chère maman :

« Le vin de Jurançon a produit son effet ; nous étions tous « d'une gaieté charmante. La santé de l'excellente famille qui « envoie à son enfant de si bon lait a été portée en grande « joie. J'ai offert au colonel six bouteilles choisies qu'il va « soigner comme un vrai trésor. J'ai fait boire de ce vin à « plusieurs camarades ; aussi n'en reste-t-il que sept bouteilles « que je mets sous clef pour ne les exhumer qu'à de longs « intervalles. »

En mai 1852, Camou, notre brave Camou, vient trouver son compatriote près des Bibans.

« Je lui ai offert, écrit Bosquet, un déjeuner béarnais ; il « a mangé du salé d'oie et bu du vin de Jurançon ; c'était mer- « veille de boire de ce vin et de manger *du salé d'oie de Béarn* « aux Bibans. »

Et Camou d'écrire à son ami :

« *Nou-b desbroumbetz pas lou Yuransou quoand se ren-* « *countreram.* »

Et Bosquet de répondre à Rivarès qui lui envoyait ce précieux liquide :

« Tant pis pour l'ennemi si nous pouvons le joindre, après « avoir trinqué avec ce vin-là. »

Il était brave, notre Bosquet, comme l'étaient nos gardes françaises qui ne dédaignaient pas les franches lippées après lesquelles ils chantaient :

Voulez-vous suivre un bon conseil ?
Buvez avant que de combattre ;
A jeun, je vaux bien mon pareil
Mais quand j'ai bu j'en vaux quatre.

Entre chevaliers béarnais, il était de bon ton de se défier à qui viderait d'un seul trait de grandes coupes pleines de vin. Il en existe encore de ces coupes, mais on ne trouve plus qui puisse les vider d'un trait. Habitués à des vins généreux, les Béarnais brillaient dans les nombreux toasts aux belles, plus que ceux qui buvaient ordinairement des vins moins chauds.

A cette époque, quand une santé était portée, dit Rabelais, il fallait faire raison aussitôt au son de la trompette. Grammont, dit-on, vida une botte pleine de vin sur les bords du Rhin pour faire raison.

Les transports coûtaient cher au moyen âge. Les routes n'étaient pas merveilleusement soignées et le roulage n'était pas encore inventé.

Un document des archives de Pau apprend qu'une réquisition fut adressée par Troguet d'Espocy aux jurats de Cézérac, le 30 novembre 1388, pour qu'ils eussent à fournir un chariot attelé d'une paire de bœufs et conduit par un homme pour aller chercher dans le Comté de Foix une barrique de vin de bouche pour Gaston Phébus. Or, le voyage était long du pays de Béarn à celui de Foix. Les jurats résistèrent, protestèrent et donnèrent leurs raisons pour refuser d'obéir à la réquisition de Troguet.

Ce fut une grande affaire qui finit à l'amiable par une transaction. Les jurats furent dispensés de faire eux-mêmes transporter le vin, mais ils furent obligés de payer 25 florins d'or à Guicharnaud de Latapie, de Pau, qui se chargea de ce transport.

D'après un ancien usage, les procureurs, le jour de Saint-Yves, devaient donner aux magistrats des sérénades et des bouquets. Le Parlement rendit un arrêt qui ordonna aux procureurs de substituer à la musique et aux fleurs un cadeau composé de bouteilles de vieux vins de Jurançon et de bassins de biscuits, de massepains, de gâteaux et de quelque autre chose raisonnable. Les procureurs protestèrent ; ils attaquèrent l'arrêt et le firent réformer, mais le procès dura cinquante ans.

Fallait-il se rendre les puissants favorables ? On leur expédiait une barrique de vin qu'on paya parfois, à Gan, jusqu'à 400 livres. Les petits cadeaux entretiennent l'amitié, dit le proverbe, et cette coutume se perpétue dans notre bon pays de Béarn.

Il n'y a pas, à proprement parler, de vignobles dans le pays basque, mais beaucoup de propriétaires consacrent un lopin de terre à la culture de la vigne. Tout cultivateur tient à récolter son raisin et à posséder quelques barriques de son vin ; aussi tout ami ou visiteur est invité à boire « etcheko arnua » le *vin de la maison.*

Certains crus jouissent, dans le pays basque, d'un grand renom : Arrast, Baigorry, Lambarre, Sare, Sanguis qui est tout à fait pétillant et pourrait faire tourner les makhilas si on en abusait. Enfin, se distingue surtout le fameux cru d'Irouléguy, qui doit son renom non seulement à ses qualités naturelles, mais encore aux soins qui sont donnés à ce vin par un viticulteur intelligent et expérimenté : M. Etcherry Anchart.

Les Basques, comme les Béarnais, aiment à fêter la dive bouteille. Le dimanche, ils s'invitent à boire au café « bouchoudatubat », textuellement : une bouchée. Lorsqu'une jeune fille rencontre son galant, elle l'invite à faire collation ; elle apporte des petits pains ronds « ophilak » et le garçon paie toujours du vin.

Toute la littérature basque est pleine de récits, de contes où se trouvent décrits les charmes du bon vin.

Les chansons bachiques sont très nombreuses. La plus connue, qu'on peut intituler *Le plaisir de vivre,* chante la joie d'avoir une bonne femme excellente ménagère et dans la cave toujours du bon vin mis au frais.

Tous les villages basques possèdent des dictons, et puisque nous parlons du vin, nous pouvons citer celui de Cambo : « Camboarak arno éduliak », c'est-à-dire : Cambouars tous buveurs de vin.

Lebret nous apprend que les vins de Navarre sont bons, mais de quantité insuffisante ; qu'il faut en demander à la Haute-Navarre. Un bon pèlerin du dix-septième siècle, Georges Martin, originaire de Rouen, allant à Saint-Jacques-de-Compostelle, les célèbre ainsi :

« On apporte, dit-il, le vin de Navarre, qui est la plus excel-
« lente liqueur du monde, et l'huyle d'olives, sur des mulets,
« dans des peaux de bouc. Ordinairement, on ne le vend que
« six sols le pot ; n'est-ce pas le moyen de crier : le Roi boit !
« et de se réjouir saintement ? *Pie et sancté in Domino omni-*
« *potente.* Le bon vin réjouit le cœur de l'homme. »

Le vin d'en bas (Behereco-arnoa) ne valait pas le *Najar-arnoa,* vin navarrais, qu'au treizième siècle les Maures et les Juifs de Pampelune savaient exploiter.

De tous ces documents, il ressort que les vins du Béarn et du pays basque jouissaient d'une excellente réputation aux siècles derniers.

Ils n'ont pas démérité, les viticulteurs pyrénéens actuels apportant leurs meilleurs soins à la vinification et à la culture de la vigne.

Aussi les vins du Béarn ont-ils fait excellente figure à l'Exposition de Bruxelles, où ils ont remporté des récompenses bien méritées.

Diplômes de grand prix.

BELLOCQ (Eugène), à Monein (Basses-Pyrénées).
COMICE AGRICOLE DE CONDOM ET DE L'ARMAGNAC.

En participation :

BATS (Jules).
LARNAUDE (F.), Houtambère.
LARTIGUE, Préchac.
MATIGNON (Raymond), à Gravencères-l'Hôpital, par Manciet (Gers).
SAMARAN (Victor), Gravencères.

DUVIGNEAU (F.) ET Cie, à Condom (Gers).
FORSANS (Mlle Fanny), à Lagor (Basses-Pyrénées).
NISMES-DELCLOU ET Cie (J.), à Pont-de-Bordes (Lot-et-Garonne).
SOURBETS FILS (Joseph), *Sourbets (Georges), successeur*, à Mont-de-Marsan (Landes).
SYNDICAT DU COMMERCE EN GROS DES VINS ET EAUX-DE-VIE DE L'ARMAGNAC, à Condom (Gers).

En participation :

BRUCHAUT (Henry-C.), à Gondrin (Gers).
BOUCHET-MOTHE (Joseph), à Vic-Fezensac.
DUBEDAT (Arthur), à Pont-de-Bordes.
GABARROT ET DAROUX, à Vic-Fezensac.
GRIMARD (J.), Lavardac.
LOZES ET MOTHE, Manciet.
NISMES-DELCLOU ET Cie (J.), Pont-de-Bordes.

Plante-Etchart et Marcel, Castelnau-d'Auzan.
Sourbets fils (Joseph), *Sourbets (Georges), successeur*, à Mont-de-Marsan.
Duvigneau et Cie, Condom.
Vivez (Henri), Condom.

Diplômes d'honneur.

Bouchet-Mothe (Joseph), à Vic-Fezensac (Gers).
Bruchaut (Henri-C.), à Gondrin (Gers).
Dussaux (Pierre), à Panjas (Gers).
Gabarrot et Daroux, à Vic-Fezensac (Gers).
Grimard (J.), à Lavardac (Lot-et-Garonne).
Larnaude (Ferdinand), Houtambère, par Castelnau-d'Auzan (Gers).
Malère (Jean), à Monein (Basses-Pyrénées).
Papelorey et Lenglet, château Larresingle, à Condom (Gers).
Planté-Etchart et Marcel, à Castelnau-d'Auzan (Gers).
Vivez (Henri), à Condom.

Diplômes de médaille d'or.

Dubédat (Arthur), à Pont-de-Bordes (Lot-et-Garonne).
Dufourcq (L. de), à Mont, par Arpagnon (Basses-Pyrénées).
Lozes et Mothe, à Manciet (Gers).

Diplômes de médaille d'argent.

Bats (Jules).
Chambre syndicale du Commerce en gros des vins et spiritueux du département des Hautes-Pyrénées, 1, rue des Petits-Fossés, Tarbes.
Dudoy, 23, rue d'Orléans, à Pau (Basses-Pyrénées).
Lartigue, à Préchac.
Matignon (Raymond), à Cravencères-l'Hôpital, par Manciet (Gers).
Samaran (Victor), à Cravencères (Gers).
Syndicat du Commerce des vins et spiritueux de l'arrondissement de Bayonne, à Bayonne (Basses-Pyrénées).
Syndicat du Commerce en gros des vins et spiritueux du département des Basses-Pyrénées, à Pau.

Diplôme de médaille de bronze.

LEGRAND (Camille), 10 et 12, rue des Carmes, à Tarbes (Hautes-Pyrénées).

10me RÉGION

La dixième Région comprenait le Bordelais et la Gironde.

M. Mestrezat, Président du Syndicat du Commerce en gros des vins et spiritueux du département de la Gironde, a bien voulu nous adresser la note suivante relative aux vins de Bordeaux :

A la séance d'ouverture du Congrès international des vins, M. le Ministre du Commerce de la Belgique, M. Hubert, parla des bibliothèques vinicoles belges, dont les volumes étaient, disait-il, fort intéressants à consulter.

Il est bien exact que les Belges ont, de temps immémorial, eu un goût très recherché pour nos grands vins de France. Dans un jeune ménage, la corbeille de Madame, parures, dentelles, bijoux, était assortie de la cave de Monsieur. Les parents, les amis contribuaient à « monter la cave » ; la cave figurait dans les contrats, ou une somme était réservée à cet effet. Si nous n'avons pas employé le temps présent, c'est que cet usage est tombé, hélas, un peu en désuétude, et c'est le propre des expositions de faire revenir cet âge d'or.

Les vins de Bordeaux et de Bourgogne se partagent les faveurs du consommateur belge ; le pays wallon a une préférence assez marquée pour le Bourgogne, alors que dans les Flandres c'est le vin de Bordeaux qui est le plus recherché.

Pour les vins qui nous occupent, les vins de la Gironde, ce sont les vins des années corsées qui plaisent.

On aime (toujours l'effet des bibliothèques) à disserter des vins, des années et parfois même on va plus avant. Dans les grandes maisons la nomenclature de nos grands crus est parfaitement connue.

C'est surtout le millésime qui est l'objet des entretiens des amateurs. Telle récolte est sacrée bonne, tout le monde en parlera, le petit bourgeois le plus modeste, saura, en causant avec un Bordelais, lui parler de lui-même du vin qui promet d'être excellent, c'est lui qui fera l'article, et le vendeur n'aura pas grande peine à cueillir une commande qui s'offre d'elle-même.

Malheur alors au millésime qui n'aura pas eu une bonne presse dès le début, malgré les qualités qui ont pu se révéler dans la suite, il aura bien de la peine à remonter le courant de l'opinion publique.

Les grandes années ont été les 1865, les 1870, 1874, 1881, 1887, 1890, 1893, 1895, 1899 et 1904. Dans cette nomenclature, on

Le Jardin de la Villa Capouillet.

peut être étonné de ne pas rencontrer les 1875, les 1878, les 1896 et les 1900, ce n'est pas que les éclectiques ne surent les apprécier, mais ces récoltes ne furent pas achetées au début par le commerce belge.

Les achats de nos vins sont faits en primeur ou à un an d'âge ; les caves belges sont en général excellentes, et les soins donnés aux vins sont intelligents et entendus ; en raison même de la différence de climat, il arrive parfois que les vins de Bordeaux se comportent différemment en Belgique que dans le pays d'origine.

Les négociants belges sont fiers, et non sans quelque raison, des « vins soignés en Belgique ». Il est évident que si les étés chauds de la Gironde activent le développement d'un vin, et si cet avancement peut être considéré comme un avantage pour nos vins courants, il n'en est plus de même pour les grands vins. Il a été constaté, pour les 1865 notamment, plus tard pour les 1881, les 1887 et les 1893, que le développement plus normal de ces vins sous le climat de la Belgique a fait ressortir toutes les qualités intrinsèques de ce vin, mieux qu'en Gironde.

Les gourmets bordelais qui, depuis la diminution de la navigation à voile, n'ont plus leur Lafite « retour de l'Inde », n'ignorent pas les Château-Margaux « mis en bouteilles en Belgique ».

La vente directe des maisons de Bordeaux à la clientèle bourgeoise est également très répandue.

On importe en Belgique toute la gamme des vins du Bordelais, mais la moyenne du prix d'achat est assez élevée. Le vin ordinaire doit avoir une certaine qualité, ou autrement le consommateur préférera la bière.

Les idées sont assez partagées sur la démocratisation du vin. On est d'accord pour dire que dans les grandes villes, particulièrement dans le pays wallon, le bar pour les vins pourra avoir une certaine clientèle, mais il sera difficile, sinon impossible, pour nos vins courants, malgré la réduction des droits d'entrée, de remplacer la petite bière dans les familles d'ouvriers et de petits employés.

Le commerce des vins local considère la chose comme une utopie ; non sans raison il voit des offres à bas prix, qui tenteront ses clients habituels, mais ceux-ci, devant une qualité très différente de ce qu'ils ont l'habitude de recevoir, se détacheront de la consommation du vin de Bordeaux.

Nous avons dit que le consommateur belge était éclectique pour les récoltes, il l'est aussi dans les grands vins pour les crus.

Les vins supérieurs de la Gironde comprennent les crus classés et bourgeois du Médoc, les grands vins de Saint-Emilion et de Graves.

Les Lafite, Latour, Margaux, Haut-Brion se partagent leurs faveurs. Les Mouton-Rothschild ont la même vogue que partout ailleurs. Dans les seconds crus, c'est aux noms connus qu'ils vont de préférence, les trois Léoville, les Gruaud-Larose, les Rauzan, les Pichon-Longueville. Pour les troisièmes, ce sont les

Giscours, les Palmer qui sont demandés. Pour les quatrièmes, Branaire et pour les cinquièmes, Pontet-Canet, Mouton-d'Armailhacq et les Grand-Puy. Dans les bourgeois, les noms les plus retenus par le public sont les Latour de Mons, les Citran-Lanessan, etc.

Tous les premiers crus de Saint-Emilion sont aimés en Belgique. Les délégués de la Belgique à l'Exposition internationale de Bordeaux, en 1907, n'ont-ils pas été consacrés « Chanoines de Saint-Emilion » au banquet offert à Saint-Emilion. Il est bien difficile de citer les noms des vins préférés. Le Belge a la reconnaissance de l'estomac ; il se souviendra longtemps après de telle dégustation et voudra toujours y revenir.

Pour les bons vins intermédiaires, le consommateur belge, comme tous du reste, s'en tiennent aux cinq à six désignations connues : Saint-Emilion est un vin corsé et généreux ; Saint-Estèphe un vin agréable, vif, élégant, un Margaux grande sève, un Pauillac, un vin riche et puissant ; le Saint-Julien est un peu le summum réunissant ces qualités.

Le négociant belge, qui achète généralement bien, sait maintenir ces types, ce sera une œuvre plus délicate pour le livreur français que le respect des droits des communes va gêner au détriment de ce qui importe en première ligne, la bonne livraison.

En 1764, les négociants en vins de Bordeaux reprochaient à un édit du Parlement de vouloir les obliger à mettre sur les barriques le nom d'une des cinq cents communes de la sénéchaussée de Guyenne quand, depuis 1647, seulement dix-sept noms étaient connus à l'étranger, et le commerce de cette époque disait, ce qui pourrait être répété maintenant, tellement l'histoire est un perpétuel recommencement : « Quel changement va donc produire dans l'opinion des étrangers la multiplicité des paroisses annoncées sur les barriques. »

Les vins offerts actuellement au consommateur belge sont des vins de la récolte de 1906, vins puissants, vigoureux, et les vins de 1908. Pour ces derniers, l'opinion publique les consacra bonne année moyenne dès le début et ils ont amplement justifié cette appréciation. Les 1907 ne sont pas en faveur, ce sont des vins légers et ce reproche s'adresse aussi au millésime 1909.

Pour les vins en bouteilles, les années anciennes de 1870, 1874 et 1878, derniers vestiges des « bibliothèques », s'écoulent facilement ; les années 1893, 1895 et 1899 sont en grand honneur ; les 1904 et 1906 sont les troupes d'attente.

De nombreuses tables de dégustation, où s'asseyaient indistinctement les membres français du jury, représentants de la propriété ou du commerce, et les membres belges ou étrangers, ont eu à déguster un nombre formidable de bouteilles.

Grâce aux habiles dispositions prises par M. Alex. Carle, de Bruxelles, qui s'est dépensé au delà de ce que l'on peut imaginer, les bouteilles avaient été classées dans un ordre parfait dans les sous-sols du Château Capouillet. Chaque vignoble était cantonné dans une salle spéciale, des feuillages ornaient les casiers, mais l'œil n'était pas seulement retenu par les respectables bouteilles ; à ses pieds des mosaïques rappelaient les emblèmes des nations prenant part à l'exposition.

La dégustation se faisait soit en plein air, soit sous une immense tente relevée de tapis, de rideaux et d'oriflammes. Quelle différence avec le chantier de bois à construction où l'on dégustait à Londres.

Les vins exposés étaient, pour la plupart, des vins des récoltes de 1906, 1907, 1908, 1909 ; pour le commerce, d'une manière général, c'était des vins vieux en bouteilles, un grand nombre de vins des premières marques des années 1899, même des 1895 ; il y eut aussi des 1898, plus communément des 1900, 1904 et aussi des vins plus jeunes encore en fûts.

Faut-il ici renouveler les critiques faites maintes fois. Ces dégustations hâtives, faites en dehors des règles ordinaires, malgré tous les soins que l'on peut prendre pour classer les vins par catégorie, puisque, pour ne pas séparer les vins du même exposant, on passe d'un vin déjà vieux au vin jeune du suivant, ces dégustations sont très difficiles, et il est absolument nécessaire, à chaque table, d'avoir un guide expérimenté, qui essaie de mettre le plus d'ordre possible dans ces opérations délicates, qui rectifie les jugements un peu hâtifs, qui éclaire ses collègues sur la nature des crus.

La propriété girondine ne s'est pas toujours contentée d'exposer les vins en fûts qu'elle possédait, elle a aussi envoyé des vins vieux ; à de très louables et assez nombreuses exceptions près, ce fut un tort. Il est reconnu qu'après un ou deux ans, le vin ne gagne pas à rester à la propriété ; les locaux où elle garde ses vins, ses « chais », ne sont pas toujours clos et entourés d'autres constructions comme ceux des négociants. Autant un peu d'air, en hiver, n'est pas nuisible au vin nouveau, autant, dans l'été, les températures trop élevées fatiguent nos vins si impressionnables ; un été passe encore, deux c'est souvent trop. D'autant plus que les soutirages sont à tort trop économisés ; le vin va se vendre, on vient d'en délivrer échantillon à un courtier, si la vente se fait avec un délai de livraison, pour ne pas faire les frais d'un second soutirage, on retarde cette opération alors qu'elle était nécessaire pour la santé du vin. Enfin, il y a chez les meilleurs, même les plus instruits, une sorte de préjugé pour coller les vins. Ils croient que coller un vin c'est attenter à sa virginité, et, de ce fait, le vin ne clarifie pas, devient dur, il sèche, et d'un bon vin qu'il aurait pu devenir, il reste un produit banal quand il n'est pas défectueux. Il s'est rencontré ainsi des vins vieux réellement mauvais.

Dans le commerce il y aurait aussi beaucoup à dire. Comme le faisait remarquer le Rapporteur de l'Exposition de la Ligue Maritime, tenue à Bordeaux en 1907, l'exposition du commerce devrait être un concours. Il faudrait que chaque maison produise une série de types déterminés, et le jury pourrait utilement se prononcer sur les mérites des exposants, qui auraient présenté aux mêmes prix les vins élevés et soignés par eux. Au lieu de cela, que voit-on à chaque exposition ? D'excellents vins vieux, qui n'ont peut-être pas été élevés par l'exposant, que de magnifiques 1899, les mêmes crus souvent venant aux tables de dégustation présentés par plusieurs maisons. Certainement, un Château-Margaux 1899 impressionnait un dégustateur, lorsque celui-ci, bien avisé, emportait avec ses amis le fond de la bouteille entamée pour achever sa dégustation au restaurant du « Chien-Vert ». Mais, dans ces conditions-là, le rôle du simple membre du jury devient impossible, et c'est au jury supérieur à juger les exposants, beaucoup plus d'après leur réputation, l'importance de leur maison, leur zèle à prendre part à ces manifestations utiles.

Voilà les réflexions qui se faisaient entendre à chaque table. Et si les expositions continuent à être fréquentes comme par le passé, il y a un correctif à apporter à cet état de choses.

Nous avons souvent entendu dire que les expositions vinicoles devaient se borner désormais à des expositions d'ensemble, de produits choisis par un jury préalable. Vins de la Gironde : Première catégorie des vins ordinaires : Quelques séries de vins de palus en deux ou trois années ; autant pour les Côtes secondaires. — Deuxième catégorie : Vins courants et moyens. Deux ou trois années de vins encore en fûts et peut-être une année en bouteilles de nos différents types du cru paysan du Médoc, du cru artisan, du cru bourgeois secondaire ; des vins de Graves rouges non classés, des Côtes supérieurs, des Saint-Emilion non classés. — Troisième catégorie : Expositions individuelles des grands crus, de vins déjà vieux en bouteilles.

Pour les vins blancs, trois classes répondant à celles établies pour les vins rouges.

Pour le commerce, le concours de types à prix déterminé.

Et, enfin, les grands vins, les grandes bouteilles à profusion pour les banquets officiels, réclame excellente pour nos produits.

De tous ces desiderata, c'est évidemment le dernier qui a le plus de chance d'être retenu, mais pour les deux qui précèdent, nous n'aurons peut-être pas perdu notre temps si ces nouveaux coups de marteau ont fait avancer de quelques millimètres le clou si dur à pénétrer.

Quoi qu'il en soit, l'impression générale a été très bonne et, plus particulièrement, nos amis belges ont été très intéressés par ces dégustations, ils en ont vu le fort et le faible, ils y ont trouvé les vins qu'ils aimaient, de même ils ont admiré la remarquable variété de nos crus, pouvant répondre à tous les besoins, ce qui faisait dire à l'un d'eux : « Avec cette variété de produits, vous pouvez satisfaire à tous les goûts, avec les éléments, même ceux les plus modestes qu'il nous a été donné de voir, vous pouvez être utiles aux vins des autres nations, vous pouvez en un mot faire toute la gamme des vins depuis le vin à prix peu élevé jusqu'à la boisson des rois. Bordeaux est le véritable marché du vin pour le monde entier. »

Les récompenses suivantes furent accordées :

Diplômes de grand prix.

CHAROULET (Adolphe), Château Saint-Georges, Saint-Emilion.
COLLECTIVITÉ DE FRONSAC.
COMICE VINICOLE ET AGRICOLE DU CANTON DE CADILLAC.

En participation :

Aurignac, Loupiac.
Brandier, Rions.
Cazeaux-Cazalet, Loupiac.
Chevallier, Sainte-Croix-du-Mont.
Coiffard (Louis), Rions.
Courrègelongue, Lestiac.
David (Jules), Omet.
Dubroqua (Amédée), Soulignac.
Espilère (Jules), Rions.
Expert (Mlle), Laroque.
Ferchaud (Eugène), Paillet.
Fremis (Georges), Omet.
Gaussen (Chéri), Cabarnac.
Gourbian (Raymond), Omet.
Glaire (Bernard), Capian.
Lacoste (Léon), Laroque.
Lasserre (Servaduis), Paillet.
Lataste (Evard), Cadillac.
Marches, Lestiac.
Mas (Urbain), Cardan.
Mourceau, Beguey.
Patachon (Eugène), Donzac.
Rabeau (Charles), Béguey.
Sauvestre fils, Sainte-Croix-du-Mont.
Vinsot (Gaston), Cardan.
Vinsot (Nicolas), Cardan.
Villars (Eugène), Monprimblan.
Woolongham, Laroque.

Comice viticole et agricole de Libourne.

En participation :

Aubier père et fils, 31, rue de Bordeaux, Périgueux.
Auroux (Léon), Branne.
Baye (Emile), Montagne.
Berthon (Ernest), Le Roudier, Montagne.
Bertin (Fernand), Saint-Emilion.
Bisch (Mme veuve), Château-Quentin, Saint-Christophe-des-Bardes.
Boiteau (Emile), Tour Figeac, Saint-Emilion.

Bordas (Henri), Petit-Peyrat, Belvès.
Bourdale (D[r]), Naujean.
Brun (Camille), Naujean.
Burnateau fils, place de la République, Castillon.
Bussier (Jean), Château-Mazeris, Saint-Michel-de-Fronsac, Bellevue.
Bussier (Théo), Galgon.
Carre (Auguste), Pomerol.
Cassat (Emmanuel), Pomerol.
Charoulet (Adolphe), Château Saint-Georges, Côte Pavie, Saint-Emilion.
Duchon (Louis), Saillans.
Ducourt (Alfred), rue Etienne-Sabotier, Libourne.
Dupuch, Bigarroux, Saint-Sulpice-de-Faleyrens.
Faure (Pierre), Château-Bellefond-Belair, Saint-Laurent-des-Combes.
Hibert (Charles), Sainte-Magne.
Hostein (Frédéric), Vayres.
Landry (Etienne), Néac.
Larrey, Lamargelle-Cormey, Saint-Emilion.
Lavaud (J.), Francs.
Leynier (Alfred), Château-Couderc, Saint-Emilion.
Loizeau (Jules), Saint-Laurent-des-Combes.
Martin (Albert), Sainte-Colombe, par Castillon.
Martin (Camille), Saillans.
Monmarte (Paul), 167, rue du Palais-Gallien, Bordeaux.
Pineau (Marcel), 26, cours de la Martinique, Bordeaux.
Renateau, 16, rue Borga, Bordeaux, propr. à Jugazan.
Roquemaure (Paul), Sainte-Foy-la-Grande.
Rousselot (Amédée), aux Billoux.
Salviat (L.), rue Sainte-Foy, Sainte-Foy-la-Grande, et Château-le-Mayne, Saint-Quentin-de-Caplong.
Vacher (Ernest), aux Artigues.
Valentin (Capitaine), Saint-Etienne-de-Lisse.
Videau (Adhémar), rue Fombaude, Castillon.

Comice viticole et agricole du canton de Podensac.

En participation :

Bitot (D[r]), Podensac.
Dorgueilh, Podensac.

Dugoua (Jules), Cru Lapinesse, Barsac.
Gassies frères, Château-Madère, Podensac.
Tinet (Joseph), Cru du Violet, Preignac.

Société coopérative de vente des vins de la Gironde.

En participation :

Broustet (Léonce), Fontet, par La Réole.
Beynaud, Domaine de Fourteau, Falcyras.
Sarrauste (T.), Saint-Laurent-du-Plan.

Esther Rigaud (Mme veuve), Château-Rauzan-Gassies, à Margaux.

Fourcaud-Laussac, Château Cheval-Blanc, à Saint-Emilion.

Groupement des communes de la Gironde.

En participation :

Ambès, Baurech, Cambes, Carbon-Blanc, Quinsac, Sainte-Eulalie, Saint-Gervais, Cadillac, Fronsac, Bommes, Barsac, Preignac, Sauternes, Libourne, Sainte-Croix-du-Mont, Pomerol, Saint-Christophe-des-Bardes, St-Etienne-de-Lisse, Saint-Hippolyte, Saint-Laurent-des-Combes, Saint-Pey-d'Armens, Saint-Sulpice-de-Faleyrens, Saint-Emilion, Vignonet.

Groupement des individualités de Fronsac, siège à Libourne.

En participation :

Ayguesparsse (Georges), Saint-Germain-la-Rivière.
Barraud, Fronsac.
Bermond (A.), Fronsac.
Chabans (Marquis de).
Crabit (Paul), Fronsac.
Derrache (Firmin), Saillans.
Duguit (Mme P.), Saint-Germain-la-Rivière.
Duverger (Edouard), Fronsac.
Eymery (Héritiers), Saint-Aignan.
Goizet (Dr), Fronsac.
Gourmel (Mme), Saint-Aignan.
Horeau (Eugène), Fronsac.
Laage (De), Saint-Michel-de-Fronsac.
Lanore (Abel), Saint-Aignan.

Largeteau fils, La Rivière.
Léaud (J.-J.), Fronsac.
Morange (Edmond), Fronsac.
Mortier-Quarre (René), La Rivière.
Rey-Gaussen, La Rivière.
Ricaumont (Mme de), Fronsac.
Roman (Mme Veuve), La Rivière.
Roque (Dumas de la), Saint-Germain.
Roquefeuil (Vicomte de), Lugon.
Rousselot (E.), Fronsac.
Roy (Osmin), Saillans.
Vacher (M.-G.), Saint-Michel.
Ynglemare (Daniel d'), Saint-Michel.

Groupement des individualités du Syndicat de la juridiction de Saint-Emilion, à Saint-Emilion.

En participation :

Bentenat (Yves), Saint-Pey-d'Armens.
Bernard (Arnaud), Saint-Hippolyte.
Berthomieu (Maurice), Saint-Christophe.
Bertin (O.), Saint-Pey-d'Armens.
Bertrand (Henri), Saint-Christophe.
Bies (Denis), Saint-Christophe.
Bisch (Veuve L.), Saint-Christophe.
Bijon (Joseph), Saint-Etienne-de-Lisse.
Bion (Marcelin), Saint-Laurent-des-Combes.
Brun (Louis), Saint-Christophe.
Carles (Vicomte de), Saint-Etienne-de-Lisse.
Cabrol (Colonel), Saint-Hippolyte.
Chariol (A.), Saint-Sulpice-de-Faleyrens.
Claverie (Jean-Fernand), Saint-Etienne.
Collet-Pagniez (Charles), Saint-Laurent-des-Combes.
Dumigron (Pierre), Saint-Hippolyte.
Dupeyrat (Consul général), Saint-Sulpice.
Faure (Dr), Saint-Laurent.
Foucaud (Auguste), Saint-Pey-d'Armens.
Goudichaud, Saint-Laurent.
Grelot (Guillaume), Saint-Laurent.
Guilhemanson (J. de), Saint-Hippolyte.
Guillier (Sénateur), Saint-Hippolyte.

Ichon (Edouard), Saint-Hippolyte.
Jaubert, Saint-Etienne.
Joly (J.-B.), Vignonet.
Josselin (Max et Fred), Saint-Etienne.
Lacoste (J.-E.), Saint-Etienne.
Lafugie (Pierre), Saint-Hippolyte.
Laporte (Jean), Saint-Christophe.
Laval (Henri), Saint-Etienne.
Lavau fils, Saint-Christophe.
Leynier, Saint-Christophe.
Madeleine (Jean), Saint-Hippolyte.
Marchal (Charles), Saint-Christophe.
Marquaux-Ruix (Elie), Saint-Hippolyte.
Monmarte (Paul), Saint-Etienne.
Moureau (Eugène), Saint-Laurent.
Musset (Jean), Saint-Christophe.
Musset (Philippe), Saint-Pey-d'Armens.
Nouvel, Cru Gaillard.
Olivet (Alexis), Saint-Christophe.
Ouy (Emmanuel), Saint-Etienne.
Parraud (Paul), Saint-Etienne.
Pezat (Capitaine), Saint-Laurent.
Rochefort-Lavie (Comte de), Saint-Christophe.
Roy (Joseph), Saint-Laurent.
Saint-Brice Belliquet, Saint-Hippolyte.
Saugeon (Théophile), Vignonet.
Teynac (Dr André), Saint-Pey-d'Armens.
Valentin (Capitaine Armand), Saint-Etienne.
Wallet (Maurice), Saint-Christophe.

Johnston (Nath.) et fils, 18, pavé des Chartrons, Bordeaux.
Lagarde (Georges), Château de Tastes, Sainte-Croix-du-Mont.
Lalande (Comtesse de), Château Pichon-Longueville-Lalande, Pauillac.
Lardit (Edmond), Sainte-Croix-du-Mont.
Larrieu (Héritiers), Château Haut-Brion, Pessac.
Minvielle (Veuve), Château Loubens, Sainte-Croix-du-Mont.
Montbel (Comte), 21, rue Ninan, Toulouse.
Nicolas frères, Château La Conseillante.
Paris (E.), et Damas, 32, quai de Bacalan, Bordeaux.
Pichon-Longueville (Baron de), Château Pichon-Longueville, Pauillac.

Pillet-Will (Comte), Château Margaux, à Margaux.

Rolland (Comte Robert de), Château Lamarque.

Rothschild (Barons Gustave, Edmond, Edouard de), Château Lafite, Pauillac.

Rothschild (Baron Henri de), Château Mouton-Rothschild, Pauillac.

Sarget de La Fontaine (Mme la baronne veuve), Château Gruaud-Larose-Sarget, Saint-Julien.

Société N. Johnston et Cie, Château Ducru-Beaucaillou, Saint-Julien.

Syndicat de Défense vinicole et agricole de l'arrondissement de Bordeaux, 9, cours de la Martinique, Bordeaux.

En participation :

Collon, Ambarès.
Faulat, Ambarès.
Caillau (M.), Ambès.
Dieulaugard, Ambès.
Escarraguel, Ambès.
Lafon, Ambès.
Lapeyre, Ambès.
Lopès-Dias, Ambès.
Rivoire, Ambès.
Tessandier, Ambès.
Villeneuve, Ambès.
Grenier, Arsac.
Chaillot, Artigues.
Dulac, Bassens.
Duprat, Bassens.
Bégué, Baurech.
Brunet, Baurech.
Guhur, Baurech.
Marmiesse, Baurech.
Modet, Baurech.
Peyrebelle, Baurech.
Simon (Veuve), Baurech.
Simonnet, Baurech.
Souan, Baurech.
Teycheney, Baurech.
Videau, Baurech.

LARDIT, Beguey.
MARCELOT, Beychac.
BORY (Fernand), Bordeaux.
BORY FILS, Bordeaux.
DOUAT (J.), Bordeaux.
O'LANYER, Bordeaux.
FEYDIEU, Bruges.
PAILLOU, Cadaujac.
CAZEAUX-CAZALET, Cadillac.
LARDIT, Cadillac.
MATHELLOT (Mme), Cadillac.
ANDRIEU, Cambes.
BEAUVALON (de), Cambes.
CHANVRIL, Cambes.
DORLEAC, Cambes.
ELLIOT, Cambes.
FORTIN, Cambes.
JONNEAU, Cambes.
LABOUCHÈDE, Cambes.
LOLIVIER, Cambes.
MIOSSENS, Cambes.
PUYVIEUX, Cambes.
RIDORET, Cambes.
ROY, Cambes.
SENS, Cambes.
SOULES, Cambes.
SOULIE, Cambes.
SUBERVIE, Cambes.
TEYCHENEY, Cambes.
TESSIE, Cambes.
TEULÈRE, Cambes.
TRILLES, Cambes.
VERROUL, Cambes.
VIALLA, Cambes.
AUZAC (d'), Camblanes.
DUBERNE, Camblanes.
MARIOTT (Marie), Cantenac.
DUBORY, Capian.
BIDON, Carbon-Blanc.
BISCAYE, Carbon-Blanc.
BISCAYE (M.), Carbon-Blanc.

Brown (F.), Carbon-Blanc.
Brown (B.), Carbon-Blanc.
Fleurette, Carbon-Blanc.
Jeanty, Carbon-Blanc.
Leffre, Carbon-Blanc.
Malengen, Carbon-Blanc.
Maurel (Paul), Carbon-Blanc.
Neyraud, Carbon-Blanc.
Van Der Cruyce, Carbon-Blanc.
Picon, Carignan.
Meynieu, Cenac.
Quancard (Jean) aîné, Cubzac-les-Ponts.
Ladoux, Eynesse.
Picharry, Fargues.
Pourquery, Fargues.
Trinquecoste, Floirac (La Souys).
Bardeau, Cauriaguet.
Buhan (Eugène), Gradignan.
Metayer, Gauriaguet.
Cotture (L.), Haux.
Pion, Haux.
Thomas (les Héritiers), Haux.
Rames d'Esla, Lacanau.
Constantin, Lamarque.
Mas, Langoiran.
Marchand, La Tresne.
Mayaudon, La Tresne.
Rouanet (D.), Léognan.
Bernon, Listrac.
Becker (W.), Lormont.
Lerbs, Margaux.
Saintout, Margaux.
Lamanière, Meynac.
Bosc-Bousquet, Moulin.
Constantin, Moulis.
Durand-Dassier, Parempuyre.
Fillon (L.), Parempuyre.
Maxwell (S.), Pessac.
Bord, Pompignac.
Lur-Saluces (P. de), Preignac.
Abeilhé, Quinsac.

Après la dégustation.

AMIEL, Quinsac.
CASTEIGNA, Quinsac.
ESTANSAN, Quinsac.
FIEUX, Quinsac.
GEORGES, Quinsac.
JAQUELIN, Quinsac.
LABAYLE, Quinsac.
LAMOLLE, Quinsac.
LINGUIN, Quinsac.
MARQUETS (des), Quinsac.
MOREAU, Quinsac.
SIMON, Quinsac.
TEYCHENEY, Quinsac.
VIDAL, Quinsac.
DUPEYRON, Rions.
LIGNAC, Salignac.
BARBOT, Salleboeuf.
DOUX, Salleboeuf.
GUINAUDIE, Saint-André-de-Cubzac.
QUANCARD (J.), Saint-André-de-Cubzac.
QUANCARD (M. et A.), Saint-André-de-Cubzac.
BALARESQUE, Saint-Caprais.
CAHOUET, Saint-Caprais.
LAGARDE (Georges), Sainte-Croix-du-Mont.
BARDINET, Sainte-Eulalie.
BICHON, Sainte-Eulalie.
BOULIÈRE, Sainte-Eulalie.
CALVÉ, Sainte-Eulalie.
DOUAT (Joseph), Sainte-Eulalie.
FONTAN, Sainte-Eulalie.
HOSTEIN, Sainte-Eulalie.
JACQUET, Sainte-Eulalie.
LASSEVERIE, Sainte-Eulalie.
MALENGEN, Sainte-Eulalie.
RUHLE, Sainte-Eulalie.
ALLARD, Saint-Gervais.
QUANCARD FRÈRES, Saint-Gervais.
SICHER, Vertheuil.
PAITEL ET RASTOIN, Villenave-d'Ornon.
MAXWELL (James), Yvrac.

Syndicat des Expositions des Vignobles de la Gironde, 31, rue Pomme-d'Or, Bordeaux.

En participation :

Alibert (Paul), Saint-Estèphe.
Ardura (J.), La Chapelle-Fredignac, Blaye.
Barde (Dr), Vayres.
Billa (F.), Château Saint-Julien, Saint-Julien.
Bonnet (C. et J.), Saint-Julien-Beychevelle.
Bourdil (Fernand), Château Peyhaut, Saint-Louis-de-Montferrans.
Broqua, Château Broca-Bergès, Pauillac.
Brunet (Raymond), Château Pont-de-Langon, Villenave-d'Ornon.
Castaigna (Henri), Quinsac.
Coucharrière (Joseph), Château Dubourdier-Vertheuil et Cru Lesparre-Duroc, Pauillac.
Courregelongue (Marcel), sénateur, Bazas.
Decout (Camille), Château Lacroix-Villarose, Ambès.
Dubedat (Grégoire), Château d'Arche, Sauternes.
Garryt (Ulysse), Cartelège.
Grandjean (Charles), au Médoc.
Guidon (Charles), Saint-Estèphe.
Hostains (Henri), Macau.
Johnston (Nath.), Bordeaux.
Labasse (Edmond), Domaine de la Louvière, Léognan,
Labayle (Aramis), Quinsac.
Langsdorff (Baronne de), Château de Saint-Genest, Saint-Genest-de-Lombaud.
Larauza (J.-P.), Château Tayac, Soussans.
Lavandier (J.), Château Mont-Bricon, Margaux.
Lebefaude (Joseph), Château de Maran, Cambes.
Leybardie (Louis de), Saint-Louis-de-Montferrand.
Lhoste (Louis), Créon.
Martet (H.), Eynesse.
Mathieu (Marcel), Château Foytesteau, Saint-Sauveur.
Merona (R. de), Margaux.
Mortier (René), Château La Rivière, Saint-Michel-de-Fronsac.
Parron (Jean), Domaine de Lescostes, Cenon.
Pascaud (Léopold), Barsac.

PEYDEGASTAING, Saint-Maixent.
PEYRUN-BERRON (Jules), Château Peyrelebade, Listrac.
PINOT-GRATIAN, Cru Pinot-Gratian, Pauillac.
POUTHIER (Louis), Lignan.
SICHER, Château Saint-Géry, Gradignan.
RENIE (Pierre), Cru de Beausoleil, Gradignan (Gironde), Graves.
SERIZIER (R.), Saint-Sulpice, Entre-Deux-Mers.
VATHAIRE (André de), Château Jean-Laucate, Sainte-Croix-du-Mont.

SYNDICAT DES GRANDS CRUS CLASSÉS DU MÉDOC.

En participation :

CASTEJA (F.), Château Duhart-Millon, Pauillac.
CHAIX D'EST-ANGE, M. Lugon, gérant, Château Lascombes, Margaux.
CHARMOLUE (L.), Château Cos-d'Estournel-Montrose, Saint-Estèphe.
CLAVERIE (A.), Château Talbot, Mis-d'Aux, Saint-Julien.
CUVELIER (H.), M. Landèche, gérant, Château Camensac, Vertheuil.
DELOR (A.), Château Durfort-Vivens, Margaux.
DUBOS (MM. P. et B.), Château Cantemerle, Macau.
DUROY DE SUDUIRAUT (MM.), Château Grand-Puy, Ducasse, Pauillac.
ESTHER-RIGAUD (Mme Veuve), M. Philippe, gérant, Château Rauzan-Gassies, Margaux.
FERRAND (Comte de), Château Mouton-d'Armailhacq, Pauillac.
FERRIÈRE (H.), Château Ferrière, Margaux.
FEUILLERAT (Armand), Château Marquis-de-Terme, Margaux.
FOULD (Achille), Château Beychevelle, Saint-Julien.
GASSOWSKI (de), Château Marquis-d'Alesme-Becker, Margaux.
HALPHEN (Mme), M. J.-B. Biswang, gérant, Château Batailley, Pauillac.
KOENIGSWARTER (Mme Veuve), M. Labrunie, gérant, Château Le Tertre, Arsac.

LALANDE (Comtesse de), Château Pichon-Longueville-Lalande, Pauillac.

LERBS (J.-D.), Château Malescot-Saint-Exupéry, Margaux.

MENDELSSOHN (Von), M. J. Merillon, gérant, Château Desmirail, Margaux.

MUICY-LOUYS (A. de), Château Lagrange, Saint-Julien.

PICHON-LONGUEVILLE (baron de), Château Pichon-Longueville, Pauillac.

PILLET-WILL (Comte), Château Margaux, Margaux.

PINONCELY, M. Bergeron, gérant, Château La Tour-Carnet, Saint-Laurent.

ROTHSCHILD (Barons Gustave, Edmond et Edouard de), L. Mortier, gérant, Château Lafite, Pauillac.

ROTHSCHILD (Baron Henri de), Baron A. de Miollis, gérant, Château Mouton-Rothschild, Pauillac.

SARGET DE LAFONTAINE (Mme la Baronne Veuve), M. D. Jouet, gérant, Château Gruaud-Larose-Sarget, Saint-Julien.

SOCIÉTÉ CIVILE DE DAUZAC, M. Raoul Johnston, administrateur, Château Dauzac, La Barde.

SOCIÉTÉ CIVILE DE PEDESCLAUX, M. le Comte de Vezins, administrateur, Château de Pedesclaux, Pauillac.

SOCIÉTÉ N. JOHNSTON ET Cie, Château Ducru-Beaucaillou, Saint-Julien.

SOCIÉTÉ PEREIRE, M. Monod, gérant, Château Palmer, Cantenac.

VIAL (Félix de), Château Lynck-Bages, Pauillac.

VIALARD (A.), Château Clerc-Milon, Pauillac.

SYNDICAT DES PROPRIÉTAIRES DES GRANS VINS BLANCS DE SAINTE-CROIX-DU-MONT.

En participation :

BALLADE (Bernard).
BALLAN (Léon).
BERARD (Maurice).
BISCAYE (Maurice).
CAZEAUX (Œugène).
CHAUMETTE (Commandant).
DUHAR (Veuve).
DUPUY (Georges).

Lagarde (Georges).
Lambert (Paulin).
Lapeyre (Marcel).
Lardit (Edmond).
Larrieu (Auguste).
Minvielle (Veuve).
Picart et Desmarquais.
Richecour (de).
Rolland (Comte Robert de).
Sacriste (Ernest).
Sancie (Raymond).

Syndicat du Commerce en gros des vins et spiritueux de la Gironde, 2, rue Guillaume-Brochon, à Bordeaux.

En participation :

Bellemer (Th.), 52, quai des Chartrons, Bordeaux.
Bijon (Henri) fils et Arnaud, 43, rue Saint-Genès, Bordeaux.
Bisquey d'Arraing (A.), 53, allées de Boutaut, Bordeaux.
Blanc (L.) et Giard (A.), 43, rue Poudensan, Bordeaux.
Boshamer (C.-S.), Léon et Cie, 20, rue Borie, Bordeaux.
Buring (Wilhelm), 92 *bis*, quai des Chartrons, Bordeaux.
Cazalet et fils, 8, rue Reignier, Bordeaux.
Chaigneau (J.) et Cie, 76, cours de la Martinique, Bordeaux.
Dejean (Armand) et Cie, 3, rue Minvielle, Bordeaux.
Descas père et Cie, 4, quai de Paludate, Bordeaux.
Dourthe (Georges) et Cie, 232, cours de Bayonne, Bordeaux.
Escande (Th.) et Cie, 90, rue Barreyre, Bordeaux.
Etablissements Schroder et Constans (de), Colin et fils frères, 95, quai des Chartrons, Bordeaux.
Fritsch du Val et Cie, 39, route du Médoc, Le Bouscat.
Froidefond (F.), Barsac.
Gallice (Armand), Portets.
Ginestet et Cie, 16, quai de Bacalan, Bordeaux.
Hanappier et Cie, 55, rue du Jardin-Public, à Bordeaux.
Larronde frères, 76, rue Mandron, Bordeaux.
Latrille (J.) fils, 21, quai de Brienne, Bordeaux.
Lopez-Dias (J.), 15, impasse des Tanneries, Bordeaux.
Maurange (Louis), 56, quai des Chartrons, Bordeaux.

MAURIN (J.-B.), 15, rue de la Brède, Bordeaux.
MUNZER ET FILS, 12, rue Ferrère, Bordeaux.
PECHEBADEN (A.) FILS ET Cie, 34, rue des Terres-de-Bordes, Bordeaux.
PETIT (Matéo) FILS, 7, rue Monselet, Bordeaux.
PEYCHÈS Portets.
SEILHEAN (P.) ET FILS, 57, rue Condorcet, Bordeaux.
TALBOOM (J.-B.), 24, rue du Réservoir, Bordeaux.
VERSEIN ET MINVIELLE, 25, rue des Tanneries, Bordeaux.
ZANGRONIZ (de) ET Cie, 29, rue Borie, à Bordeaux.

SYNDICAT DU COMMERCE EN GROS DES VINS ET SPIRITUEUX DE L'ARRONDISSEMENT DE LIBOURNE, à Libourne.

En participation :

BAUDON (J.-L.), Fronsac.
BEYLOT (Ch.) ET Cie, Libourne.
BESSOUDOUX (J.), Saint-Michel-de-Fronsac.
BOBET (W.), Libourne.
BONNENFANT (J.-B.) ET FILS, Libourne.
BOURGOIN (Ph.), Libourne.
BUIDIN (Veuve A.), FILS ET Cie, Libourne.
CAMPLAN (F.), Libourne.
CARBONNIER (J.-F.), Libourne.
CARLAT (Veuve) ET Cie, Libourne.
CHAPERON, DUCASSE ET Cie, Libourne.
CHAPERON ET MORANGE, Libourne.
CHAVAROCHE (Léonce), Sainte-Foy-la-Grande.
CHÈZE-SENUT, Libourne.
DAMPEYROU (Paul), Libourne.
DUPIN ET FORTIN, Libourne.
DUPUY ET CORRE (Th.), Libourne.
FAGOUET (G.), Libourne.
FONTNOUVELLE (E.) ET FILS, Libourne.
GIRAUD (F. et S.), Libourne.
GRATADOUR (F.), Libourne.
GRIMARD (F.-R.) ET DURAND, Libourne.
ITEY (Simon), Libourne.
JACQUET (L.) ET FILS, Libourne.
LACAZE (Gaston) JEUNE ET Cie, Libourne.
LACOMBE (T.) ET FILS, Libourne.

LACOSTE, Castillon.
LAFAGE (Léo), Libourne.
LAGRAVE (J.) ET FILS, Libourne.
LAPORTE (J.), Mortagne.
LAVAUD (F.-J.) ET Cie, Libourne.
LEYDET FRÈRES, Libourne.
MARCHANT (J.-L.), Libourne.
MICHEL (Camille), Libourne.
MONTOUROY (G.-Paul), Lussac.
NICOLAS FRÈRES, Libourne.
PECHMAJOU, Libourne.
PISTOULEY FRÈRES, Libourne.
POITOU (J.), Libourne.
REYRAUD (L.), Libourne.
REVOLTE ET ROBERT, Libourne.
ROBIN FRÈRES, Libourne.
SABY FRÈRES, Libourne.
THEILLASSOUBRE (J.), Libourne.
VERNEUIL (Jean), Castillon.
VIAUD (B.) ET GALLOT, Libourne.
VITRAC (James), Libourne.

SYNDICAT DU HAUT-MÉDOC.

En participation :

ANSTIENT, Château-Lancien-Brillette, Moulis-Médoc.
BADAL (Dr), Château d'Arcins, Médoc.
BARITAULT (Comte de), Château de Mauvezin, Moulis-Médoc.
BASQUE (Bernard-Emile), Listrac-Médoc.
BERNARD (H.), Château Lestage-Darquier, Moulis-Médoc.
BERNOM (Emilien), Cussac-Médoc.
BERTEAU (Martial), Château-Donissan, Listrac-Médoc.
BERTEAUD (Sylvestre), aux Moulins-du-Bourg, Listrac-Médoc.
BIBIAN (Mme Veuve H.), Listrac-Médoc.
BOITEAU (J.), Château Vincent, Cantenac-Médoc.
CALANDRIN (Julien), Château Fourcas-Loubaney, Listrac-Médoc.
CANTEGRIL (Albert), Château Clarke, Listrac-Médoc.
CASSE (Pierre), Château Casse, Listrac-Médoc.

Clauzel (Mme Marcelin), Château Citran, Avansan-Médoc.

Coulongue (Mme la Vicomtesse de), Château Fourcaud, Listrac-Médoc.

Darius (Raymond), Château Saransot-Dupré, Listrac-Médoc.

Douat (Avenant), Bel-Air, Avensac-Médoc.

Dubosc (Jean), Château Lalande, Listrac-Médoc.

Duchesne (Georges), Château d'Arche, Ludon-Médoc.

Durand-Dassier, Château de Parempuyre, Médoc.

Dutruch fils, au Grand-Pujeaux, Moulis-Médoc.

Exshaw, Clauzel, du Poy (MM.), Château Lamothe-de-Bergeron, Cussac-Médoc.

Floris (Baron de), Château d'Argassac, Ludon-Médoc.

Foucher, Château Felletin, Lamarque-Médoc.

Furt (Théobald), Macau-Médoc.

Germain (Mme), Château Beaumont, Cussac-Médoc.

Goffre ainé, aux Graves-de-Guittignan-Billettes, Moulis-Médoc.

Goffre (Joseph), Moulis-Médoc.

Hugon (Albert), Château Anthonic, Moulis-Médoc.

Labatut (Jean), Arsac-Médoc.

Lestage (M.), Moulis-Médoc.

Maleyran (Pierre), Listrac-Médoc.

Marcel (Martin), Moulis-Médoc.

Merce-Attie, au Clos de May, Macau-Médoc.

Metayet (Oscar), Listrac-Médoc.

Meyre (H.), Moulis-Médoc.

Micouleau (Jean), Parempuyre-Médoc.

Pavillon (Mme la Vicomtesse Joseph du), Château Sancillon, Listrac-Médoc.

Pontet-Salomon (MM.), au Clos-Cantegrie, Listrac-Médoc.

Raymond (A.), Château de Fontanet, Le Taillan-Médoc.

Reneteau (H.), Château Ludon-Perniès, Argassac-Médoc.

Roy (Daniel), Château Cantenac, Médoc.

Société civile du Chateau Citran, M. René Clauzel, Avensan-Médoc.

Syndicat viticole du Taillan, au Taillan, Médoc.

Verges, Clauzel et Dubos (MM.), Château Cartillon, Lamarque-Médoc.

Veyries (A.), régisseur du Château Lamothe, Cussac-Médoc.

SYNDICAT RÉGIONAL AGRICOLE DE CADILLAC-PODENSAC ET CANTONS LIMITROPHES.

En participation :

BRAZIER, La Sauve.
CAMPANA (Honoré), Verdelais.
CHALUP (Comte de), Preignac.
COLLINEU (Veuve), Verdelais.
DALCHE DE DESPLANETS, Château Claverie, Podensac.
DIJEAUX (Veuve), Isle-Saint-Georges.
DUBOURDIEU (Pierre), Cérons.
DUCAU (Camille), Château Pontac, Loupiac.
DUPUY (Joseph), Villenave-de-Rions.
DURAND-DAUBIN, Saint-Maixent.
LAULAN (Numa), Barsac.
LATESTE (Joseph), Château Cazeau, Cornac.
MEDEVILLE (Numa), Château Fayau, Cadillac.
MERIC, Villenave-de-Rions.
MUSQUIN (Cyprien), Romagne et Soulignac.
PLOMBY, Château Grillon, Barsac.
TINOT (Joseph), Podensac.
VILLARS (Eugène), Momprinblanc.

SYNDICAT VITICOLE DE LA RÉGION DE SAUTERNES ET BARSAC.

En participation :

BANNEL (Edgard et Marc), Château Rieussec, à Fargues.
BERNARD (Héritiers), Château Guiraud, Sauternes.
DEBAUS (Veuve), Château Doisy-Daëmu, Barsac.
DROUILHET DE SIGALAS, Château Rabaud-Sigalas, Bommes.
DUBEDAT (Grégoire), Château d'Arche, Sauternes.
DUBROCA (Marcel), Château Doisy, Barsac.
ESPAGNET (Louis), Château Lamothe, Sauternes.
GARBAY (Eugène), Bommes.
GARROS (Emile), Château Suau, Barsac.
GOUNOUILHOU (Henri), Château Climens, Barsac.
GREDY (Frédéric), Château Lafaurie-Peyraguet, Bommes.
LAFON (Adrien), Lanère.
LAFON (Edmond), Château Désir-Lafon, Sauternes.
LARROUMET (Alfred), Château Peyron, Fargues.
LUR-SALUCES (Comte F. de), Château Coutet, Barsac.

Lur-Saluces (Comte de), Château Filhot, Sauternes.
Lur-Saluces (Comte de), Château Yquem, Sauternes.
Marquette (Pierre), Château Pajot, Sauternes.
Mathieu (Ludovic), Domaine de la Forêt, Preignac.
Medeville (Numa), Cru Gillette, Preignac.
Milleret (René), Château La Montagne, Preignac.
Petit de Forest (Mme), Château Suduiraut, Preignac.
Pontac (Vicomte de), Château Vigneau, Bommes.
Pontalier (Louis), Château Raymond-Lafon, Sauternes.
Promis (Adrien), Château Rabaud-Promis, Bommes.
Société foncière du Chateau La Tour-Blanche, Bommes.
Tinet (Gabriel).

Syndicat viticole des Graves de Bordeaux, 22, rue Lafaurie-Monbadon, Bordeaux.

En participation :

Ameau (J.-A.), Beautiran.
Ballande (André), Villenave-d'Ornon.
Beaumartin (Gabriel), Léognan.
Bibonne (L.), Talence.
Blanchard, Mérignac.
Bourgoin (Georges), Mérignac.
Boyreau (Gabriel), Saint-Morillon.
Calvet (Veuve O.), Gradignan.
Carbonnel (A.-B.), Léognan.
Chabanneau (Pierre), Cadaujac.
Cinto (Héritiers de), Pessac.
Colin, Haut-Brion.
Comere-Caille, Bègles.
Cordier (Eugène), Beautiran.
Coste (Henri de), Castres.
Degraaf (J.), Villenave-d'Ornon.
Dubreuil, Gradignan.
Ducourneau (Veuve), Mérignac.
Duffour de Raymond, Léognan.
Duffourg, Isle-Saint-Georges.
Dupuch fils (Justin), Léognan.
Durst-Will (Henri), Portets.
Faugère (Henri), Saint-Médard-d'Eyrans.
Flaugergues (Veuve), Château de Ferraude, Castres.

Gay (J.), Léognan.
Gaubert-Desacq, Portets.
Goitisolo (J. de), Aygues-Morte-des-Graves.
Gondoin (Veuve), Cestas.
Guilhem (Veuve), Mérignac.
Guilhern (A.) fils ainé, Léognan.
Guischard (Alexis), Villenave-d'Ornon.
Hanappier (Veuve), Villenave-d'Ornon.
Héritiers Bellot des Minières, Léognan.
Kabelguen (Fr.), Mérignac.
Labasse (Edmond), Léognan.
Laborde de Lacombe (Mme de), La Brède.
Lafon (Arthur), Beautiran.
Larcher (Veuve), Mérignac.
Larieu (Héritiers), Pessac.
Lartigue (Georges), Mérignac.
Latrille, Mérignac.
Loste (Henri), Aygues-Morte-des-Graves.
Mahic (Jules), Villenave-d'Ornon.
Male (Veuve Jules), Pessac.
Martin, Mure et Baillet, Léognan.
Massip (A.), Léognan.
Mateo-Petit (Anatole), Blanquefort.
Mirieu de la Barre, Villenave-d'Ornon.
Momus, Mérignac.
Montesquieu (Baronne de), Martillac.
Moreau, Martillac.
Pageard et Cie, Mérignac.
Pageard, Mérignac.
Pageard, Mérignac.
Paitel et Rastoin, Villenave-d'Ornon.
Pechebaden (A.) fils, Aygues-Mortes.
Privat, Léognan.
Pulles (Ed.), Villenave-d'Ornon.
Ricard (Marcel), Léognan.
Ricard (Abel), Léognan.
Ricaud (F.), Villenave-d'Ornon.
Ridoret (L.), Léognan.
Roger (T.), Castres.
Rouanet, Léognan.
Salvane (H.), Cadaujac.

Sarget (Baronne), Pessac.
Sicher (Mme H.), Gradignan.
Soubiran (L.-G.), Léognan.
Solles (H.) aîné, Pessac.
Soula (J.) aîné, Martillac.
Teycheney (Paul), Portets.
Toussaint (Ch.), Villenave-d'Ornon.
Uzac (Veuve Joseph), Mérignac.
Vayssière (Marcel), Martillac.
Waetjen, Château Malleret, Cadaujac.

Syndicat viticole et agricole de Pomerol, 113, rue Neuve, Libourne.

En participation :

Barraud (J.),
Belivier (Gustave).
Bousquet (de) (Héritiers).
Chaperon (Veuve Paul).
Chillaud, à Pomerol.
Darbeau, à Pomerol.
Dubourg (Veuve),
Durand-Degranges.
Garde (E.-F.)
Garde (F.).
Gardelle (Veuve).
Giraud (Savinien).
Giret.
Greloud (Charles).
Johannes (Bertrand).
Hermel.
Laage (Héritiers de).
Larquey (Veuve).
Larroucaud.
Léonardon.
Luquot.
Mauléon-Rabier.
Montouroy (Ch.).
Nicolas frères.
Paillet et Despujol.
Paret et Soulie.

Porge.
Quenedey (Léon).
Raymond.
Rouchut (Veuve J.).
Sarrazin (Th.).
Seguin (R. de).
Sèze (de) et Hermel.
Vayron (Veuve H.).

Syndicat viticole et agricole de Saint-Emilion.

En participation :

Alix, 5, cours Tourny, Libourne.
Barraud (Léopold), Saint-Emilion.
Bertin (François), Saint-Emilion.
Boisard-Rochefort (Joseph), Saint-Emilion.
Boiteau (Emile), Saint-Emilion.
Bouffard (Ferd.), 5, rue de la Gare, Bordeaux.
Brissaud (Lucien), Saint-Emilion.
Capdemourlin (Amédée), Saint-Emilion.
Chaperon (Fernand), rue Thiers, Libourne.
Cirac (Pierre), Saint-Laurent.
Corbière (Michel), Saint-Emilion.
Cordes (Henri des), 42, avenue de Breteuil, Paris.
Deniau (Léopold), Saint-Emilion.
Dubroca (Paul), Saint-Emilion.
Ducarpe (Léopold), Saint-Emilion.
Duplessis-Fourcaud (René), Saint-Emilion.
Durand (Charles), Saint-Emilion.
Duffau (Dr Calixte), Saint-Emilion.
Fourcaud-Laussac, Saint-Emilion.
Foussat (Henri du), Château Beauséjour, Libourne.
Guichard (Félix), Saint-Emilion.
Gurchy (Maurice), rue Thiers, Libourne.
Jean (Charles), Saint-Emilion.
Jean (Edmond), Saint-Emilion.
Jean-Jean, Saint-Emilion.
Jullien-Chatonnet (Georges).
Lande-Lapelletrie, Saint-Emilion.
Legay, Saint-Emilion.
Lhorme (Gaston), 13, rue Ligier, Bordeaux.

MADEAU (Pierre), Saint-Emilion.
MALEN (Edmond), Saint-Emilion.
MALEN (James), Saint-Emilion.
MALET-ROQUEFORT (Comte et Vicomte), Saint-Emilion.
MALET-ROQUEFORT (Comte et Vicomte), Saint-Etienne-de-Lisse.
MONTBEL (Comte), 21, rue Ninau, Toulouse.
MOREL (Comte) FRÈRES, rue Etienne-Sabatié, Libourne.
NAVAILLE (Victor), Saint-Emilion.
PASSEMARD (Veuve), Saint-Emilion.
PENAUD, rue Chanzy, Libourne.
PEYRAUD (Mme), Saint-Emilion.
PINAUD (Veuve), place de la République, Libourne.
PISTOULEY (Jean), Saint-Emilion.
RIDEAU (Albert), Saint-Emilion.
SABY (Elie), Saint-Laurent, près Saint-Emilion.
SEIGNAT (Albert), Francs.
SIREY (Hector), Saint-Emilion.
SOUFFRAIN (Mme Eugénie), Saint-Emilion.
THIBEAUD (Amédée), Saint-Emilion.
THIBEAUD (Joseph), Saint-Emilion.
TROPLONG (Edouard), 127, boulevard Malesherbes, Paris.
VAUTHIER (Emile), La Gomerce, Saint-Emilion.
VILLEPIGUE (Robert), Saint-Emilion.

UNION SYNDICALE DES NÉGOCIANTS EN VINS DE BORDEAUX, 9, cours de la Martinique, Bordeaux.

En participation :

AUDY (Georges) ET Cie, 42, cours Balguerie-Stuttenberg, Bordeaux.
BALARESQUE (H. et C.), allées de Chartres, Bordeaux.
BEYERMAN (H. et O.), quai des Chartrons, Bordeaux.
CHAUVIN ET FILS, FRÈRES, 70, cours de la Martinique, Bordeaux.
DARRIET (Th.) ET Cie, 45, cours du Médoc, Bordeaux.
JOHNSTON (Nath.) ET FILS, 18, pavé des Chartrons, Bordeaux.
JOURNU FRÈRES ET KAPPELHOFF ET Cie, 34, quai de Bacalan, Bordeaux.

KEHRIG (Héritiers E.), GRIFFUEILLE ET Cie, 4, place Fégère, Bordeaux.

KRESSMANN (ED) ET Cie, 50, quai des Chartrons, Bordeaux.

LACOSTE (A.) ET FILS, 139, boulevard de Caudéran, Bordeaux.

LALANDE (A.) ET Cie, 94, quai des Chartrons, Bordeaux.

LARCHER (S.) PÈRE ET FILS JEUNE, 93, quai des Chartrons, Bordeaux.

LESTAPIE ET Cie, 47, pavé des Chartrons, Bordeaux.

MICHAELSEN (J.) ET Cie, 35, quai de Bacalan, Bordeaux.

PARIS (E.) ET DAMAS, 32, quai de Bacalan, Bordeaux.

PRELLER (C.) ET Cie, 5, cours de Gourgue, Bordeaux.

RANCOURT (Ch. de) ET FILS, 107, rue Lagrange, Bordeaux.

ROSENHEIM (L.) ET FILS, 133, quai des Chartrons, Bordeaux.

SOCIÉTÉ VINICOLE DE BLAYE, Blaye.

TOURNEUR (Will) ET Cie, 83, quai des Chartrons, Bordeaux.

TREYERAN FRÈRES, 130, quai des Chartrons, Bordeaux.

VIAL (Th. de) ET FILS, Bordeaux.

VIDEAU (Alfred) FILS ET Cie, 173, boulevard de Caudéran, Bordeaux.

Diplômes d'honneur.

BALARESQUE (H. et C.), 1, allées de Chartres, Bordeaux.
BALLADE (Bernard), Sainte-Croix-du-Mont.
BALLAN (Léon), Sainte-Croix-du-Mont.
BEYLOT (Charles) ET Cie, Libourne.
BOISARD-ROCHEFORT (Joseph), Saint-Emilion.
BOUFFARD (Ferd.), 5, rue de la Gare, Bordeaux.
CAPDEMOURLIN (Amédée), Saint-Emilion.
CASTEJA, Château Duhart-Milon, Pauillac.
CHAIX D'EST-ANGE, Château Lascombes, Margaux.
CHAPERON (Veuve Paul), Pomerol.
CHASSAIGNE (Ph. de la), Loupiac.
CHAVAROCHE (Léonce), Sainte-Foy-la-Grande.
CINTO (Héritiers), Pessac.
CLAUZEL (Héritiers), Avensan.
CLAUZEL (Mme Marcelin), Château Citran, Avensan-Médoc.
CLAVERIE (A.), *Marquis d'Aux*, Château Talbot, Saint-Julien.
CUVELIER (H.), Château Camensac, Vertheuil.

DELOR (A.), Château Durfort-Vivens, Margaux.
DESCAS PÈRE, FILS ET Cie, 4, quai de Paludate, Bordeaux.
DUBÉDAT (Grégoire), Château d'Arche, Sauternes.
DUBOS (P. et B.), Château Cantemerle, Margaux.
DUCARPE (Léopold), Saint-Emilion.
DUFFAU (Dr Calixte), Saint-Emilion.
DUFFOUR DE RAYMOND, Léognan.
DUROY DE SUDUIRAUT, Château Grand-Puy-Ducasse, Pauillac.
ESCANDE (Th.) ET Cie, 90, rue Barreyre, Bordeaux.
ETABLISSEMENTS SCHRŒDER ET CONSTANS (de), *Colin et fils frères*, 95, quai des Chartrons, Bordeaux.
EXSHAW, CLAUZEL, DU POY (M.-M.), Château Lamothe-de-Bergeron, Cussac (Médoc).
FERRIÈRE (H.), Château Ferrière, Margaux.
FEUILLERAT (Armand), Château Marquis-de-Terme, Margaux.
FOULD (Achille), Château Beychevelle, Saint-Julien.
GASSOWSKI (de), Château Marquis-d'Alesme-Becker, Margaux.
GERMAIN (Mme), Château Beaumont, Cussac-Médoc.
GIRAUD (Savinien), Château Trotanoy, Pomerol.
GUICHARD (Félix), Saint-Emilion.
HANAPPIER ET Cie, 55, rue du Jardin-Public, Bordeaux.
HÉRITIERS BELLOT DES MINIÈRES, Léognan.
HÉRITIERS DE BOUSQUET, Pomerol.
JULLIEN-CHATONNET (Georges), notaire, Château Magdelaine, à Saint-Emilion.
KRESSMANN (Ed.) ET Cie, 50, quai des Chartrons, Bordeaux.
LACOSTE (A.) ET FILS, 139, boulevard de Caudéran, Bordeaux.
LAMBERT (Paulin), Château La Mouleyre, Sainte-Croix-du-Mont.
LANDE-LAPELLETRIE, Saint-Emilion.
LAPEYRE (Marcel), Sainte-Croix-du-Mont.
LARCHER (S.) PÈRE ET FILS JEUNE, 93, quai des Chartrons, Bordeaux.
LARRONDE FRÈRES, 76, rue Mandron, Bordeaux.
LATRILLE (J.) FILS, 21, quai de Brienne, Bordeaux.
LAVANDIER (Jean), Margaux.
LEBÈGUE (J.) ET Cie, Cantenac.
LERBS (J.-D.), Château Malescot-Saint-Exupéry, Margaux.
LOPEZ-DIAS (J.), impasse des Tanneries, Bordeaux.
MALEN (Edmond), Saint-Emilion.
MALEN (James), Saint-Emilion.
MARCHAL (Charles), Saint-Christophe.

Martin, Mure et Ballet, Léognan.
Merman (Mme), Saint-Estèphe.
Maurin (J.-B.), 15, rue de la Brède, Bordeaux.
Mendelssohn (Von), Château Desmerail, Margaux.
Montesquieu (Baronne de), Martillac.
Morel (Comte), rue Saint-Savatier, Libourne.
Paitel et Rastoin, Villenave-d'Ornon.
Passemard (Veuve), Saint-Emilion.
Picart et Desmarquais, Château La Rame, Sainte-Croix-du-Mont.
Quenedey (Léon), Château Gazin, Pomerol.
Rapin (François), Château Lanère, Loupiac.
Ricard (Abel), Léognan.
Ricard (Marcel), Léognan.
Ridoret (L.), Léognan.
Rochefort-Lavie (Comte de), Saint-Christophe.
Sirey (Hector), Saint-Emilion.
Société civile de Dauzac, Château Dauzac, Labarde.
Société civile de Pedesclaux, Pauillac.
Société Péreire, Château Palmer, Cantenac.
Syndicat des Vignerons de Loupiac :

En participation :

Bord (Georges), Clos Jean, Loupiac.
Bore (Sylvain), Pontac-Lanère, Loupiac.
Chassaigne (Comte de la), Château du Gros, Loupiac.
Dejean (Joseph), Le Noble, Loupiac.
Delas (Paul), La Yotte, Loupiac.
Dezarnaud (Léopold), Les Bonpeyres, Loupiac.
Montbron (Comte de), Château de Rondillon, Loupiac.
Promis (Paul), Château de Berthomieu.
Poujardieu (Désiré), L'Olivier, Loupiac.
Rapin (François), Château Lanère, Loupiac.
Wellis (William), Château de Ricaud, Loupiac.

Syndicat professionnel du Blayais :

En participation :

Coicaud (Georges), Gars.
Daniaud (Laurent-Alcide), Cézac-Saint-Savin.
Eyraud (Emmanuel), Saint-Savin.

MEYNARD (Jean-Alexis), Saint-Vivien.
NOUHET, Saint-Savin-de-Blaye.
PETIT (Léopold), Gars.
RAYNE (Ulysse), Saint-Seurin-de-Cursol.
RIOU (Jean-Henri), Saint-Genès-de-Blaye.
SAVARIAS (Charles-Firmin), Marsas.
VERGEZ (Henri), Marcillac.
BOULINAUD (Camille), Marcillac.
CHAINAUD (Ernest), Launay-Teuillac.
DORE (Eugène), Saint-Seurin-de-Bourg.

THIBEAUD (Amédée), Saint-Emilion.
TROPLONG (Edouard), 127, boulevard Malesherbes, Paris, et Saint-Emilion.
VACHER (M.-G.), Saint-Michel.
VIAL (Th. de) ET FILS, 186, cours du Médoc, à Bordeaux.
VILLEPIGUE (Robert), Saint-Emilion.

Diplômes de médaille d'or.

ABEILHÉ, Quinsac.
ALIBERT (Paul), Saint-Estèphe.
ALIX, 5, cours Tourny, Libourne.
ALLARD, Saint-Gervais.
AMIEL, Quinsac.
AUBIER PÈRE ET FILS, 31, rue de Bordeaux, Périgueux.
AUDY (Georges) ET Cie, 42, cours Balguerie-Stuttenberg, Bordeaux.
BADAL (Dr), Château Darcins (Médoc).
BALARESQUE, Saint-Caprais.
BALLANDE (André), Villenave-d'Ornon.
BARDEAU, Gauriaguet.
BARDINET, Sainte-Eulalie.
BARITAULT (Comte de), Château de Mauvezier, Moulis-Médoc.
BEAUVALON (de), Cambes.
BELLEMER (Th.), 52, quai des Chartrons, Bordeaux.
BERNARD (H.), Château Lestage-Darquier, Moulis-Médoc.
BERTEAU (Martial), Château Domisson, Listrac-Médoc.
BERTEAUD (Sylvestre), Moulin du Bourg, Listrac-Médoc.
BERTIN (François), Saint-Emilion.

BISQUEY D'ARRAING (A.), 53, allées de Boutaut, Bordeaux.
BOITEAU (Emile), Saint-Emilion.
BOITEAU (J.), Château Vincent, Campenac-Médoc.
BONNEFOUS (Gustave), Pauillac.
BOSHAMER (C.-S.), LÉON ET Cie, 20, rue Borie, Bordeaux.
BOURDIL (Fernand), Saint-Louis-de-Montferrand.
BOURRAN (de) FRÈRES ET Cie, 65, boulevard du Bouscat, Bordeaux.
BRISSAUD (Lucien), Saint-Emilion.
BROSSAULT ET Cie, 32, cours du Médoc, Bordeaux.
BRUN (Louis), Saint-Christophe.
BRUNET, Baurech.
BUIDIN (Veuve A.) FILS ET Cie, Libourne.
BUSSIER (Jean), Château Mazeris, Saint-Michel-de-Fronsac-Bellevue.
BUHAN (Eugène), Gradignan.
BUHAN (Mme Eugène) ET AUDINET, Ludon.
BURING (Wilhem), 92 *bis*, quai des Chartrons, Bordeaux.
CABROL (Colonel), Saint-Hippolyte.
CALANDRIN (Julien), Château Fourcas-Loubaney, Listrac-Médoc.
CALVET (Veuve O.), Gradignan.
CANTEGRIL (Albert), Château Clarke, Listrac-Médoc.
CARBONNEL (A.-B.), Léognan.
CASTAIGNA (Henri), Quinsac.
CASTAING (Ph.), Moulis.
CAZALET ET FILS, 8, rue Reignier, Bordeaux.
CAZEAUX-CAZALET, Cadillac et Loupiac.
CAZEAUX (Eugène), à Sainte-Croix-du-Mont.
CHABANEAU (Pierre), Cadaujac.
CHAPERON, DUCASSE ET Cie, Libourne.
CHAPERON ET MORANGE, Libourne.
CHAPERON (Fernand), rue Thiers, Libourne.
CHARMOLUE (L.), Château Cos-d'Estournel-Montrose, Saint-Estèphe.
CHASSAIGNE (Comte de la), Château du Gros, Loupiac.
CHAUMETTE (Commandant), Sainte-Croix-du-Mont.
CHAUVIN ET FILS FRÈRES, 70, rue de la Martinique, Bordeaux.
CHEVALLIER, Sainte Croix du Mont.
CLAUDON (Gustave), 18, avenue Victoria, Paris.
COIFFARD (Louis), Rions.
COLIN, Haut-Brion.
COLLON, Ambarès.

Comice agricole du Médoc, à Lesparre.
Constantin, Lamarque.
Constantin, Moulis.
Cordier (Eugène), Beautiran.
Coste (Henri), Castres.
Cotture, à Haux.
Coulogne (Mme la Vicomtesse de), Château Fonréaud, Listrac-Médoc.
Cuvelier (H.), Château Causensac, Vertheuil.
Dalche de Desplanels, Château Claverie, Podensac.
Darbeau, Pomerol.
Darius (Raymond), Château Saransot-Dupré, Listrac-Médoc.
Deniau (Léopold), Saint-Emilion.
Dezarnaud (Léopold), Les Bonpeyres, Loupiac.
Douat (Avenant), Bel-Air-Avensan-Médoc.
Douat (D.), Listrac.
Douat (J.), Bordeaux.
Douat (Joseph), Sainte-Eulalie.
Dourthe (Georges) et Cie, 232, cours de Bayonne, Bordeaux.
Dubosq (Jean), Château Lalande, Listrac-Médoc.
Dubory, à Capian.
Dubourg (Veuve), Pomerol.
Dubreuil, Gradignan.
Dubroca (Paul), Saint-Emilion.
Ducau (Camille), Château Ponsac, Loupiac.
Ducourneau (Veuve), Mérignac.
Ducourt (Alfred), rue Etienne-Sabotier, Libourne.
Duffourg, Isle-Saint-Georges.
Duhard (Veuve), Sainte-Croix-du-Mont.
Duplessis-Fourcaud (René), Saint-Emilion.
Duprat, Bassens.
Dupuch fils (Justin), Léognan.
Dupuy et Corre (Th.), Libourne.
Dupuy (Georges), Sainte-Croix-du-Mont.
Durand d'Assier, Parempuyre.
Durst-Wild (Henri), à Portets.
Dutruch fils, Grand-Poujeaux, Moulis-Médoc.
Duverger (Edouard), à Fronsac.
Fagouet (G.), Libourne.
Estansan, à Quinsac.
Faure (Veuve), Château Belle-Isle-Mondot, Saint-Laurent.

Faure (Dr), Château Bellefond-Belcier, Saint-Laurent-des-Combes.
Ferrand (Comte de), Château Mouton-d'Armailhacq, Pauillac.
Fieux, à Quinsac.
Floris (Baron de), Château d'Argassac, Pauillac.
Fillon (L.), à Parempuyre.
Floris (Baron de), Château d'Argassac, Ludon-Médoc.
Foussat (Henri du), Château Beauséjour, Libourne.
Fritsch du Val et Cie, 39, route du Médoc, Le Bouscat.
Froidefond (F.), Barsac.
Gargan (de), Les Vergnes-Beaulieu.
Gassies frères, Château Madère, Podensac.
Gallice (Armand), Portets.
Gaubert (Fernand), Cérons.
Gaussen (Chéri), Gabarnac.
Geoffrion (S.), Saint-Emilion.
Ginestet et Cie, 16, quai de Bacalan, Bordeaux.
Giraud (E.), Libourne.
Gondoin (Veuve), Cestas.
Goffre (Joseph), Moulis-Médoc.
Greloud (Charles), Pomerol.
Guillier, Saint-Hippolyte.
Guischard (Alexis), Villenave-d'Ornon.
Gurchy (Maurice), rue Thiers, Libourne.
Halphen (Mme), Château Batailli, Pauillac.
Hugon (Albert), Château Anthonic, Moulis-Médoc.
Ichon (Edouard), Saint-Hippolyte.
Jacquet (L.) et fils, Libourne.
Jean (Charles), Saint-Emilion.
Jean (Edouard), Saint-Emilion.
Jean (Jean), Saint-Emilion.
Josselin (Max et Ferd.), Saint-Etienne.
Kabelguen (Fr.), à Mérignac.
Koenigswarter (Mme Veuve), Château Le Tertre, Arsac.
Laage (Héritiers de), Pomerol.
Laage (de), Saint-Michel-de-Fronsac.
Labasse (Edouard), Léognan.
Labayle, à Quinsac.
Lacaze (Gaston) jeune et Cie, Libourne.
Lacoste (Léon), Laroque.
Lagrave (J.), Libourne.

LANDRY (Etienne), propriétaire à Néac Pomerol.
LAPORTE (J.), Mortagne.
LARCHER (Paul), 80, cours Balguerie-Stuttenberg, Bordeaux.
LARRIEU (Auguste), Sainte-Croix-du-Mont.
LARQUEY (Veuve), Pomerol.
LASSERRE (Servadius), Pailler.
LATRILLE, Mérignac.
LAULAN (Numa), Barsac.
LEGAY, Saint-Emilion.
LESTAGE (M.), Moulis-Médoc.
LESTAPIS ET Cie, 47, pavé des Chartrons, Bordeaux.
LEYBARDIE (Louis de), Saint-Louis-de-Montferrand.
LINGUIN, Quinsac.
LUQUOT, Pomerol.
MALET-ROQUEFORT (Comte et Vicomte), Saint-Emilion.
MALET-ROQUEFORT (Comte et Vicomte), Saint-Etienne-de-Lisse.
MALÉ (Veuve Jules), Pessac.
MARMIESSE, à Baurech.
MARQUETS (des), Quinsac.
MAS, Langoiran.
MATEO-PETIT (Anatole), Blanquefort.
MATHELLOT (Mme), Cadillac.
MATHIEU, Domaine de la Forêt, Preignac.
MAURANGE (Louis), 56, quai des Chartrons, Bordeaux.
MAUREL (Paul), Carbon-Blanc.
MAXWELL (James), Yvrac.
MEDEVILLE (Numa), Château Fayau, Cadillac.
MÉNETREY ET TRICOCHE, Sainte-Foy-la-Grande.
MÉRILLON (J.), 27, rue Daviot, Bordeaux.
MÉTAYET (Oscar), Listrac-Médoc.
MEYNOT (J.) ET Cie, Saint-Emilion.
MIAUSSENS (Armand), 133, rue de la Trésorerie, Bordeaux.
MONTBRON (Comte de), Château de Roudillon, Loupiac.
MONTOUROY (Charles), Pomerol.
MONTOUROY (G.-Paul), Lussac.
MORANGE (Edmond), Fronsac.
MOREAU, Quinsac.
MOURCEAU, Béguey.
MUICY-LOUYS (A. de), Château Lagrange, Saint-Julien.
NEYRAUD, Carbon-Blanc.
NICOLAS FRÈRES, Libourne.

O'LANYER, Bordeaux.
OUY (Emmanuel), Saint-Etienne.
PASCAUD (Léopold), Barsac.
PAILLET ET DESPUJOL, Pomerol.
PATACHON (Eugène), Nouzac.
PAUVERT DE LA CHAPELLE, Château Eninthie, Saint-André-et-Appelles.
PECHEBADEN (A.), FILS ET Cie, 34, rue des Terres-de-Bordes, Bordeaux.
PECHEBADEN (A.) FILS, Aigues-Mortes-des-Graves.
PETIT (Matéo) FILS, 7, rue Monselet, Bordeaux.
PETIT (Ferdinand), 216, cours Balguerie-Stuttenberg, Bordeaux.
PEYRAUD (Mme), Saint-Emilion.
PEYREBELLE, Baurech.
PINAUD (Veuve), place de la République, Libourne.
PION, Haux.
PINONCELY, Château La-Tour-Canet, Saint-Laurent.
PINOT-GRATIAN, Pauillac.
PISTOULEY (Jean), Saint-Emilion.
PISTOULEY FRÈRES, Libourne.
PLOMBY, Château Grillon, Barsac.
POITOU (J.), Libourne.
POURQUERY, Fargues.
POUTHIER (Louis), Lignan.
PROMIS (Paul), Loupiac, et 5, rue Foy, Bordeaux.
PRELLER (C.-J) ET Cie, 5, cours de Gourgue, Bordeaux.
QUANCARD (Jean) AINÉ, Cubzac-les-Ponts.
QUANCARD (M. et A.), Saint-André-de-Cubzac.
RANCOURT (Charles) ET FILS, 107, rue Lagrange, Bordeaux.
RIDEAU (Albert), Saint-Emilion.
ROUCHUT (Veuve J.), Pomerol.
ROUSSELOT (Amédée), aux Billoux.
SABY FRÈRES, Libourne.
SACRISTE (Ernest), Sainte-Croix-du-Mont.
SANCIÉ (Raymond), Sainte-Croix-du-Mont.
SAINT-BRICE-BELLIQUET, Saint-Hippolyte.
SEGUIN (R. de), Pomerol.
SEIGNAT (Albert), Francs.
SÈZE (de) ET HERMEL, Pomerol.
SICHER, Château Saint-Géry, Gradignan.
SICHER, Vertheuil.

SOCIÉTÉ CIVILE DU CHATEAU CITRAN.
SOCIÉTÉ COOPÉRATIVE DE VENTE DES VINS DE LA GIRONDE, à Gironde.
SOLLES (H.-Aimé), Pessac.
SOUFFRAIN (Mme Eugénie), Saint-Emilion.
SOULA (J.) AINÉ, Martillac.
SOULÈS, Cambes.
SYNDICAT AGRICOLE DE SAINTE-FOY-LA-GRANDE.

En participation :

MASSAT (Edouard), Saboye, près Sainte-Foy.
PAUVERT DE LA CHAPELLE, Château Eninthie, Saint-André-et-Appelles.

TALBOOM (J.-B.), 24, rue du Réservoir, Bordeaux.
THIBAUD (Joseph), Saint-Emilion.
TOURNEUR (Will) ET Cie, 83, quai des Chartrons, Bordeaux.
TOUSSAINT (A.), Villenave-d'Ornon.
UZAC (Veuve J.), Mérignac.
VAYRON (Veuve H.), Pomerol.
VAISSIÈRE (Marcel), Martillac.
VAUTHIER (Emile), La Gomerce, Saint-Emilion.
VERNEUIL (Jean), Castillon.
VERROUL, Cambes.
VERSEIN ET MINVIELLE, 25, rue des Tanneries, Bordeaux.
VIAL (Félix), Château Lynch-Bages, Pauillac.
VIALARD (A.), Château Clerc-Milon, Pauillac.
VILLARS (Eugène), Monprimblanc.
VINSOT (A.-Gaston), à Cardan.
WAETJEN, Château Malleurd, Cadaujac.
WELLES (William), Château de Ricaud, Loupiac.

Diplômes de médaille d'argent.

AMEAU (J.-A.), Beautiran.
ANSTIENT, Moulis-Médoc.
ARDURA (J.), La Chapelle-Frédignac, Blaye.
AUDOIN (J.), Clos du Mornac, par Bourg.
AURIGNAC, Loupiac.
AUZAC (d'), Camblanes.
BARDES (D^r), Vayeres.
BARRAUD (J.), Pomerol.

Barraud (Léopold), Saint-Emilion.
Basque (Bernard-Emile), Listrac.
Baudon (J.-L.), Fronsac.
Baye (Emile), Saint-Georges, par Montagne.
Becker (W.), Lormont.
Bégué, Baurech.
Belivier (Gustave), Pomerol.
Bentenat (Yves), Saint-Pey-d'Armens.
Bernard (Arnaud), Saint-Hippolyte.
Bernom, Listrac.
Berthomieu (Maurice), Saint-Christophe.
Berthon (Ernest), Roudic-Montagne.
Bertin (O.), Saint-Pey-d'Armens.
Bertrand (Henri), Saint-Christophe.
Bessoudoux (J.), Saint-Michel-de-Fronsac.
Bibian (Mme Veuve H.), Listrac-Médoc.
Bichot, Sainte-Eulalie.
Bidon, Carbon-Blanc.
Bies (Denis), Saint-Christophe.
Bijon (Henri) fils et Arnaud, 43, rue Saint-Genès, Bordeaux.
Bijon (Joseph), Saint-Etienne-de-Lisse.
Billa (E.), Saint-Julien.
Bion (Marcelin), Saint-Laurent-des-Combes.
Biscaye (Maurice), Sainte-Croix-du-Mont.
Bisch (Veuve L.), Saint-Christophe-des-Bardes.
Bitot (Dr), Podensac.
Blanc (L.) et Giard (A.), 43, rue Poudensan, Bordeaux.
Bonenfant (J.-B.) et fils, Libourne.
Bonnet (C. et J.), Saint-Julien-Beychevelle.
Bore (Sylvain), Pontac-Lanère et Loupiac.
Bory (Fernand), Bordeaux.
Bosc-Bousquet, Moulis.
Bouchet (G.), 37, rue Esprit-des-Lois, Bordeaux.
Bourgoin (Georges), Mérignac.
Bourgoin (Ph.), Libourne.
Broqua, Château Broqua-Bergère, Pauillac.
Broustet (Léonce), Fontet, par La Réole.
Brown (B.), Carbon-Blanc.
Brown (F.), Carbon-Blanc.
Brun (Camille), Naujean.
Brunet (Raymond), Villenave-d'Ornon.

Cahouet, Saint-Caprais.
Caillau (M.), Ambès.
Calvé, Sainte-Eulalie.
Campana (Honoré), Verdelet.
Carbonnier, Libourne.
Carlat (Veuve) et Cie, Libourne.
Carles (Vicomte de), Saint-Etienne-de-Lisse.
Carré (Auguste), Pomerol.
Cassat (Emmanuel), Pomerol.
Casse (Pierre), Château Casse, Listrac-Médoc.
Chabans (Marquis de), Fronsac.
Chainaud (Ernest), Launay-Teuillac.
Chariol (A.), Saint-Sulpice-de-Faleyrans.
Chèze-Senut, Libourne.
Cirac (Pierre), Saint-Laurent.
Claverie (Jean-Fernand), Saint-Etienne-de-Lisse.
Coicaud (Georges), Cars.
Collet-Pagniez (Charles), Saint-Laurent-des-Combes.
Comère-Caille, Bègles.
Corbière (Michel), Saint-Emilion.
Cordes (Henri des), 42, avenue de Breteuil, Paris.
Coucharrière (Joseph), Vertheuil.
Courbian (Raymond), Ornet.
Crémier, Vertheuil.
Daniaud (Laurent-Alcide), Cézac.
Degraaf (J.), Villenave-d'Ornon.
Dejean (Joseph), Le Noble, Loupiac.
Delage (Pierre), Saint-Médard-de-Guizières.
Delas (Paul), La Yotte-Loupiac.
Dorgueil, Podensac.
Dorléac, Cambes.
Duberne, Camblanes.
Dubois (Louis), Saint-Sauveur.
Dubourdieu (Pierre), Cérons.
Dubroqua (Amédée), Soulignac.
Ducliou (Louis), Saillans.
Dugoua (Jules), Barsac.
Duguit (Mme P.), Saint-Germain-la-Rivière.
Dulac, Bassens.
Dupeyrat, Saint-Sulpice.
Dupin et Fortin, Libourne.

DUPUY (J.), route de Saint-Emilion, Libourne.
DUPUY (Joseph), Villenave-de-Rions.
DURAND (Charles), Saint-Emilion.
ELLIOT, Cambes.
ESCARRAGUEL, Ambès.
ESPILÈRE (Jules), Rions.
EYMERY (Héritiers), Saint-Aignan.
EYRAND (Emmanuel), Saint-Savin.
EXPERT (Mlle), Laroque.
FAULAT, Ambarès.
FAUGÈRE (Henri), Saint-Médard-d'Eyrans.
FERCHAUD (Eugène), Paillet.
FEYDIEU, Bruges.
FLAUGERGUES (Veuve), Château de Ferrande, Castres.
FONTAINEMANE (de), Loupiac.
FONTAN, Sainte-Eulalie.
FONTNOUVELLE (E.) ET FILS, Libourne.
FORTIN, Cambes.
FOUCHER, Château Felletin, Lamarque-Médoc.
FURT (Théobald), Macau-Médoc.
GARDE (E.-F.), Pomerol.
GARDE (F.), Pomerol.
GARDELLE (Veuve), Pomerol.
GAUBERT-DESACQ, Portets.
GAY (J.), Léognan.
GEORGES, Quinsac.
GIRET, Pomerol.
GLAIRE (Bernard), Capian.
GOFFRE AINÉ, aux Graves-de-Guittignan-Billettes, Moulis-Médoc.
GOITISOLO (J. de), Aigues-Mortes-des-Graves.
GOISET (D[r]), Fronsac.
GOUDICHAUD, Saint-Laurent.
GRATADOUR (F.), Libourne.
GRELOT (Guillaume), Saint-Laurent.
GRUNARD ET DURAND, à Libourne.
GUHUR, Baurech.
GUIDON (Charles), Saint-Estèphe.
GUILHEM (Veuve), Mérignac.
GUILHEMANSON (J. de), Saint-Hippolyte.
HELIE (Edouard), Lormont.
HERMEL, Pomerol.

Hostains (Henri), Macau.
Hostein, Sainte-Eulalie.
Hostein (Frédéric), Vayres.
Itey (Simon), Libourne.
Jacquet, Sainte-Eulalie.
Jean (Mlle), Saint-Hippolyte, par Saint-Emilion.
Johannes Bertrand, à Pomerol.
Joly (J.-B.), Vignonet.
Jonneau, Cambes.
Labasse (Edmond), Léognan.
Labayle, Quinsac.
Laborde de Lacombe, La Brède.
Labouchède, Cambes.
Lacombe (T.) et fils, Libourne.
Lacoste (J.-E.), Saint-Etienne.
Ladoux, Eynesse.
Lafage (Léo), Libourne.
Lafugie (Pierre), Saint-Hippolyte.
Lamolle, Quinsac.
Lanore (Abel), Saint-Aignan.
Laporte (Jean), Saint-Christophe.
Larrey, Lamargelle-Comery, Saint-Emilion.
Larroucaud, Pomerol.
Lartigue (Georges), Mérignac.
Lasseverie, Sainte-Eulalie.
Lataste (Joseph), Château Cazeau, Gornac.
Lataste (Evraud), Cadillac.
Laval (Henri), Saint-Etienne.
Lavaud (E.) et Cie, Libourne.
Lavaud (J.), Francs.
Léaud (J.-J.), Fronsac.
Leffré, Carbon-Blanc.
Léonardon, Pomerol.
Leydet frères, Libourne.
Leynier (Alfred), Château Couderc, Saint-Emilion.
Lhorme (Gaston), 13, rue Ligier, Bordeaux.
Lignac, Salignac.
Loizeau (Jules), Saint-Laurent-des-Combes.
Lolivier, Cambes.
Madeau (Pierre), Saint-Emilion.
Madeleine (Jean), Saint-Hippolyte.

MAHIC (Jules), Villenave-d'Ornon.
MALENGEN, Carbon-Blanc.
MALENGEN, Sainte-Eulalie.
MALEYRAN (Pierre), Listrac-Médoc.
MARCHANT (J.-L.), Libourne.
MARCHES, Lestiac.
MARIOTT (Marie), Cantenac.
MARCHAND, La Tresne.
MARQUAUX-RUIX (Elie), Saint-Hippolyte.
MARTIN (Albert), Sainte-Colombe, par Castillon.
MAS (Urbain), Cardan.
MASSIP, Léognan.
MATHIEU (Ludovic), Saint-Sauveur.
MAULÉON-RABIER, Pomerol.
MAYAUDON, La Tresne.
MERCE-ATTIE, Clos de May, Macau-Médoc.
MEYNIEU, Cénac.
MEYRE (H.), Moulis-Médoc.
MICHEL (Camille), Libourne.
MICOULEAU (Jean), Parempuyre-Médoc.
MIOSSENS, Cambes.
MIRIEU DE LA BARRE, Villenave-d'Ornon.
MODET, Baurech.
MOLINA (Henri) AINÉ, 63, rue Bel-Orme, Bordeaux.
MOMAY, à Carbon-Blanc.
MONMARTE (Paul), Saint-Etienne.
MOTHES (Adrien), Saint-Laurent.
MUNZER ET FILS, 12, rue Ferrère, Bordeaux.
MUSQUIN (Cyprien), Romagne et Soulignac.
MUSSET (Jean), Saint-Christophe.
MUSSET (Philippe), Saint-Pey-d'Armens.
NAVAILLE (Victor), Saint-Emilion.
NOUVEL, Cru Gaillard.
OLIVET (Alexis), Saint-Christophe.
PAGEARD ET Cie, Mérignac.
PAGEARD, Mérignac.
PAILLOU, Cadaujac.
PARRON, Domaine de Lescostes, à Cenon.
PARRAUD (Paul), Saint-Etienne.
PAVILLON (Mme la Vicomtesse du), Château Sencillon, Listrac-Médoc.

PECHMAJOU, Libourne.
PENAUD, rue Chanzy, Libourne.
PETIT (Léopold), Cars.
PEYCHÈS, Portets.
PEYRUN-BARRON (Jules), Listrac.
PEZAT (Capitaine), Saint-Laurent.
PINEAU (Marcel), 26, cours de la Martinique, Bordeaux.
PLADEPOUSAU (Léopold), Castelnau.
PONTET-SALOMON (M.-M.), au Clos Cantegrie, Listrac-Médoc.
POUJARDIEU (Désiré), L'Olivier-Loupiac.
PRUÈDE, Domaine de Graveyron, Dignac.
PULLES (Ed.), Villenave-d'Ornon.
PUYVIEUX, Cambes.
RABEAU (Charles), Beguey.
RAMES D'ESLA, Lacanau.
RAYMOND (A.), Château de Fontanet-le-Taillon, Médoc.
RAYMOND, Pomerol.
RENOTEAU (H.), Château Ludon-Perniès, Agassac-Médoc.
REVOLTE ET ROBERT, Libourne.
RICAUD (E.), Villenave-d'Ornon.
RICAUMONT (Mme de), Fronsac.
RICHECOUR (de), Sainte-Croix-du-Mont.
RIDORET, Cambes.
ROBERT, GRIMARD (F.-B.) ET DURAND, Libourne.
ROBIN FRÈRES, Libourne.
ROGER (T.), Castres.
SALVIAT (L.), rue Sainte-Foy, Sainte-Foy-la-Grande.
ROUSSELOT (E.), Fronsac.
ROY, Cambes.
ROY (Daniel), Château Cantenac, Médoc.
RUHL, Sainte-Eulalie.
SABY (Elie), Saint-Laurent, près Saint-Emilion.
SAINTOUT, Margaux.
SALVANE (H.), Cadaujac.
SALVIAT (L.), rue Sainte-Foy, Sainte-Foy-la-Grande.
SAUVESTRE FILS, Sainte-Croix-du-Mont.
SEILHAN P. ET FILS, 37, rue Condorcet, Bordeaux.
SEIGNOURET, Prignac.
SENS, Cambes.
SICHER (Mme H.), Gradignan.
SIGNORET (Armand), Saint-Androny.

Simon (Veuve), Baurech.
Simonnet, Baurech.
Souan, Baurech.
Soubiran (L.-G.), Léognan.
Sollès (H.) aîné, Pessac.
Soulié, Cambes.
Souriaux, Blaignan.
Subervie, Cambes.
Syndicat des Négociants en vins mousseux de Sainte-Foy-la-Grande.
Syndicat viticole du Taillan, Taillan-Médoc.
Terrioux (J.-B.), Margaux.
Tessié, Cambes.
Teulère, Cambes.
Teycheney, Beaurech.
Teycheney, Cambes.
Teycheney, Quinsac.
Teycheney (Paul), Portets.
Theillassoubre (J.), Libourne.
Thomas (Héritiers), Haux.
Tinet (Joseph), Podensac.
Trilles, Cambes.
Valentin (Capitaine Armand), Saint-Etienne.
Van der Cruyce, Carbon-Blanc.
Verges, Clauzel et Dubos (M.-M.), Château Cartillon, Lamarque-Médoc.
Vergez (Henri), Marcillac.
Veyries (A.), Château Lamothe, Cussac-Médoc.
Vialla, Cambes.
Vidal, Quinsac.
Videau, Baurech.
Videau (Alfred) fils et Cie, 173, boulevard Caudéran, Bordeaux, et Vignonet.
Vinsot (Nicolas), Cardan.
Vitrac (James), Libourne.
Wallet (Maurice), Saint-Christophe.
Ynglemare (Daniel d'), Saint-Michel.
Zangroniz (de) et Cie, 29, rue Borie, Bordeaux.

Diplômes de médaille de bronze.

Audy (Ph.) père et fils, Saint-Germain-du-Puch.
Auroux (Léon), Branne.

Baye (Emile), à Montagne.
Bérard (Maurice), Sainte-Croix-du-Mont.
Bernom (Emilien), Cussac-Médoc.
Bertin (Fernand), Saint-Emilion.
Bibonne (L.), Talence.
Biscaye, Carbon-Blanc.
Bobet (W.), Libourne.
Bord, Pompignac.
Bordas (Henri), Petit-Peyrot-Belvir.
Boulinaud (Camille), Marcillac.
Bourdale (D[r]), Naujean.
Boyreau (Gabriel), Saint-Morillon.
Brandier, Rions.
Brazier, La Sauve.
Burnateau fils, place de la République, Castillon.
Bussier (Théo), Galgon.
Camplan (F.), Libourne.
Chaillot (Artigues).
Chalup (Comte de), Preignac.
Chillaud, Pomerol.
Collineu (Veuve), Verdelais.
Courrégelongue, Listrac.
Crabit (Paul), Fronsac.
Dampeyrou (Paul), Libourne.
David (Jules), Omet.
Decout (Camille), Ambès.
Dejean (Armand) et Cie, rue Minvielle, Bordeaux.
Dejeans, Bagadan.
Derrache (Firmin), Saillans.
Dijeaux (Veuve), Isle-Saint-Georges.
Doré (Eugène), Saint-Seurin-de-Bourg.
Dumigron (Pierre), Saint-Hippolyte.
Durand-Daubin, Saint-Maixent.
Foucaud (Auguste), Saint-Pey-d'Armens.
Frémis (Georges), Omet.
Garryt (Ulysse), Cartelègue.
Guinaudie, Saint-André-de-Cubzac.
Hibert (Charles), Saint-Magne.
Jaquelin, Quinsac.
Jaubert, Saint-Etienne.
Labatut (Jean), Arsac-Médoc.

Lafon (Arthur), Beautiran.
Lamanière, Ménac.
Lapeyre, Ambès.
Largeteau fils, Larrivière.
Lecomte-Prom, Saint-Trélody.
Lhoste (Louis), Créon.
Loste (Henri), Aygues-Mortes-de-Graves.
Marcel (Martin), Moulis-Médoc.
Martet (H.), Eynesse.
Martin (Camille), Saillans.
Massat (Edouard), Saboye, par Sainte-Foy-la-Grande.
Métayer, Gauriaguet.
Méric, Villenave-de-Rions.
Meynard (Jean-Alexis), Saint-Vivien.
Mortier-Quarre (René), Larivière.
Moureau (Eugène), Saint-Laurent.
Nouhet, Saint-Savin-de-Blaye.
Paret et Soulier, Pomerol.
Picat (M.) et fils, 21, quai de Brienne, Bordeaux.
Porge, Pomerol.
Raymond (Edouard), Listrac.
Rayne (Ulysse), Saint-Seurin-de-Cursol.
Renateau, 16, rue Borga, Bordeaux.
Renic (Pierre), Gradignan.
Reynaud, Faleyrans.
Reyraud (L.), Libourne.
Riou (Jean-Henri), Saint-Genès-de-Blaye.
Rivoire, Ambès.
Robin aîné, Libourne.
Roman (Veuve), La Rivière.
Roquefeuil (Vicomte de), Lugon.
Roy (Osmin), Saillans.
Sarrauste (T.), Saint-Laurent-du-Plan.
Sarrazin (Th.), Pomerol.
Savarias (Charles-Firmin), Marsas.
Serizier (R.), Saint-Sulpice.
Simon, Quinsac.
Société vinicole de Blaye.
Teynac (Dr André), Saint-Pey-d'Armens.
Tessandier, Ambès.
Vacher (Ernest), aux Artigues.

VERDIER (Moïse), Saint-Estèphe.
VIDEAU (Adhémar), rue Fonbaude, Castillon.
VILLENEUVE, Ambès.

Diplômes de mention honorable.

DUFFOURG, Isle-Saint-Georges.
DUPUCH-BIGARROUX, Saint-Sulpice-de-Faleyrens.

11me RÉGION

La onzième région comprenait les Charentes.

Notre collègue, M. Rogée-Fromy, a bien voulu nous envoyer le résultat des opérations du jury spécial aux eaux-de-vie des Charentes et un historique du cognac. Nous lui laissons la parole :

LE COGNAC

Quelque désir que puisse avoir l'auteur de ces lignes d'intéresser le lecteur en lui présentant ce qu'il voudrait être de l'inédit, il semble que ce soit chose d'autant plus malaisée que sa tâche consiste à parler d'un produit ancien, universellement réputé, lequel, depuis de longues années, a donné lieu à des études nombreuses et approfondies de la part d'hommes érudits, dont il serait difficile d'égaler la compétence.

La liqueur d'or que nos pères ont célébrée, que nos poètes locaux ont chantée :

« Or potable qui dort en futaille et qui semble
« Fait avec des rayons de l'aube distillés. »

est toujours, en effet, le nectar apprécié de tous les peuples du monde, mais peut-être davantage encore des habitants des régions dont elle vient, jalouses de son renom et enthousiastes — à bon droit — de sa valeur. Le paysan charentais qui fait apprécier le petit verre d'eau-de-vie brûlée par lui, vieillie dans ses chais, dans cette « grande paix ténébreuse des caves » dont parle le doux poète saintongeais André Lemoyne, sait bien que sa liqueur n'a pas de rivale au monde, et cette pensée est la justification de ses efforts pour que ce nom de Cognac, qui est celui du produit charentais, lui soit reconnu partout et lui soit, à lui seul, conservé.

Qu'on nous pardonne ce préambule. Estimant qu'un rapport doit être un document établissant la situation d'un produit au jour où ce rapport est écrit, notre intention, après l'historique indispensable à une étude de cette nature, est de nous placer à la fin de 1910 au point de vue de notre situation en France et de nos revendications sur le marché étranger. Nous terminerons ensuite par le souvenir réconfortant que nous a laissé l'Exposition de Bruxelles où apparut, plus éclatant encore, si c'est possible, que dans les précédentes expositions, le triomphe de notre produit charentais. Cette vision suffit pour donner une force nouvelle à notre espoir du lendemain, et à persister plus que jamais dans le maximum d'efforts que nous pouvons donner, pour voir notre cher pays charentais triompher de tout et de tous dans le monde, puisque le monde entier est son champ d'action.

I

Le pays du cognac est composé des anciennes provinces d'Aunis, de Saintonge et d'Angoumois, et c'est au commerce des vins blancs que ces provinces durent leur première réputation, leurs vins ayant rivalisé à une époque avec les premiers vins de France. Notre compatriote et ami M. Alph. Vivier qui publia, il y a quelques années, une savante étude sur cette intéressante question, parle de certain Procureur du Roi qui, en 1408, désignait « l'Aulnis » comme « pays où il n'y a que vignes », et mentionne que bien avant cette époque, puisqu'il remonte à 1205, on voyait le Roi d'Angleterre Jean sans Terre accorder aux Rochelais des lettres de protection et de sauvegarde, pour qu'ils puissent aller vendre leurs vins en Flandre.

En ces temps reculés, existaient dans les Pays-Bas de vastes entrepôts de vins de la Rochelle, et pendant la guerre de Cent Ans les trois royaumes d'Angleterre, d'Ecosse et d'Irlande offrirent aux vins d'Aunis de très vastes débouchés. Sans doute, les seuls vins d'Aunis ne faisaient pas l'objet de ces transactions, car les trois provinces plus haut citées approvisionnaient le port rochelais, tout comme, de nos jours, le commerce d'eau-de-vie de Cognac est alimenté par le produit de la distillation des vins de ces anciennes provinces, et Cognac a donné son nom à l'eau-de-vie des Charentes, tout comme l'Aunis autrefois donnait le sien aux vins blancs exportés de la Rochelle, qu'ils aient été de cette province ou bien de la Saintonge ou de l'Angoumois.

L'Histoire abonde en faits qui prouvent la notoriété dont jouissaient jadis ces vins blancs. C'est, en 1280, Philippe VII, Roi de France, renouvelant ses instances auprès d'Edouard d'Angleterre pour qu'il ait à faire payer à Enard de Breuil, bourgeois de la Rochelle, 32 tonneaux de vin que feu Thomas de Breuil avait jadis fournis à Henri III son père. Dans le poème d'Henri d'Andely intitulé « La Bataille des Vins », le Roi mande à ses messagers d'aller quérir les meilleurs vins du monde, et parmi ceux-ci ceux de la Rochelle. Nous nous enorgueillissons « d'abreuver les Allemands », disent les vins de la Moselle et d'Auxerre ; « et moi, dit le vin d'Aunis, je repais toute l'Angleterre, les Bretons, Flamands, Normands, Ecossais, Irlandais, Norvégiens et Danois, et de tous ces pays je rapporte de beaux esterlins ». Intéressante constatation qui montre que les mêmes pays qui faisaient jadis la réputation des vins blancs d'Aunis sont également ceux qui, de nos jours, offrent le champ le plus vaste au commerce des eaux-de-vie de Cognac.

Nous pourrions multiplier ces citations, mais il faut nous borner. Par cette rapide incursion vers le passé, nous avons simplement voulu souligner la vogue ancienne — avant qu'il ait été question de Cognac — de nos produits charentais. Et c'est justement de cette notoriété que

Les opérations du Jury.

naquit le commerce des eaux-de-vie. La grande demande de nos vins blancs provoqua chez les propriétaires un immense élan dans la plantation des vignes qui rapportaient de « si beaux esterlins ». De l'Aunis, de la Saintonge, on poussa jusqu'à l'Angoumois. Cognac devint un grand pays de vignes et, aux seizième et dix-septième siècles, il y eut, à certaines époques tant et tant de vin que l'écoulement en devint difficile. Il y eut pléthore et, dans l'impuissance de le conserver, on le distilla, on en fit de l'eau-de-vie.

C'est, dit-on, un modeste chirurgien du pays de Cognac qui, vers 1630, eut l'idée de distiller le vin, et cette idée sauva de la ruine un grand nombre de propriétaires de la région charentaise.

Jusqu'à cette époque, la distillation n'était guère connue que des alchimistes et des apothicaires, et si Arnaud de Villeneuve (1238-1314) eut l'honneur de la découverte — qu'on croit lui être antérieure — de cette « eau d'immortalité qui prolonge les jours, dissipe les humeurs peccantes, ranime le cœur et entretient la jeunesse », ce n'est qu'à l'époque que nous indiquons, c'est-à-dire vers la fin du dix-septième siècle, que l'usage commença à s'en répandre comme boisson et que, dans les provinces d'Aunis, de Saintonge et d'Angoumois, on convertit le vin en eau-de-vie.

Si la tradition est de placer vers 1630 l'origine de la distillation des eaux-de-vie en Charente, il n'est pas douteux que déjà bien avant cette époque — des documents judiciaires en font foi — il se soit fabriqué et vendu des eaux-de-vie de Cognac. Nous citerons notamment un commerçant de la Rochelle qui, en 1607, vendit 110 fûts d'eau-de-vie à 39 livres 10 sous par fût et 100 fûts à 38 livres, « l'eau-de-vie tenant preuve, dessus et dessoulz de la jaulge et garende de Cognac », et, en 1619, la Compagnie de l'Inde qui acheta du « Coniak » à Londres pour l'usage de sa flotte.

Grande, nous l'avons vu, était la vogue de nos vins blancs ; plus grande encore et plus rapidement établie, fut celle de nos eaux-de-vie. A peine le cognac fut-il connu, que de toutes parts, du monde entier, on vint en chercher. Des agents acheteurs se rendaient dans les pays producteurs d'Aunis, de Saintonge et d'Angoumois, et prenaient à la propriété les lots disponibles. C'est ainsi que débuta le commerce charentais. Ce n'est qu'en 1643 qu'une maison encore existante, la firme Augier, s'établit à Cognac et commença un commerce régulier d'exportation. Elle ne devait pas tarder à trouver bien vite des imitateurs, comme en témoignent les maisons encore représentées dans les Charentes, et qui datent de ces temps reculés.

Dans un mémoire envoyé à la fin du dix-septième siècle, M. de Bernage écrit : « Le vin est le principal produit de l'Angoumois, mais les plus grands vignobles sont dans le district de Cognac... Lorsque les vins sont distillés en eaux-de-vie, ce qui est leur destination naturelle, les flottes anglaise et danoise viennent en chercher en temps de paix dans les ports de la Charente, et ce commerce est très avantageux pour la province. »

Voilà donc le Cognac qui entre officiellement en ligne, si nous pouvons parler ainsi, dans les produits d'alimentation, et les documents sont désormais nombreux pour attester sa vogue vite grandissante. En 1736, on énumérera tous les grands pays acheteurs de nos eaux-de-vie, et vers 1750 l'historien Arcère évaluera à 40.000 fûts de 27 veltes chacun la quantité d'eau-de-vie exportée annuellement de la Rochelle, quantité qui sera portée en 1783 à plus de 68.000 fûts.

Comme cela se passe parfois lorsqu'un commerce grandit, les difficultés commencèrent. Ce furent d'abord les produits du Midi qui cherchèrent à s'introduire sur le marché charentais pour se parer de sa notoriété, à tel point que les maisons de Cognac durent prendre des mesures énergiques pour combattre cette concurrence qui risquait de les « ruiner aux yeux de l'étranger ». Ce furent ensuite les nombreuses vexations douanières, taxes intérieures ou droits, variables d'après les ports de sortie. Enfin tout finit par se tasser, et peu à peu des règlements plus justes intervinrent, et nous arrivons ainsi au début du dix-neuvième siècle, où l'essor grandit rapidement. C'est ainsi que les documents officiels nous donnent, comme quantités d'eaux-de-vie exportées, 38.000 hectos en 1815, 122.000 en 1823, moyenne qui restera à peu près stationnaire pendant 25 ans, pour arriver ensuite, presque d'un seul bond formidable, à 213.000 hectos en 1849 !

Il est à remarquer que de tout temps, l'exportation fut, pour le commerce charentais la suprême ressource, et, parmi les pays importateurs, l'Angleterre fut toujours le plus important. Cela vient de ce qu'à cette époque le « brandy » était le breuvage préféré de nos voisins, le whisky, notre terrible concurrent actuel, n'étant pas dans la consommation courante. Le marché anglais sera donc le meilleur indicateur de ce qui se passe à Cognac et, à ce sujet, nous empruntons très volontiers au grand journal anglais le *Ridley* ces quelques lignes d'une étude très documentée et toute récente sur le commerce de notre région.

« Une réduction de droits sur l'eau-de-vie française importée en Angleterre fut la principale cause de l'augmentation des importations en 1849. Quand le droit sur l'eau-de-vie française importée en Angleterre était de 22 s. 10 d. par gallon, les importations étaient de 1 million ; quand le droit fut réduit à 15 s. par gallon, les importations s'élevèrent immédiatement à 2.214.000 gallons. En 1860, ce droit fut encore réduit à 10 s. 5 d. par gallon, tandis que le droit d'accise sur l'alcool de fabrication domestique était élevé de 7 s. 10 d. à 10 s. par gallon ; en même temps, on adopta la coutume d'exporter l'eau-de-vie en bouteilles au lieu de fûts, ce qui aida beaucoup à augmenter la popularité de l'eau-de-vie en facilitant grandement sa distribution.

« De 1860 à 1879, les Charentes passèrent par une période de 20 ans de prospérité sans parallèle dans l'histoire du district, et Cognac fut à l'apogée de sa gloire. En 1850, il y avait moins de 6.000 habitants à Cognac ; en 1875, il y en avait 12.000, et en 1900, plus de 20.000. Vint le phylloxéra, et ce fléau dévasta les Charentes et répandit la ruine et la désolation dans tout le district. En 1875, les Charentes produisaient 14,124.091 hectolitres de vin ; en 1878, 8.557.763 seulement ; en 1875, la production n'était que de 6.686.261 hectolitres, et ainsi de suite, la production devenant très faible pendant les quelques années suivantes.

« Pendant les vingt années de prospérité qui précédèrent la crise du phylloxéra, la production totale d'eaux-de-vie dans les Charentes ne fut pas inférieure à 12.682.246 hectolitres, tandis que les exportations totales, pendant la même période, ne s'élevèrent qu'à 5.921.480 hectolitres, de sorte qu'il y avait plus de 6 millions d'hectolitres d'eaux-de-vie laissés dans les Charentes quand le terrible phylloxéra envahit cette contrée. L'accumulation de stocks aussi énormes était rendue possible par ce fait que les vignobles charentais étaient entre les mains d'un très grand nombre de petits producteurs qui distillaient leur propre récolte. La plupart d'entre eux ont pu, grâce à une succession de bonnes vendanges et au maintien de bons prix, ne vendre qu'une partie du produit de leurs alambics aux maisons d'exportation et conserver le reste pour le laisser à leurs descendants comme une fortune dont la valeur augmentait toujours. »

Nous n'avons pas cru devoir changer quoi que ce soit à cette très juste et très intéressante incursion du grand journal anglais sur le passé, et maintenant nous limitons cette étude à l'époque présente où, depuis 20 ans, nous assistons à la reconstitution progressive de notre beau vignoble. N'est-il pas juste de rappeler à ce sujet que si nos paysans charentais furent admirables d'énergie, c'est grâce au grand savoir des éminents viticulteurs tels que de Lapparent, Viala, Ravaz, et M. le Professeur Millardet, qui surent les diriger dans cette lutte incessante contre le fléau envahisseur. Aussi, le succès ne tarda pas à se manifester. Rappelons pour mémoire l'Exposition de 1900 où, à Paris, les Charentes ne présentaient pas moins de 2.033 échantillons divers provenant de 1.326 propriétaires ou négociants. Et depuis cette époque, grâce aux efforts combinés de tous, la production n'a cessé de s'accroître, donnant une moyenne de plus de 2 millions d'hectolitres par an, jusqu'à cette désastreuse année de 1910, qui raréfia tellement les vins en France que tous furent consommés en nature et que pas une goutte d'eau-de-vie ne fut distillée, fait probablement unique dans l'histoire des Charentes.

Ce déficit dans la récolte est un accident économique regrettable, mais passager, et nous considérons comme bien plus grave qu'un manque de récolte les entraves à notre commerce causées par les besoins incessants d'argent des différents Etats qui augmentent à tel point les droits sur nos produits que la consommation n'en est plus guère réservée qu'aux gens fortunés. Aux taxes intérieures, il y a lieu d'ajouter les méfaits de la politique protectionniste inaugurée en France en 1892, et qui a restreint sur les marchés de l'extérieur nos transactions jadis si brillantes, lorsque nous vivions sous le bénéfice de la politique libre-échangiste de 1860.

Il appartiendra, espérons-le, aux économistes de demain, d'abaisser ces barrières douanières qui provoquent cette guerre néfaste de tarifs et finiront par isoler les différents Etats, si intéressés pourtant aux échanges commerciaux. Des traités de commerce à longue échéance peuvent seuls permettre aux nations qui les établiront d'organiser une vie industrielle et commerciale sur de mutuelles concessions, sans lesquelles rien ne peut être tenté, par suite de l'insécurité du lendemain.

II

« Le cépage peut être cultivé partout et d'après les mêmes méthodes que dans les Charentes ; la distillation peut être faite partout comme à Cognac et avec les mêmes alambics ; l'eau-de-vie peut être logée dans des fûts identiques à ceux qu'on emploie dans notre région ; mais le terrain et le climat ne peuvent, *nulle part ailleurs*, se présenter ensemble et avec les mêmes caractères qu'ici.

« Il y a donc bien peu de chances que tous les éléments qui influent sur la nature des produits soient réunis dans une contrée quelconque comme dans les Charentes ; et, dès lors, *aucune autre région ne peut produire du cognac.* — Professeur RAVAZ. »

La qualité, la supériorité de l'eau-de-vie des Charentes est résumée dans ces quelques lignes ; c'est le sous-sol charentais, c'est la situation climatérique de nos régions qui donnent à notre produit sa valeur. Tout le reste est secondaire.

Il est en effet à remarquer que, tandis que d'autres eaux-de-vie doivent, pour être consommées, être soumises à des distillations complexes et délicates, il n'est rien de tel pour le cognac, car ici l'appareil le plus simple, le plus primitif, fait la meilleure eau-de-vie.

On peut dire que les viticulteurs ne *distillent* pas, mais que, d'après l'expression encore en usage, ils *brûlent* leurs vins, et cela dans un très simple appareil qui consiste en un fourneau avec sa chaudière ou cucurbite surmontée d'un chapiteau à tête de maure et reliée par un col de cygne au serpentin contenu dans un seau réfrigérant. On recueille ainsi une première eau-de-vie appelée brouillis ; ce brouillis est redistillé pour la bonne chauffe, dont on sépare la tête et la queue pour ne conserver que le cœur de la distillation. Tel est l'appareil dont on se sert dans les crus les plus renommés, et s'il est des chaudières plus compliquées, ce sont celles en usage dans les crus à eaux-de-vie moins fines, à terroir.

Ainsi fabriquées à degrés variables, de 70° à 75°, les eaux-de-vie sont placées dans des fûts en chêne, de préférence en bois de limousin. Le logement le meilleur est le tierçon d'une contenance de 5 à 6 hectos ; les douves dont il est fait sont prises dans de vieux et gros arbres, et donnent un tannin très doux qui, se combinant avec l'eau-de-vie et les éthers naturels qui s'y trouvent et qui s'oxydent à la longue par les infiltrations de l'air, donnent le rancio et le bouquet inimitables du produit charentais. L'usage ancien, et encore pratiqué, est de remplir de vin doux les fûts destinés à loger plus tard l'eau-de-vie. Cette opération dégage les bois de l'excès de tannin qu'ils contiennent, et le logement est ainsi bien meilleur.

Les eaux-de-vie nouvelles, généralement placées de préférence dans un lieu humide qui en favorise le vieillissement, sont vendues soit telles quelles, en fûts, soit réduites pour être mises en bouteilles dès qu'elles ont atteint quelques années, après avoir été légèrement édulcorées, d'après le goût des marchés auxquels elles sont destinées.

L'art du négociant consiste à savoir bien mélanger entre eux les différents crus qui se complètent les uns les autres, tout comme en Champagne on fait la cuvée composée des différents crus de ce pays. En Charente, ce sont les « coupes », nom qui correspond à la cuvée champenoise, qui font la notoriété des maisons dont quelques-unes conservent jalousement la tradition comme un véritable secret de fabrication.

Les crus charentais se divisent : la Grande Champagne, resserrée entre la rivière le Né et le fleuve la Charente ; la Petite Champagne, dont les eaux-de-vie sont moins complètes, mais ont cependant beaucoup d'analogie avec les premières ; les Borderies, très nerveuses et à fort bouquet, et enfin les Fins Bois et les Bois qui forment comme un cadre immense autour de ces crus réputés. Les Bois à terroirs, bien inférieurs aux premiers Bois et Fins Bois, prennent un terroir plus accentué à mesure qu'ils se rapprochent de l'Océan : ils comprennent les îles de Ré et d'Oléron.

Comme nous l'avons dit, c'est le sous-sol qui donne aux eaux-de-vie leur supériorité, et c'est ainsi qu'on pourrait, à la grande rigueur, classer les eaux-de-vie d'après la nature du sous-sol. C'est ainsi que le sous-sol de la Grande Champagne est une craie blanche friable ; celui de la Petite Champagne, bien plus étendu, fait d'un terrain moins tendre et offrant çà et là du caillou et du moellon. Quant aux Borderies, dont les vins blancs de Colombar étaient autrefois célèbres, elles reposent sur un sol fait d'une pierre assez dure, offrant des gisements de calcaire et de caillou.

La région des Bois est située sur un calcaire résistant et où domine l'argile, telle est notamment la région du Pays-Bas, vaste région située entre Cognac et Saint-Jean-d'Angély, et qui repose sur des argiles du Purbeckien, et dont les eaux-de-vie sont d'une finesse très appréciée. Dans les Bois ordinaires se trouvent, dans des proportions différentes, l'alluvion, l'argile, le caillou, le sable, le calcaire. Pour les Bois à terroir, le sous-sol est fait de calcaire, d'argile et de sable.

C'est le sous-sol qui donne la qualité, et la qualité est d'autant plus fine que le sous-sol contient plus de calcaire. Quant au climat, on peut dire que son influence augmente à mesure qu'on se rapproche de l'Océan.

Puisque nous parlons du territoire des eaux-de-vie de Cognac, il nous semble indispensable de mentionner le décret du 1er mai 1909, délimitant le Cognac.

Ce décret dit que les appellations régionales « Cognac », eau-de-vie de Cognac, eau-de-vie des Charentes, sont exclusivement réservées aux eaux-de-vie provenant uniquement des vins récoltés et distillés sur les territoires ci-après délimités : 1° Le département de la Charente, à l'exception de l'arrondissement de Confolens, de la moitié environ de l'arrondissement de Ruffec et de quelques communes de l'arrondissement d'Angoulême ; 2° le département de la Charente-Inférieure, à l'exception des marais de Marans (arrondissement de la Rochelle) ; 3° plusieurs communes de l'arrondissement de Niort (cantons de Beauvais et de Beauvoir-sur-Niort) et la commune de Vert (arrondissement de Melle), dans le département des Deux-Sèvres ; 4° Une partie du canton de Saint-Aulaye (arrondissement de Ribérac), département de la Dordogne. Ce décret délimite toute la région ayant droit à l'appellation « Cognac », sans spécifier les subdivisions en crus. (J.-M. Guillon, carte des crus des eaux-de-vie des Charentes.)

Cette délimitation ne fait en somme que consacrer ce que l'usage a établi : que la seule eau-de-vie ayant droit au nom de Cognac est celle fabriquée avec les vins d'un autre rayon qu'on peut, par abréviation, appeler rayon des deux Charentes. C'est un fait reconnu, sanctionné, en France, par des lois récentes, d'après lesquelles tout négociant s'expose à des poursuites judiciaires s'il vend, avec l'appellation « Cognac », une eau-de-vie faite de vins d'une provenance autre que la région délimitée.

Il semblerait que ce qui se fait en France soit au moins respecté à l'étranger. Tel n'est pas le cas. Le Congrès international tenu à Bruxelles, fin juillet 1910, a donné lieu à d'intéressantes discussions à ce sujet. Nous n'y reviendrons pas, cela étant en dehors de notre cadre. Qu'il nous suffise de dire seulement que, malgré la convention de Madrid, qui garantit aux produits vinicoles leurs noms véritables, le mot « Cognac » est illégalement exploité dans de nombreux pays, dans lesquels on en autorise l'emploi pour des produits bien différents de l'eau-de-vie des Charentes. Pour notre part, nous ne perdons pas l'espoir de voir, un jour prochain, une réglementation internationale qui garantira aux différents pays le monopole du nom de certains de leurs produits dont la valeur dépend intimement du sol ou de conditions climatériques telles, qu'elles ne sauraient exister du fait de l'homme. Cela se fera, parce que c'est juste, et on s'étonnera peut-être, ce jour-là, que le contraire ait pu se produire !

III

L'intérêt de l'Exposition de Bruxelles, dans la Section charentaise, aura résidé dans ce fait que cette Exposition aura été la première depuis le décret de délimitation.

Nombreux étaient les produits exposés. Nous pouvons dire que toutes les collectivités, que tous les syndicats des Charentes avaient tenu à présenter quelques échantillons, et malgré que la Belgique soit un marché très secondaire pour nos eaux-de-vie, les exposants avaient envoyé le meilleur de leur production. Au début de ses opérations, le Jury vota à l'unanimité la motion présentée à Liège et dans les Expositions précédentes à l'effet de ne déguster que les produits exactement qualifiés. Déjà à Paris, en 1900, puis à Saint-Louis, sous l'influence des éminents présidents des Jurys de ces Expositions, semblable détermination fut prise, et on peut dire que, maintenant c'est une chose facilement et généralement admise que seuls les vins et eaux-de-vie exactement qualifiés peuvent être examinés. La sanction pratique d'une semblable motion est la visite dans les vitrines, et à Bruxelles nous eûmes le plaisir de constater que la campagne menée contre les fausses indications d'origine commençait à porter ses fruits et pour ce qui concerne le Cognac, nous ne trouvâmes que deux marques étiquetées : « Estilo Fine Champagne », dans la Section espagnole, et une bouteille de « Cognac italien », dans la Section italienne. Aucune bouteille faussement étiquetée ne fut remarquée dans la Section allemande.

Nous voulons tout spécialement *insister sur ce fait*. Nos collègues allemands, à l'abri d'une loi intérieure récente, déclarent que le nom de Cognac peut être donné chez eux à « *tout distillat de vin* » de n'importe quelle provenance. Ils ajoutent : « Le Cognac est entré dans le trésor de la langue allemande, et ne peut maintenant en sortir et de trop gros intérêts sont engagés à son exploitation. » Nous eûmes l'occasion, bien d'autres avec nous, de combattre cette thèse inadmissible.

Mais, à Bruxelles, nos collègues allemands n'ont pas voulu que ces produits similaires, comme qualification, aux Cognacs français, fussent mis en ligne parmi les produits soumis à la dégustation. En ce faisant, les exposants allemands ont rendu justice au Jury international en reconnaissant, par leur abstention certainement voulue, que le seul Cognac était le Cognac charentais, bien certains que personne n'aurait admis un Cognac allemand pas plus que ne furent admis les Cognacs espagnols ou italiens. Dans cette abstention, nous voyons donc un hommage rendu au Jury, et nous devons, pour cette raison, remercier nos collègues allemands qui ont circonscrit la lutte entre les seuls véritables produits d'origine.

Et, véritablement, il serait absurde de parler de lutte, car il ne pouvait pas y avoir de vaincus. Que d'exquis, de merveilleux produits ! Qu'il soit seulement permis de rappeler ces inimitables collectivités du Comice agricole de Cognac avec toute la gamme des fines eaux-de-vie de nos grands crus de la Champagne des années 1858, 1870, 1878, pour passer ensuite aux années de notre reconstitution et non moins intéressantes de 1893, 1900, 1904, 1906 et 1908. Le très compétent Président du Comice de Cognac, M. Vivier, avait envoyé une incomparable collection de ces fines eaux-de-vie que nous eûmes le plaisir de faire apprécier à nos nombreux amis et collègues, membres du Jury.

Et de même, le Comice agricole de Saintes, dont M. Verneuil est le Président, le Syndicat des viticulteurs des Charentes, à la tête duquel est M. Calvet, sénateur, et les échantillons des différents propriétaires de la région charentaise, d'Angoulême, de Jarnac, Cognac, Saint-Jean-d'Angély, Jonzac, etc., montraient un ensemble aussi complet que parfait de la production charentaise. A ces échantillons de propriétaires étaient joints de nombreuses bouteilles des principales maisons du grand Commerce charentais, de la Chambre de Commerce de Cognac, du Syndicat de défense des eaux-de-vie de Cognac, merveilleux ensemble qui montra superbement toute la force et la vitalité de cette région.

Si le Jury décerna à ces produits les plus hautes récompenses, c'est en raison de la perfection à laquelle est arrivée la production charentaise. Il faut dire qu'actuellement le viticulteur très au courant des méthodes nouvelles de vinification donne aux vins qu'il veut distiller tous les soins désirables ; il en résulte que les eaux-de-vie sont admirables de finesse et de bouquet. Il fut une époque où les vins de peu de tenue allaient seuls à la chaudière ; aujourd'hui, il en est autrement, et que les vins soient destinés à être brûlés ou consommés, les mêmes soins vigilants sont apportés par le propriétaire qui tient avant tout à donner un produit parfait.

Nous terminons ce rapport déjà trop long.

Après les ravages du phylloxera, guidé par des hommes dévoués et de grands savants, aidé par le haut Commerce, le paysan charentais a reconstitué en grande partie son vignoble, et est à même maintenant de fournir au consommateur les inimitables produits de son sol.

Une législation récente a protégé en France l'authencité du produit. Le consommateur qui veut du Cognac est donc assuré plus qu'il ne l'a jamais été d'avoir sous son nom véritable ce qu'il désire.

En conséquence, ce sera l'honneur des peuples civilisés de respecter à l'intérieur de leurs frontières les appellations d'origine, qu'il n'appartient à personne de contrefaire ni d'imiter, lorsque ces appellations désignent un produit dont la raison d'être est intimement liée au sol, au climat d'un pays déterminé, dont il tire son nom.

C'est ainsi qu'une législation internationale devra s'établir ; il appartiendra aux diplomates des différents Etats de la faire accepter de tous ; ainsi sera donnée la sanction pratique et indispensable aux motions votées et acceptées par les différents Jurys internationaux qui auront été les premiers artisans d'une reconnaissance unanime de loyauté commerciale, qui doit être également chère à tous les pays.

EUG. ROGÉE-FROMY,

Ancien Président du Tribunal de Commerce de Saint-Jean-d'Angély, membre de la Chambre syndicale du Syndicat de Cognac (Défense), Secrétaire de la Classe 60.

BIBLIOGRAPHIE.— PAUL LE SOURD, *Rapport du Jury international de 1900 ;* ALPH. VIVIER, *Histoire du Commerce de Cognac ;* J.-M. GUILLON, *Carte des Crus des Eaux-de-Vie de Cognac ;* RIDLEY'S, *Wine and Spirit Trade Circular*, 8 *oct.* 1910.

Les récompenses suivantes furent accordées :

Diplômes de grand prix.

BISQUIT-DUBOUCHÉ ET Cie, Jarnac.
BOITEAU (L.) ET Cie, Angoulême.
BOUTELLEAU ET Cie, Barbezieux.
CHAMBRE DE COMMERCE DE COGNAC.

En participation :

BARNETT ET ELICHAGARAY, Cognac.
BOULESTIN ET Cie, Cognac.
FOUCAULD (Lucien) ET Cie, Cognac.

Furlaud (Veuve G.) et Cie, Cognac.
Grollaud (J.-A.) fils, Cognac.
Hennessy (James) et Cie.
Martell et Cie, Cognac.
Monnet (J.-G.) et Cie, Cognac.
Pascal-Combeau et Cie, Cognac.
Richard-Delisle et fils, Vibrac.
Roullet et Delamain, Jarnac.
Frapin (P.) et Cie, Segonzac.

Comice agricole de Cognac.

En participation :

Allard (Jean), Saint-Preuil.
Brunet (René), Gimeux.
Merlet (Théodore), Lignières-Sonneville.
Vignaud (Maurice), La Guignebarderie, Commune de Cherves.
Vivier (Alphonse), Criteuil.

Comice agricole de l'arrondissement de Saintes.

En participation :

Chatelier frères, Nancras.
Corbineau, La Berlingue-Saintes.
Dubois (Alexis), Gémozac.
Endriver fils, Epargnes.
Fournier (Léonce), Gémozac.
Grou (Joseph), Gémozac.
Grou (Anselme), Gémozac.
Godot, Château de la Gîte.
Joly (Marcel), Berneuil.
Marianetti, Voiville-Saintes.
Moulineau, Chénac.
Picauron, Burie.
Quinement (Ambroise), Averton.
Verneuil (Albert), Cozes.

Gautret (J.) et fils, Jonzac.
Guichard (Léonide), Lignières-Sonneville.
Maurain (Raoul), La Rochelle.
Monis et Cie, Jarnac-Cognac.
Picauron, Burie.
Syndicat de défense des eaux-de-vie de Cognac.

En participation :

Augier frères, Cognac.
Barnett et Elichagaray, Cognac.
Bisquit-Dubouché et Cie, Jarnac.
Boiteau et Cie, Angoulême.
Boutelleau et Cie, Barbezieux.
Camus frères, Cognac.
Chaloupin (V.) et Cie, Angoulême.
Croizet (B.-Léon), Saint-Même.
Denis (J.-H.), Mounié et Cie, Cognac.
De Laage et fils et Cie, Saint-Savinien.
Dyke, Gautier (H.) et fils, Cognac.
Frapin (P.) et Cie, Segonzac.
Gautier frères, Aigre.
Gautret (J.) et fils, Jonzac.
Geoffroy (F.) et fils, Gognac.
Hennessy (James) et Cie, Cognac.
Martell (J.-F.) et Cie, Cognac.
Martineau (Gustave), Saintes.
Mestreau (F.) et Cie, Saintes.
Moullon et Cie, Cognac.
Otard-Dupuy et Cie, Cognac.
Pascal-Combeau et Cie, Cognac.
Renault et Cie, Cognac.
Robin (Jules) et Cie, Cognac.
Roullet et Delamain, Jarnac.
Rouyer, Guillet et Cie, Saintes.
Sazerac de Forge et fils, Angoulême.
Sayer (Géo) et Cie, Cognac.

Syndicat des Négociants du rayon de Cognac, rue Madeleine, Cognac.
Verneuil (Albert), Cozes.
Vivier (Alphonse), Criteuil.
Vert (B.) et Cie, Jarnac-Cognac.

Diplômes d'honneur.

Carré-Bonvalet (René), Nieuil-le-Virouil.
Pouilloux (René), Saint-Jean-d'Angély.
Rignoux et Cie, Surgères.

Diplômes de médaille d'or.

ALLARD (Jean), Saint-Preuil.
BRUNET (René), Gimeux.
CAMUS FRÈRES, Cognac.
CAMUS (G.), Cognac.
CHATELIER FRÈRES, Nancras.
ENDRIVER FILS, Epargnes.
FOURNIER (Léonce), Gémozac.
MERLET (Théodore), Lignières-Sonneville.
SYNDICAT DES NÉGOCIANTS EN EAUX-DE-VIE DU RAYON DE SAINT-JEAN-D'ANGÉLY.
SYNDICAT DES NÉGOCIANTS EN VINS ET SPIRITUEUX DU DÉPARTEMENT DE LA CHARENTE-INFÉRIEURE, La Rochelle.
VIGNAUD (Maurice), à la Guignebarderie, Commune de Cherves.

Diplômes de médaille d'argent.

CORBINEAU, Berlingue-Saintes.
DUBOIS (Alexis), Gémozac.
GODOT, Château de la Gîte.
GROU (Anselme), Gémozac.
GROU (Joseph), Gémozac.
JOLY (Marcel), Berneuil.
MAGET (Albert), « Le Lotus », à Xambes.
MARIANETTI, Voiville-Saintes.
MONGIN-DUPONT, 1, rue du Prêche, La Rochelle.
MONTEAU (Paul-Joseph), Saint-Just (Charente-Inférieure).
MOULINEAU, Chénac.
QUINEMENT (Ambroise), Averton.
ROBIN (Eugène), 33, quai Valin, La Rochelle.

12me RÉGION

La douzième région comprenait les départements du Calvados, de l'Eure, de la Manche, de la Loire-Inférieure, du Maine-et-Loire, de la Sarthe et de la Seine-Inférieure.

La région exposait surtout les vins de Saumur et d'Anjou. C'est notre collègue, M. Girard-Amiot, qui a bien voulu rédiger une note pour ces vins et nous l'en remercions.

Parmi les vignobles de France les plus réputés, il faut citer ceux de l'Anjou et de la Touraine, car les vins, rouges ou blancs, de ces régions jouissent partout, depuis longtemps, d'un grand renom qu'ils méritent aussi bien par leur fraîcheur que par leur saveur exquise et leur fin bouquet.

D'ailleurs, l'étendue de ces vignobles est de plus de 80,000 hectares, plantés de cépages variés, dont le rendement dépasse, certaines années, 3 millions d'hectolitres.

Après la dégustation.

Au milieu de ces vignobles, l'un d'eux est particulièrement célèbre, celui du Saumurois, qui doit son renom tant à ses vins blancs et rouges qu'à ses vins mousseux consommés dans le monde entier.

Cependant, il n'y a guère qu'un siècle que l'on chercha à appliquer aux vins d'Anjou la méthode connue en Champagne, depuis la découverte du moine dom Pérignon, procureur au prieuré d'Hautvillers, mort en 1715. Les essais ayant été aussitôt couronnés de succès, le commerce des vins mousseux ne tarda pas à prendre une grande extension dans cette région.

Par son admirable situation sur les bords de la Loire, au milieu de grands vignobles et à proximité de ceux de la Touraine, Saumur se trouvait tout indiqué pour être le centre de ce commerce. De plus, les coteaux qui s'étendent le long du fleuve, sur environ 15 kilomètres, offraient un endroit merveilleux pour établir, à peu de frais, des caves immenses, car le terrain se compose en majeure partie de tuffeau, pierre qui se laisse creuser avec la plus grande facilité. Aussi, peut-on voir aujourd'hui toutes ces maisons de vins mousseux avec leurs caves, à température presque invariable, dont les galeries, atteignant plusieurs kilomètres, renferment des millions de bouteilles, manipulées par une multitude d'ouvries.

Là, le travail est exactement le même que dans les maisons de Reims ou d'Epernay, c'est-à-dire que les vins sont rendus mousseux par la fermentation alcoolique en bouteille, suivant la méthode champenoise. Rappelons ici brièvement en quoi consistent les principales opérations de cette méthode.

Après avoir apporté les soins les plus méticuleux dans l'achat des vins, on compose les cuvées vers le mois de janvier et au printemps suivant on procède au « tirage », c'est-à-dire à la mise en bouteilles. Le premier bouchage consiste en un bouchon retenu par une agrafe en fer.

Ensuite les bouteilles sont couchées et restent ainsi en caves au moins deux ans, quelquefois même cinq ou six ans pour les vins des grandes années. C'est pendant ce temps que se produit la fermentation : le sucre naturel du vin se transforme en alcool et en acide carbonique, ce gaz que l'on maintiendra toujours dans la bouteille et qui, plus tard, fera sauter le bouchon et constituera la mousse.

Mais, pendant la fermentation, il s'est formé un dépôt et ce dépôt ne peut rester dans le vin. Il faut donc le faire disparaître. A cet effet, on place les bouteilles sur des pupitres (pièces de bois légèrement inclinées et percées de trous) la tête en bas ; chaque jour elles sont « remuées » et au bout d'un mois ou six semaines le dépôt tout entier se trouve sur le bouchon.

C'est alors qu'on extrait ce dépôt par une opération qu'on appelle « dégorgement ». Le « dégorgeur », qui a soin de tenir la bouteille inclinée, enlève l'agrafe, et le bouchon, n'étant plus maintenu, part sous la pression du gaz carbonique et en même temps entraîne tout le dépôt qui était accumulé près du bouchon.

Il faut alors « doser » le vin, c'est-à-dire lui ajouter une certaine quantité de liqueur, qui varie suivant le degré de douceur à donner au vin. Cette liqueur se compose de vins vieux et de sucre de canne très pur.

On bouche à nouveau et on maintient le bouchon soit par deux ficelles et un fil de fer, soit à l'aide d'un muselet. Il n'y a plus alors qu'à « habiller » la bouteille, en l'ornant d'une étiquette et collerette d'étain, cire ou capsule.

Telles sont les diverses manipulations dont sont l'objet les bouteilles de vins mousseux qui apportent tant de gaieté dans des occasions multiples.

Elles ont toujours été l'objet des soins les plus attentifs des négociants de Saumur qui ont, en même temps, veillé à n'employer que des vins de choix, pour ne livrer que des vins mousseux de bonne qualité. Les avantages dont ils jouissent, parce que placés au centre de nombreux vignobles, avec des caves spacieuses qu'ils ont pu construire à des conditions avantageuses, leur permet de livrer des produits remarquables à des prix raisonnables de bon marché, à la portée de toutes les bourses.

Aussi le vin mousseux de Saumur a-t-il obtenu dans le monde entier le plus grand succès et, en 1910, l'expédition de ces vins s'est élevée à 6.397.502 bouteilles, dont 2.248.786 bouteilles à l'étranger.

Les récompenses suivantes furent accordées :

Diplômes de grand prix.

ACKERMANN-LAURANCE, *Compagnie générale des vins mousseux de Saumur,* Saint-Hilaire-Saint-Florent.

COMICE AGRICOLE DE SAUMUR.

En participation :

BEAUMONT, Les Rosiers.
CHOMILLIER, Courchamp.
BOISCHEVALIER (de), Courchamp.
DRUGEON (Etienne), Courchamp.
DUTERTRE (Alexandre), Brézé.
GIGAULT, Saumur.
GIRARD (Achille), Brézé.
GRANDMAISON (G. de), Montreuil-Belley.
GUENAULT AINÉ, Dampierre.
MALHERBE, Les Ulmes.
MILLON (Mme Veuve Louise), Courchamp.
MILSONNEAU, Brain-sur-Allonnes.
PERRAULT (Eugène), Brézé.
POTTIER (Albert), Allonnes.
SENENTES, Doué-la-Fontaine.

SYNDICAT DES VINS MOUSSEUX DE SAUMUR.

En participation :

CHAPIN ET Cie, Château de Varrains, par Saumur.
CHARBONNEAU ET LEHOU, Château de Terrefort, Saumur.
CHAUSSEPIED (Alexis), Saint-Hilaire-Saint-Florent.

Lesseville (de) frères, (Ancienne Maison de Marconay), La Courtancière, Brain-sur-Allonnes.

Neuville (de) et Cie, Saint-Hilaire-Saint-Florent.

Tessier (G.) et Cie, Château de Grenelle, Saumur.

Union des Viticulteurs de Maine-et-Loire, 7, rue Saint-Blaise, Angers.

En participation :

Albert (Jean), Chanzeaux.

Allaume (François), Andard.

Bauge (F.), Rochefort-sur-Loire.

Bevière (Gaston de la), Château Lancreau, Champtocé.

Bizard (René), Epiré, Commune de Savennières.

Boisairault (de), Château de Boisairault, par Martigné-Briand.

Boissard (Robert de), Château de la Chauvière, par Saint-Georges-sur-Loire.

Bourcier (Léon), Château de Briançon, Rablay.

Brunet-Lebreton, Saint-Jean-des-Mauvrets.

Courant (H.), Tigné.

Dreux-Brézé (de), Château de Brézé, Brézé.

Fourrier (Georges), Saint-Gemmes-sur-Loire.

Gilles-Deperrière, Château de la Grange, par la Poissonnière.

Gourdon-Bernard, Château des Cloîtres, Chemillé.

Hamon (Louis), au Breuil, Commune de Beaulieu.

Jousset (Louis), Concourson.

Lafarge (Edouard), Château de Prescia-Villevèque.

Leroi (René), Rablay.

Leroux (Emile), 41, chaussée Saint-Léonard, Angers.

Livonnière (de), Château de Chavigné, par Brion.

Lorin (Paul), Clos de Belle-Breille et 8, quai des Carmes, Angers.

Maisonneuve (Dr Comé), 19, rue David, Angers.

Maquin-Bidet, Chavagne-les-Eaux.

Massignon (Maurice), Saint Lambert-de-Lattay.

Mignot (Louis), Belle-Rive, Commune de Rochefort.

Mauvif de Montergon, Château de Montergon, par Brain.

Nouteau (Gustave), La Rousselière, Commune des Ulmes.

Perrault (Eugène), Château de Meigné, par Montreuil.

Pétry (François), Martigné-Briand.
Planchenault (Adrien), La Poissonnière.
Ploteau (François), Chalonnes.
Priet (Georges), Saint-Gemmes-sur-Loire.
Provost (Alfred), Angers.
Renault (Auguste), Saint-Georges-Chatelaison.
Rosin (Gaston), Huillé et rue Lebon, Angers.
Savigner (Jean), Angers.
Taveau (Paul), Bagneux.
Thienot (Louis), Angers.
Topart (Dr Alphonse), Château des Forges.
Vaillant (Aimé), Cossé.

Diplômes d'honneur.

Bourcier (Léon), Château de Briançon, Rablan.
Chambre syndicale du Commerce en gros des vins, cidres et spiritueux du département du Calvados, 36, rue Guilbert, Caen.
Dreux-Brézé (de), Château de Brézé, Brézé.
Hamon (Louis), au Breuil, Commune de Beaulieu.
Maupassant (C. de), Château de Clermont, Cellier (Loire-Inférieure).
Syndicat du Commerce en gros des vins et spiritueux de l'arrondissement du Havre, 34, rue du Chillou, Le Havre.
Syndicat du Commerce en gros des vins et spiritueux du département d'Ille-et-Vilaine, 5, rue Coëtquen, à Rennes.
Syndicat central du Commerce en gros des vins et spiritueux du département de la Seine-Inférieure, Rouen.

Diplômes de médaille d'or.

Baugé (E.), Rochefort-sur-Loire.
Bizard (René), Epiré, Commune de Savennières.
Chambre syndicale du Commerce en gros des vins, vinaigres et spiritueux du département de la Loire-Inférieure, 10, rue de la Fosse, Nantes.
Fourrier (Georges), Saint-Gemmes-sur-Loire.
Gilles-Deperrière, Château de la Grange, par La Possonnière.
Girard (Achille), Brézé.

Guenault aîné, Dampierre.
Landais-Cathelineau (Emile), Chacé (Maine-et-Loire).
Leleu (Félix), 6 *bis*, rue Edouard-Adam, Rouen.
Lorin (Paul), rue des Carmes, Angers.
Massignon (Maurice), Saint-Lambert-de-Lattay.
Mignot (Louis), Bellerive, Commune de Rochefort.
Nicolle (Joseph), Sartilly (Manche).
Perrault (Eugène), Château de Meigné, par Brézé.
Planchenault (Adrien), La Possonnière.
Pottier (Albert), Allonnes.
Renault (Auguste), Saint-Georges-Chatelaison.
Rosin (Gaston), rue Lebon, Angers.
Syndicat des Négociants en vins et spiritueux de l'arrondissement de Brest.
Syndicat du Commerce en gros des vins et spiritueux et des Représentants des Cotes-du-Nord, Hôtel de Ville, Saint-Brieuc.
Taveau (Paul), Bagneux.
Vaillant aîné, Cossé.

Diplômes de médaille d'argent.

Albert (Jean), Chanzeaux.
Beaumont, Les Rosiers (Maine-et-Loire).
Boisairault (de), Château de Boisairault, par Martigné-Briand.
Boissard (Robert de), Château de la Chauvière, par Saint-Georges-sur-Loire.
Chambre syndicale du Commerce en gros des vins, vinaigres et spiritueux des arrondissements de Vannes et Ploermel, Vannes.
Chambre syndicale du Commerce des boissons de l'arrondissement de Vire, Hôtel de Ville, Vire.
Courant (H.), Tigné.
Delpeint, Brest.
Dutertre (Alexandre), Brézé.
Demilier, Brest.
Gigault, Saumur.
Gourdon (Bernard), chaussée des Cloîtres, Chemillé.
Grandmaison (G. de), Montreuil-Belley.
Leroi (René), Rablay.
Livonnière (de), Château de Chavigné, par Brion.

MAISONNEUVE (Dr Comé), 19, rue David, Angers.
MILSONNEAU, Brain-sur-Allonnes.
PERRAULT (Eugène), Brézé.
PÉTRY (François), Martigné-Briand.
PRIET (Georges), Saint-Gemmes-sur-Loire.
PROVOST (Alfred), Angers.
REGURON, Brest.
SIMOTTEL, Brest.
SYNDICAT DU COMMERCE EN GROS DES VINS ET SPIRITUEUX DES ARRONDISSEMENTS D'ALENÇON, ARGENTAN ET MORTAGNE.
SYNDICAT DU COMMERCE EN GROS DES VINS ET SPIRITUEUX DU DÉPARTEMENT DE MAINE-ET-LOIRE, quai National, Angers.
SYNDICAT DU COMMERCE EN GROS DES VINS ET SPIRITUEUX DES ARRONDISSEMENTS D'AVRANCHES ET MORTAIN.
SYNDICAT DES COURTIERS ET REPRÉSENTANTS DE COMMERCE DE LA VILLE DE CAEN ET DU DÉPARTEMENT DU CALVADOS.
SYNDICAT DES VINS ET SPIRITUEUX EN GROS DES ARRONDISSEMENTS DE CHERBOURG ET VALOGNES.
SYNDICAT DES ENTREPOSITAIRES DE L'ARRONDISSEMENT DE DIEPPE, 3, rue Niel, Dieppe.
SYNDICAT DES VINS ET SPIRITUEUX DU DÉPARTEMENT DE L'EURE, Evreux.
SYNDICAT DES NÉGOCIANTS ET COURTIERS EN VINS ET SPIRITUEUX DE FÉCAMP ET SES ENVIRONS, 25, place Thiers, Fécamp.
SYNDICAT DES VINS ET SPIRITUEUX DE FLERS ET DE L'ARRONDISSEMENT DE DOMFRONT, 66, rue Messei, Flers.
SYNDICAT CENTRAL DU COMMERCE DES VINS ET SPIRITUEUX EN GROS DU DÉPARTEMENT DE LA VENDÉE, La Roche-sur-Yon.
SYNDICAT DU COMMERCE DES VINS ET SPIRITUEUX EN GROS DE LA MAYENNE, Hôtel de Ville, Laval.
SYNDICAT DES BRASSEURS DE CIDRE DE LA VILLE DU HAVRE, 34, rue du Chillou, Le Havre.
SYNDICAT DU COMMERCE EN GROS DES VINS ET SPIRITUEUX DU DÉPARTEMENT DE LA SARTHE, 35, rue de la Paille, Le Mans (Sarthe).
SYNDICAT DES NÉGOCIANTS EN VINS ET SPIRITUEUX EN GROS DE L'ARRONDISSEMENT DE MORLAIX.
SYNDICAT DES NÉGOCIANTS EN VINS ET SPIRITUEUX DES ARRONDISSEMENTS DE QUIMPER, QUIMPERLÉ ET CHATEAULIN, rue du Quai, Quimper.
SYNDICAT DES COURTIERS DE MARCHANDISES EN GROS DE LA VILLE ET DE L'ARRONDISSEMENT DE ROUEN.

SYNDICAT DES ENTREPOSITAIRES DES ARRONDISSEMENTS DE SAINT-LÔ ET COUTANCES, route de Villedieu, Saint-Lô.
THIENOT (Louis), Angers.
THILLOT, Brest.
TOPART (Dr Alphonse), Château des Forges.
YVON (Pierre), 1, rue du Palais-de-Justice, Coutances.

Diplômes de médaille de bronze.

ALLEAUME (François), Andard.
JOUSSET (Louis), Concourson.
LAFARGE (Edouard), Villevêque.
LEROUX (Emile), 41, chaussée Saint-Léonard, Angers.
MAUVIF DE MONTERGON, Château de Montergon, par Brain.
SAVIGNER (Jean), Angers.

Diplômes de mention honorable.

BEVIÈRE (Gaston de la), Château Lancreau, Champtocé.
BOISCHEVALLIER (de), Courchamp.
BRUNET-LEBRETON, Saint-Jean-des-Mauvrets.
CHOMILLIER, Courchamp.
DRUGEON (Etienne), Courchamp.
MALHERBE, Les Ulmes.
MILON (Mme Veuve Louis), Courchamp.
NOUTEAU (Gustave), La Rousselière, Commune des Ulmes.
PLOTEAU (François), Chalonnes.
SENENTES, Doué-la-Fontaine.

13me RÉGION

La treizième région comprenait les départements de l'Indre-et-Loire, du Loir-et-Cher et du Loiret.

Les vins d'Indre-et-Loire étaient représentés à l'Exposition de Bruxelles par des échantillons de toutes les communes vignobles du département ; les vins blancs et rouges de 1904, 1906 et 1908 occupaient la plus grande place dans le brillant ensemble de la production tourangelle ; ils furent très appréciés pour leur moelleux et leur finesse ; mais à côté de ces délicieux produits, les grands vins des années 1870, 1874, 1893, 1895 et 1900 tenaient le premier rang et firent l'admiration des dégustateurs.

En un mot, l'ensemble des vins de la Touraine, à Bruxelles, représentait dignement ce beau pays que l'on appelle le Jardin de la France.

Les récompenses suivantes furent accordées :

Diplômes de grand prix.

METZ (Mme de), Vouvray.
MIGNOT-MIGNOT (S.), Vouvray.
UNION VITICOLE DES PROPRIÉTAIRES D'INDRE-ET-LOIRE.

En participation :

ALEXANDRE (Pierre-Victor), Vernon-sur-Bresne.
BESSON (Claudius), Sainte-Radegonde.
DALBIN-NAU, Montlouis.
DEMONT-JAMET, Restigné.
DELANOUE-PICHARD (Célestin), Restigné.
GAUDRON-BESNARD (Etienne), Montlouis.
GENTY (Léon), La Rochère, Noizay.
GOURDINEAU (Célestin), Rochecorbon.
HABERT-BROSSARD, Montlouis.
JUSSEAUME-ARNAULT, Montlouis.
LEMESLE (Albert), Saint-Michel-sur-Loire.
METZ (Mme de), Vouvray.
MIGNOT-MIGNOT (S.), Vouvray.
OUVRARD-BRUZEAU, Joué-les-Tours.
PENET-VILLERONDE, Ingrandes.
PERADON (Dr Cyprien), Rochecorbon.
PIET (Jules-Martin), Cinq-Mars-la-Pile.
PINGUET-GRINEDON, Saint-Symphorien.
QUENEAU (A.), Rilly.
THOMAS-SOURDAIS (Jacques), Azay-le-Rideau.

Tulasne-Lebert (Dr Armand), Cinq-Mars-la-Pile.
Vavasseur (Charles), Vouvray.
Verjat (Henri), Rochecorbon.
Viollet (Charles), Vouvray.

Vavasseur (Charles), Vouvray.

Diplômes d'honneur.

Association des Viticulteurs du Loir-et-Cher.

En participation :

Baboisseau (Alphonse), Rilly-sur-Loire.
Behors (Paul), «Les Grouets », Blois.
Boitel (Alexandre), Villersfaux.
Brunet (Amédée), Onzain.
Buchet (Edouard), Pouillé.
Butet-Thuault (Alexandre), Monteaux.
Carré (Alphonse), Celettes.
Chapu (Jules), Mesland.
Clément-Charbonnier (Eugène), Fougères.
Cormier (Louis), Orléans.
Cresson (Alphonse), Josnes.
Daridan (Jules), Cour-Cheverny.
Desouches (Edouard), Pouillé.
Donop de Monchy, Les Montils.
Ferrières-Le-Voyer (de), Chissaux.
Fidet-Chambault, Mont.
Fleury (Emile), Vineuil (Les Noëls).
Guignard-Fichepain, Thenay.
Guilpain-Jahannault, Chaumont-sur-Loire.
Hannequin-Barriol, Chambon.
Hatevilain-Bastard, Monteaux.
Hatevilain (Louis), Monteaux.
Hérault (Emile), Coulanges.
Lanier (Alexandre-François), Cour-sur-Loire.
Leguay (Henri), Montlivault.
Lucas-Popineau, Monthou-sur-Cher.
Maignan (Casimir), Blois.
Marteau (Séverin), Pouillé.

Popineau (Moïse), Monthou-sur-Cher.
Renard-Daguet, Chailles.
Renard (Louis), Montoire.
Roussineau (Georges), Naveil.
Saget (Mme Marie), Molineuf.
Samboeuf (Ernest de), Cour-Cheverny.
Soudée-Jouan, Chaumont-sur-Loire.
Vezin (Alexandre), Molineuf.

Guilpin-Jahannault, Chaumont-sur-Loire.
Penet-Villebonde, Ingrandes.
Queneau (A.), Rilly.
Verjat (Henri), Rochecorbon.

Diplômes de médaille d'or.

Besson (Claudius), Sainte-Radegonde.
Chapu (Jules), Mesland.
Commune de Azay-le-Rideau.
— Bourgueil.
— Ingrandes.
— Joué-les-Tours.
— Montlouis.
— Restigné.
— Rochecorbon.
— Saché.
— Saint-Avertin.
— Saint-Nicolas-de-Bourgueil.
— Sainte-Radegonde.
— Vernon.
— Vouvray.
Dalbin-Nau, Montlouis.
Demont-Jamet, Restigné.
Genty (Léon), La Rochère-Noizay.
Habert-Brossard, Montlouis.
Marteau-Séverin, Pouillé.
Pinguet-Grinedon, Saint-Symphorien.
Saget (Mme Marie), Molineuf.
Syndicat du Commerce en gros des vins, spiritueux et vinaigres d'Orléans, du Loiret et des départements limitrophes, place du Martroi, à Orléans.

SYNDICAT DU COMMERCE EN GROS DES VINS ET SPIRITUEUX DU DÉPARTEMENT D'INDRE-ET-LOIRE, à Tours.
VÉZIN (Alexandre), Molineuf.
VIOLLET (Charles), à Vouvray.

Diplômes de médaille d'argent.

BABOISSEAU (Alphonse), Rilly-sur-Loire.
BRUNET (Amédée), Onzain.
BUTET-THAUXT (Alexandre), Monteaux.
CARRÉ (Alphonse), Celettes.
CHAMBRE SYNDICALE DU COMMERCE EN GROS DES LIQUIDES DU DÉPARTEMENT DE L'INDRE, à Châteauroux.
CHAMBRE SYNDICALE DES PATRONS TONNELIERS ET COURTIERS EN VINS D'INDRE-ET-LOIRE, salle Blandin, 6, boulevard Bérenger, à Tours.
COMMUNE DE BALLAN.
— BENAIS.
— LARÇAY.
— LIGNIÈRES.
— MARÇAY.
— NOIZAY.
— NOUZILLY.
— RILLY.
— SAINT-MARTIN-LE-BEAU.
— THENEUIL.
— VALLIÈRES.
— YZEURES.
CRESSON (Alphonse), Josnes.
DARIDAN (Jules), Cour Cheverny.
DELANOUE-PICHARD (Célestin), Restigné.
DONOP DE MONCHY, Les Montils.
FIDET-CHAMBAULT, Mont.
FLEURY (Emile), Les Noëls, Vineuil.
GAUDRON-BESNARD (Etienne), Montlouis.
GOURDINEAU (Célestin), Rochecorbon.
JUSSEAUNE-ARNAULT, Montlouis.
LANIER (Alexandre-François), Cour-sur-Loire.
LEGUAY (Henri), Montlevault.
LEMESLE (Albert), Saint-Michel-sur-Loire.

Maignant (Casimir), Blois.
Ouvrard-Bruzeau, Joué-lès-Tours.
Péradon (Dr Cyprien), Rochecorbon.
Piet (Jules-Martin), Cinq-Mars-la-Pile.
Popineau (Moïse), Monthou-sur-Cher.
Renard-Daguet, Chailles.
Renard (Louis), Montoire.
Roussineau (Georges), Naveil.
Sambœuf (Ernest de), Cour-Cheverny.
Soudée-Jouan, Chaumont-sur-Loire.
Syndicat des vins, vinaigres, liqueurs et spiritueux du département du Loir-et-Cher, à Blois.
Syndicat du Commerce en gros des vins, spiritueux et liqueurs du Cher, à Bourges.
Syndicat du Commerce en gros des vins et spiritueux du département d'Eure-et-Loir, à Chartres.
Thomas-Sourdais (Jacques), Azay-le-Rideau.

Diplômes de médaille de bronze.

Alexandre (Pierre-Victor), Vernon-sur-Braisne.
Behors (Paul), les Gouëts, à Blois.
Boitel (Alexandre), Villersfaux.
Buchet (Edouard), Pouillé.
Clément-Charbonnier (Eugène), Fougères.
Commune de Athée.
— Auzouer.
— Azay-sur-Cher.
— Beaumont-la-Ronce.
— Cérelles.
— Cinq-Mars.
— Civray-sur-Cher.
— Cormery.
— Fondettes.
— Francueil.
— La Croix-de-Bléré.
— Limeray.
— Luzillé.
— Marray.
— Mosnes.

Commune de Montbazon.
— Monts.
— Pocé.
— Saint-Etienne-de-Chigny.
— Saint-Hippolyte.
— Sainte-Maure.
— Saint-Michel-sur-Loire.
— Saint-Ouen.
— Saint-Symphorien.
— Semblançay.
— Sepmes.
— Thibouze.
— Villaines.
Cormier (Louis), Orléans.
Desouches (Edouard), Pouillé.
Ferrières-le-Voyer (de), Chissaux.
Guignard-Fichepain, Thenay.
Hannequin-Barriol, Chambon.
Hatevilain-Bastard, Monteaux.
Hatevilain (Louis), Monteaux.
Herault (Emile), Coulanges.
Lucas-Popineau, Monthou-sur-Cher.
Tulasne-Lebert (Dr Armand), Cinq-Mars-la-Pile.

14me RÉGION

La quatorzième Région comprenait les départements de la Nièvre, de l'Allier, de l'Indre et du Puy-de-Dôme.

Cette Région comprenait seulement dix-neuf exposants auxquels le Jury a accordé les récompenses suivantes :

Diplômes d'honneur.

Chambre syndicale du Commerce en gros des vins et spiritueux du département de la Nièvre, 1, place de l'Hôtel-de-Ville, à Nevers.
Chambre syndicale des liquides de la Loire, 8, rue Saint-Jean, Saint-Etienne.

Syndicat du Commerce en gros des vins et spiritueux du département de la Haute-Vienne, à Limoges.

Syndicat du Commerce des vins et spiritueux de Saint-Etienne et du département de la Loire, 40, rue de la Bourse, Saint-Etienne.

La Villa Capouillet.

Diplômes de médaille d'or.

Luzarche d'Azay, Château d'Azay, Azay-le-Ferron.

Syndicat du Commerce en gros des vins, spiritueux, vinaigres et bières du département des Deux-Sèvres, Chambre de Commerce, à Niort.

Diplômes de médaille d'argent.

COULLANT (Veuve) ET FILS, à Bourges.

CHAMBRE SYNDICALE DU COMMERCE DES LIQUIDES DU PUY-DE-DOME, Clermont-Ferrand.

CHAMBRE SYNDICALE DES NÉGOCIANTS EN VINS DE L'ARRONDISSEMENT DE MONTLUÇON.

CHAMBRE SYNDICALE DU COMMERCE EN GROS DES LIQUIDES DU DÉPARTEMENT DE L'ALLIER, 42, place d'Allier, à Moulins.

CHAMBRE SYNDICALE DU COMMERCE EN GROS DES LIQUIDES DE VICHY ET ENVIRONS, à Vichy (Allier).

PUPIDON-COMPTOUR, Saint-Germain-Lembron (Puy-de-Dôme).

SYNDICAT DES MARCHANDS DE VINS EN GROS DE L'ARRONDISSEMENT DE BRIOUDE, 8, place Jean-Jacques-Rousseau, à Brioude.

SYNDICAT DES MARCHANDS DE VINS EN GROS DE CLERMONT-FERRAND ET DU DÉPARTEMENT DU PUY-DE-DÔME.

SYNDICAT DU COMMERCE EN GROS DES LIQUIDES DU DÉPARTEMENT DE LA HAUTE-LOIRE, 3, boulevard Saint-Jean, Le Puy.

SYNDICAT DES NÉGOCIANTS EN VINS ET SPIRITUEUX DU DÉPARTEMENT DE LA VIENNE, café du Méridien, rue Carnot, à Poitiers.

Diplômes de médaille de bronze.

SYNDICAT DU COMMERCE EN GROS DES VINS ET SPIRITUEUX DU DÉPARTEMENT DE LA CREUSE, boulevard Carnot, à Guéret.

SYNDICAT DES COURTIERS ET REPRÉSENTANTS DE COMMERCE DU DÉPARTEMENT DES DEUX-SÈVRES, Chambre de Commerce, à Niort.

ALGÉRIE - TUNISIE

Quoique notre Colonie algérienne soit considérée, au point de vue administratif, comme trois départements français, les viticulteurs algériens présentaient leurs produits dans une Exposition spéciale.

Cette séparation des produits que nous considérons au même titre que les produits français, rend, pour ainsi dire, incomplète l'exposition de la Classe 60. Nous considérons toutefois que nous ne devons pas laisser au seul Rapporteur de la Section coloniale le soin de parler des vins algériens, puisque, d'ailleurs, ils ont été soumis à l'appréciation du Jury de la Classe 60.

Cette Exposition a été d'autant plus remarquable que le nombre des exposants était considérable. Pour le seul département d'Alger, nous comptons les expositions collectives de 17 Syndicats agricoles, pour celui de Constantine 6 expositions collectives, pour le département d'Oran 8 collectivités agricoles. En dehors de ces expositions collectives si intéressantes, 305 exposants individuels sont venus renforcer le chiffre déjà si élevé des exposants collectifs.

Les vins présentés au Jury étaient presque tous remarquables ; nous avons été particulièrement frappés de la qualité des vins vieux présentés à la dégustation : le bouquet et la finesse de très nombreux échantillons, placent les vins de notre colonie sur un pied d'égalité avec nombre de ceux de nos régions françaises réputées.

Il ne faut pas perdre de vue que, malgré le rapide développement de la culture de la vigne en Algérie, nous sommes en face d'un vignoble trop neuf pour que la qualité du vin de la Colonie soit définitivement classée, et il est bon que des occasions de la nature de celle des expositions universelles permettent au grand public, et surtout au Commerce, d'apprécier l'avenir des produits de notre Algérie.

Le Jury a d'ailleurs récompensé d'une façon très équitable

Pavillon Algérien. — L'Exposition des Vins.

975 des exposants algériens : 15 hors concours, 37 grands prix, 16 rappels de grands prix, 86 diplômes d'honneur, 487 médailles d'or, 270 médailles d'argent, 57 médailles de bronze, 7 mentions honorables.

La Tunisie, qui est le prolongement agricole de notre Algérie, s'est vu attribuer 42 récompenses avec 3 hors concours, 8 grands prix, 14 diplômes d'honneur, 15 médailles d'or, 2 médailles d'argent.

Nous ne saurions trop répéter que l'ensemble de cette Exposition coloniale était des plus remarquables et a fait grand honneur à ses organisateurs.

BELGIQUE. — Vue d'ensemble de la Classe 60.

PAYS ÉTRANGERS

Le vignoble français a une telle importance, le commerce des vins est si développé, que lorsque nous nous rencontrons dans les expositions universelles avec les exposants étrangers, notre nombre est si écrasant que l'exposition viticole entière paraît résumée par notre exposition nationale. Cependant, nous ne devons pas perdre de vue que la culture de la vigne est, pour les pays du Sud, aussi ancienne qu'en France, et c'est avec juste raison que l'Espagne, l'Italie, le Portugal, l'Allemagne, l'Autriche, la Grèce, ont acquis avec leurs grands crus une réputation méritée.

De nouveaux vignobles sont à l'état de formation dans certains pays d'Amérique, l'Uruguay et les Etats-Unis ont envoyé à l'Exposition de Bruxelles un certain nombre d'échantillons de leurs produits. L'Australie s'est abstenue.

Les vins présentés au Jury étaient, pour la plupart, des vins spécialisés : vins de liqueur, apéritifs, etc..., à l'exception de l'Allemagne, qui avait exposé ses vins blancs du Rhin et de la Moselle qui ont leurs admirateurs aussi bien en France qu'en Belgique et qu'en Allemagne.

23 récompenses ont été attribuées aux vins allemands, 91 aux vins italiens, 49 aux vins espagnols, 3 aux vins du Grand-Duché de Luxembourg, 2 à la Grèce, 3 à la Perse, 12 à l'Uruguay et 1 aux Etats-Unis.

Le Commerce belge s'était fait une gloire de présenter à la dégustation les admirables vins de France et d'Allemagne qu'avec un soin jaloux il conserve et élève dans de si parfaites conditions que les caves belges ont acquis la réputation d'être les premières du monde.

Aussi, cela a-t-il été une joie pour tous les consommateurs de retrouver les grands crus de Bordeaux, de Bourgogne, de Touraine et d'Allemagne conservés en Belgique et présentés à l'état de perfection.

Classe 60. — Collectivité des Vins.

Mon collègue, M. Peyrot, Rapporteur de la Classe 60 belge, s'étendra sur les qualités des exposants auxquels il a été décerné 47 récompenses consistant principalement en grands prix, diplômes d'honneur et médailles d'or.

S'il nous était permis de faire une comparaison, nous dirions que la Belgique, par le respect, par l'admiration qu'elle professe pour nos vins, est le véritable Conservatoire de la science vinicole, et qu'il est à souhaiter que l'éducation des consommateurs se perfectionne dans tous les pays comme elle s'est perfectionnée en Belgique au grand profit des vignobles producteurs.

Les vins qu'il nous a été donné de déguster chez nos amis belges, qui ont bien voulu nous recevoir : chez MM. le Sénateur Van der Kelen, de Louvain ; Peyrot, d'Anvers ; Carle, de Bruxelles, et nos excellents collègues du Jury, ainsi que ceux bus dans les grands restaurants de Bruxelles, avaient tous atteint la perfection. Qu'un nouvel hommage soit rendu à nos hôtes si accueillants !

Le Congrès International du Commerce des Vins, Cidres, Spiritueux & Liqueurs

Les opérations du Jury au Château Capouillet avaient été précédées de la tenue d'un Congrès international du Commerce des Vins, Cidres, Spiritueux et Liqueurs, les 28, 29 et 30 juillet.

La séance d'ouverture était présidée par M. Hubert, Ministre de l'Industrie et du Travail de Belgique, assisté de :

MM.

Beau, Ambassadeur de France ;
Francotte, ancien Ministre de Belgique ;
Chapsal, Commissaire général du Gouvernement français ;
Albert, Commissaire général du Gouvernement allemand ;
Camastra (Duc de), Commissaire général du Gouvernement italien ;
Escoriaza (de), Commissaire général du Gouvernement espagnol ;
Penso, Commissaire général de la République Dominicaine.
Le Sénateur Van der Kelen ;
Dubosc, Sanchez-Calzadilla, Membres d'honneur du Congrès ;
J. Hennessy, Président du Congrès ;
A. Havy, Vice-Président du Congrès ;
E. Tricoche, Secrétaire général du Congrès ;
E. Malaquin, Trésorier du Congrès ;
De la Morinerie et Carle, Rapporteurs généraux du Congrès.

Après avoir remercié les organisateurs du Congrès de l'honneur qu'ils lui ont fait en le priant de présider cette séance,

M. Hubert, dans un éloquent discours, assurait le Congrès de toute sa sympathie et souhaitait de voir diminuer la hauteur des barrières douanières pour assurer un plus grand développement du commerce entre les nations.

Après lui, MM. Beau et Chapsal se faisaient les interprètes du Gouvernement français qui désirait une entière réussite à cette importante réunion internationale, dont les décisions intéressaient les citoyens des divers pays.

Au nom de leurs Gouvernements respectifs, MM. Albert, le duc de Camastra, de Escoriaza, Commissaires généraux près l'Exposition, s'associaient aux paroles des précédents orateurs, se déclaraient partisans de ces réunions internationales et souhaitaient au Congrès tout le succès qu'il méritait.

M. le Président Hennessy se fait l'interpète de tous les Congressistes et remercie les personnages officiels qui ont bien voulu assister à cette séance et déclare ouverte la première séance des travaux.

M. de la Morinerie, Délégué général, donnait lecture de son rapport, où il relatait les divers travaux d'organisation du Congrès.

Dans les séances suivantes, et sous les présidences successives de M. Sanchez-Calzadilla, de M. J.-G. Dubosc, de M. le Sénateur Van der Kelen, de M. Henry Turpin, de M. Achille Lignon et de M. Hennessy, le Congrès a étudié diverses questions se rapportant :

1° A la création de zônes franches dans les pays protectionnistes et que les liquides soient admis dans ces pays, sous la condition que les lois sur les fraudes soient appliquées.

2° La création de Ligues de chargeurs pour régler les différends entre chargeurs et transporteurs.

3° La simplification des tarifs de chemins de fer.

4° La création d'une organisation destinée à lutter contre les détracteurs du vin et pour en développer la consommation.

5° L'acceptation du système métrique dans le monde.

6° L'égalité des citoyens devant l'impôt ; que les alcools consommés acquittent les mêmes droits.

7° La suppression du privilège des bouilleurs de cru.

8° La réorganisation du Conseil supérieur du Commerce et de l'Industrie.

BELGIQUE. — Reconstitution des Classes 60 et 61 après l'incendie.

9° La nécessité d'étendre l'exportation du cidre.

10° L'unification des méthodes d'analyses.

11° La modification de certains modes opératoires appliqués par les chimistes par suite de nouveaux procédés de vinification.

12° Que l'Administration des Douanes tienne compte de l'opinion des dégustateurs et que, dans tous les pays, les vins accompagnés d'un certificat d'analyse du pays d'exportation soient dispensés d'analyse à l'entrée.

13° L'unification de l'alcoométrie dans tous les pays.

14° Les diverses méthodes de dosages de l'acide sulfureux dans les vins.

15° Protestation contre tous les monopoles en général et en particulier contre celui de l'alcool.

16° Application de la Convention de Madrid : lorsqu'un Etat aura défini l'un des produits de son sol et établi des règlements protecteurs, les autres Etats contractants devront accorder à ce produit, sur leur propre territoire, une protection identique.

17° L'établissement d'une Conférence telle que celle de La Haye destinée à déterminer par une juridiction internationale les appellations ayant un caractère générique.

18° Qu'une proposition pratique, susceptible d'être adoptée par la Grande-Bretagne, soit mise à l'étude.

19° La nécessité d'un traité de commerce de longue durée entre la Belgique et la France.

20° De l'utilité des Conventions internationales.

Les Réceptions

Au cours des opérations du Jury, de nombreux banquets ont réuni les jurés des divers pays, et ces manifestations de sympathies n'ont certainement pas peu contribué à resserrer les liens d'amitié qui avaient pu se créer lors des manifestations précédentes.

Le mardi 2 août, M. Turpin, Président du Groupe de l'Alimentation ; MM. Forsans et Bardin, Présidents du Comité d'installation des Classes 60 et 61, offraient à diverses personnalités un déjeuner intime sous la présidence de M. Chapsal, Commissaire général du Gouvernement français. Y étaient présents, en outre : MM. Jamar, Van der Kelen, Dedet, Kester, Lignon, Penso, M.-P. Wielemans, Peyrot, Ortegat.

M. Turpin, après avoir souhaité la bienvenue aux invités, a fait l'éloge de M. Chapsal, « l'heureux Commissaire général de la Section française », qui, avec tact et amabilité, a facilité les exposants français dans leur participation à l'Exposition de Bruxelles.

M. Lignon, Président du Syndicat national du Commerce en gros des vins, cidres, spiritueux et liqueurs de France, a salué M. Forsans, auquel il est fier de succéder à la Présidence de notre grande Fédération, et il lui a spirituellement décerné le titre « d'organisateur de la victoire ».

M. Penso, Commissaire général de la République Dominicaine, a bu aux vignerons de France.

M. Cloquet, au nom des Belges, a remercié MM. Turpin, Forsans et Bardin de leur aimable invitation.

M. le Sénateur Van der Kelen a témoigné de sa satisfaction des relations amicales qui se sont établies entre Français et Belges.

M. Maldant, au nom de la Bourgogne, a levé son verre en l'honneur des vins du Bordelais.

M. Chapsal, Commissaire général de la France, en un discours plein de charme, a dit combien il était heureux de célébrer entre les deux pays le rapprochement, si confiant, si cordial, opéré par la vertu des vins de France.

M. P. Wielemans a engagé tous ses collègues de l'Alimentation française à se retrouver à l'Exposition de Charleroi.

M. Pierre Peyrot a fait également un appel chaleureux en faveur de l'Exposition d'Anvers en 1915.

M. Ortegat, négociant en vins et député de Malines, a bu à la diminution des droits sur les vins.

Enfin des toasts ont été portés à la Presse belge et à la Presse française.

Le soir, c'était M. le Sénateur Van der Kelen, Président de la Fédération belge des Négociants, qui recevait, dans sa magnifique demeure de Louvain. Des toasts chaleureux ont été portés et d'excellents vins ont été bus.

Le mercredi 3 août, le Comité français des Expositions à l'étranger, les membres du Jury français et les exposants français offraient un magnifique banquet aux Belges.

Par une autorisation spéciale, la salle des fêtes avait été mise gracieusement à la disposition des organisateurs ; la salle, magnifique par elle-même, avait encore reçu une décoration florale.

La table d'honneur était présidée par M. Beau, Ministre de France à Bruxelles, ayant à sa droite :

MM. Hubert, Ministre de l'Industrie et du Travail ; Chapsal, Commissaire général du Gouvernement français ; Bellan, Président du Conseil municipal de Paris ; Gody, Commissaire général adjoint ; Saint-Germain, Sénateur, Président du Comité des Expositions coloniales ; Francotte, Président du Comité belge des Expositions à l'étranger ; Kester, Président de la Chambre de Commerce de Paris ; Dedet, Commissaire général adjoint de la France ; Comte A. Van der Burch, Directeur de l'Exposition ; Jean Faure, Trésorier de la Section française ; Digneffe, Président du Comité exécutif de l'Exposition de Liége ; M. Schwob, Commissaire des Colonies ; Capitaine Duruy, Attaché militaire ; Haller, Membre de l'Institut ; Garrigues, Président de la Chambre française de Commerce et d'Industrie ;

A sa gauche :

MM. Pinard, Président de la Section française ; le Baron Janssen, Président du Comité exécutif de l'Exposition ; Galli,

Président du Conseil général de la Seine ; Lemonnier, Echevin de Bruxelles ; Astier, Député ; Maes, Echevin de Bruxelles ; G.-Roger-Sandoz, Secrétaire général du Comité français des Expositions à l'étranger ; Keym, Directeur général de l'Exposition ; Jeanselme, Secrétaire général de la Section française ; Noulens, Député ; E. Duray, Bourgmestre d'Ixelles ; Vermorel, Sénateur ; Dupret, Vice-Président du Comité exécutif de l'Exposition de Bruxelles ; Saint, Préfet d'Ille-et-Vilaine ; Lepreux, Membre du Comité exécutif de l'Exposition de Bruxelles ; Rolland, Président de la Chambre de Commerce de Bruxelles.

A l'heure des toasts, M. Beau, Ministre de France, a pris le premier la parole pour affirmer une fois de plus que la France prend à cette Exposition une place prépondérante dans le domaine de la Pensée et du Travail. Il a bu à la Belgique, « cet admirable pays qu'illumine l'art et féconde le souffle pur de la liberté, au Roi et à la Reine ».

A ce moment, les chœurs du théâtre royal de la Monnaie ont chanté la *Brabançonne*, qui a été écoutée debout par tous les convives.

M. Hubert, Ministre de l'Industrie et du Travail, s'est ensuite levé. Il a porté un toast au Président de la République et à la France, qui continue à occuper, par la fabrication des produits de luxe, la première place. Le Ministre a fait un vif éloge de la participation française. La *Marseillaise*, jouée alors, a été vigoureusement applaudie.

M. Pinard, Président de la Section française, s'est fait l'interprète des dix mille exposants français pour remercier la Belgique de son bienveillant accueil.

Le Baron Janssen, Président du Comité exécutif, a fait un vif éloge de la participation française et a ajouté :

Votre magnifique et captivante Section française a fait apparaître, aux yeux de tous, les traditionnelles qualités de votre race ; elle en a souligné les incessants progrès ; elle a montré chez vous l'alliance féconde de l'invention et de l'exécution, du talent et du métier, de l'idée et de la mise en œuvre. Elle a montré au monde attentif que vous avez su conserver à cet admirable mot d' « artisan » son antique parfum et sa saveur pénétrante.

En terminant, M. Janssen a levé son verre à M. Pinard, le Président du Comité d'organisation de la Section française ; à M. Chapsal, « la perle des Commissaires généraux » ; à

Pavillon Italien. — L'Exposition des Vins et Liqueurs.

M. Detlet, l'infatigable et sympathique Commissaire général adjoint ; à M. Schwob, qui a su donner une physionomie si originale et si vivante à la Section coloniale française ; enfin, à tous ceux qui ont fait si belle, si séduisante, si triomphante, la Section française.

M. Chapsal a clos magnifiquement la série des discours. « En participant, a-t-il dit, d'une façon aussi complète à cette Exposition, la France a voulu faire une double manifestation : montrer d'une part la vitalité de sa production, et de l'autre témoigner de son amitié à la Belgique. » En terminant, il a levé son verre à la santé de M. Pinard.

Le jeudi 4 août, à midi, les jurés français des classes de l'Alimentation française recevaient leurs collègues étrangers à déjeuner au restaurant du Chien-Vert.

M. Fernand Chapsal, Commissaire général du Gouvernement français, présidait. Il était assisté de M. Cahen, Vice-Président du Groupe de l'alimentation, remplaçant M. H. Turpin, Président du Groupe, qui avait été obligé de rentrer en France.

Avaient pris place à la table d'honneur la plupart des Commissaires généraux des pays représentés à l'Exposition, ainsi que les Bureaux des Jurys des diverses classes de l'Alimentation. Trois cents convives y assistaient.

Au dessert, M. Cahen a pris la parole pour se féliciter des bonnes relations qui n'ont cessé de régner entre les différents Jurys, souhaitant que pareille entente se fasse bientôt entre toutes les nations pour le bien commun de l'Humanité, de la Production et du Commerce.

M. Lignon, en termes charmants et éloquents, exprima sa reconnaissance aux jurés de l'avoir placé à la tête d'une classe aussi importante que celle des Vins et Eaux-de-Vie. Il termina en buvant à l'entente de tous les peuples.

MM. Prevet et Bardin portèrent la parole pour les autres classes de l'Alimentation. M. Regout, Commissaire général des Pays-Bas, au nom de ses collègues, adresse ses félicitations à M. Chapsal. M. Bassermann-Jordan, Vice-Président du Jury de la Classe 60, au nom des jurés allemands, porta, en quatre langues, un toast fort applaudi aux vins français, dont il fit le plus chaleureux éloge, en vidant successivement ses trois verres remplis de Bordeaux, de Bourgogne et de Champagne. Il a été chaleureusement acclamé.

M. Giuseppe Rosa, au nom des jurés italiens ; le Vice-Président de la Chambre de Commerce de Londres, au nom des jurés anglais, ont remercié les Français de leur excellent accueil et de leur bien cordiale invitation.

M. Chapsal, Commissaire général, a terminé la série des discours en exprimant l'espoir que cette lutte pacifique des nations, sur le terrain commercial, sera des plus profitables au bien-être des peuples, et il a remercié de nouveau les jurés de leur si précieux concours.

A titre documentaire, nous reproduisons ici le menu, ainsi que la carte des vins et liqueurs :

MENU

Œufs à la Christiania
Filet de Sole au Champagne
Pièce de Charolais Abondance
Poularde sautée Chasseur
Langouste Parisienne
Biscuit glacé Elisabeth
Fromages variés
Corbeilles de fruits
Desserts

VINS

Château Vergne-Beaulieu, blanc (baron de Gargan).
Château Vergne-Beaulieu, rouge (baron de Gargan).
Château Broustaret (Anglade et Cie).
Château Carbonnieux (Schröder et Schyler).
Château Langoa 1900 (Barton et Guestier).
Château Beychevelle 1899 (Calvet et Cie).
Château Kirwan (Schröder et Schyler).
Château Canon-Delage-Fronsac 1904 (Cambrouze, Dubois).
Château « La Conseillante » 1904 (Chaperon, Legendre, Huet (de).
Château « Le Cheval Blanc » 1904 (de Roquette-Buisson, Calmettes).
Château Ausone 1904 (Danglade, Lataste et Picq).

Bourgogne

Savigny, Beaune, Pommard, Volnay, Nuits, Richebourg, Corton Clos-Vougeot, Chambertin, Hospices de Beaune (offerts par le Comité de la Bourgogne).

Collection de vins du Rhin et de la Moselle

Niedlenkener Winzerverein, 1908 Niederlenkener Fuschs.
S. APrüm Erben Wehlen, 1906 Zeltinger Sonnenschein.
G. vi Volxem Sohne, 1906 Caseler Taubenberg.
F. Jrrem, 1897 Zeltinger Schlossberg.
JohBerres jr. Erben, Uerzig, 1906 Erdener Prälat.
J. Wissebach Erben, 1904 Cauzerner Berg.
Groherz Hess. Weinbauverwaltung, Mainz, 1904 Oppenheimer Goldbg.
Veraltung Sr. Grossherzogl. Hoheit des Prinzen Max von Baden, Karlsrhe, 1907 Schloss Staufenberg-Clevener.
Saaann et C°, Francfort-sur-Mein, 1907 Rüdesheimer Berg Rosmed.
Egi Müller, 1905 Scharzhfberger.
Wagut Vanvolxem, Wiltingen, 1897 Scharzberger.
Fri W. Rautenstrauch, Eitelsbach, 1900 Karthâuserhafberger.
Gehw. Appoll. Koch, Wiltingen, 1892 Scharzhofberger.
Fra Dr. Goertz, Ayl, 1904 Ayler Harrenberger.
Bibœfliches Priestereminar, Trier, 1893 Erdener Treppchen.
Hoe Domkirche, Trier, 1908 Sckarzofberger.
A.Rheinart, Saarburg, 1893 Ockfener Herrenberger Auslese.
C.Gebert, Ockfen, 1895 Geisberger.
Bron de Schorlemer, Lieser, Ministre de l'Agriculture, 1899 Zeltinger.
DrSchubert, Excellence, Berlin, 1904 Maximin Grünhauser.
Cmte de Kesselstadt, Trier, 1904 Piesporter.
Guvernement Royal, Département des Domaines et Forêts, Wiesbade, 1900 Markobrunner.
Omte de Matuschka-Greiffenclau, 1893 Vollradser Schloss.
Abert Bürklin-Wolff, Wachenheim, 1900 Vachenheimer.
Emil Biébel, Forst-Haardt, 1900 Forster Ungeheuer.
J J. Spindler Wwe et Erben, Forst-Haardt, 1900 Forster Riesling Beerenauslese.
Schellhorn Wallsbillich, Forst-Haardt, 1900 Forster Freudstück.
J. P. Buhl Deidesheim :
1893 Deidesheimer Riesling Beerenauslese.
1900 — — —

Champagne

Binet fils et Cie.
Veuve Clicquot-Ponsardin.
Delbeck et Cie.
Ch. Farre.
Georges Goulet.
Henry Goulet.
Heidsieck.
Ernest Irroy.
Krug et Cie.
Lanson père et fils.
G.-H. Mumm.
Piper Heidsieck.
Pommery et Greno.
Louis Rœderer.
Ruinart père et fils.
De Saint-Marceaux.
Ayala et Cie.
Deutz et Geldermann.

Duminy et Cie.
Renaudin, Bollinger et Cie.
Duc de Montebello.
Möet et Chandon.
Perrier-Jouët et Cie.
Pol-Roger et Cie.
Charles de Cazanove.
Dinet-Peuvrel et fils.
Freminet et fils.
B. et E. Perrier.
Joseph Perrier fils et Cie.

Cognacs et Armagnacs offerts par les deux régions.
Liqueurs offertes par la Classe 61.
Cherry Brandy, Anisette russe, Suc Simon.

Le samedi 6 août, c'était au tour des membres du Jury bourguignons à offrir un déjeuner dans les salons du Chien-Vert à M. Chapsal, Commissaire général du Gouvernement français, et à ses collègues de l'Exposition.

L'organisation de cette fête avait été confiée à M. Claude Charton, Vice-Président honoraire du Syndicat national des Vins, Cidres, Spiritueux et Liqueurs de France, Président honoraire du Syndicat du Commerce en gros des Vins et Spiritueux de Beaune, Conseiller général de la Côte-d'Or et Consul de Belgique à Beaune.

A la table d'honneur, avaient pris place, aux côtés de M. Chapsal : MM. Charton ; Camuzet, Député de la Côte-d'Or ; Lignon, Président du Syndicat National ; Mandeix, Fossins, Présidents honoraires du Syndicat National ; Van der Klein, Sénateur ; Schwob, Commissaire des Colonies françaises ; Dedet, Commissaire général adjoint du Gouvernement français ; Jamar, Faure Sarrazin, Brenot, Cloquet, Maldant, F. Dumas, Carle, Peyrot, Desmoulins, du *Moniteur Vinicole*, etc...

Le menu et la carte des vins surtout sont à reproduire

MENU

Cantaloup glacé
Torsade de Sole à la Durville
Cœur de filet de bœuf piqué à la Nivernaise
Ris de veau aux truffes
Poularde à la Broche
Salade de laitue
Biscuit glacé aux pistaches
Corbeilles de fruits
Desserts

VINS

Beaujolais-Mâcon 1898.
Charnay-Fleury.
Moulin-à-Vent.
Hermitage Mâconnais.
Pouilly-Fouissé.
Chablis.
Chassagne.
Meursault 1898.
Perrier 1889.
Montrachet 1898.
Savigny 1894.
Clos des Mouches-Beaune 1885.
Chambertin 1894.
Clos-Vougeot.
Pommard 1865.
Marconnet-Beaune 1858.
Nuits 1842.
Chambertin 1846.
Clos du Roi 1834.
Bourgogne mousseux.

MOKA

Marc de Bourgogne 1888.
Marc de Beaujolais 1890.

Tous ces vins furent appréciés par les convives de la façon la plus élogieuse.

Au dessert, M. Charton remercia M. Chapsal d'avoir bien voulu accepter la présidence du déjeuner offert par les jurés représentant la Bourgogne. Il exprima sa gratitude à M. Van der Kelen, Consul de France à Louvain, toujours si dévoué et si charitable aux Français ; à MM. de Escoriaza et Penso, à MM. Lignon, Forsans, Mandeix, Dedet, à tous les dévoués collaborateurs du Commissariat général français ; à M. Alex. Carle, Secrétaire général de la Fédération des Négociants en vins et spiritueux ; à MM. Jamar et Peyrot, qui ont bien voulu venir célébrer les vins de la Bourgogne. Il a bu à M. Desmoulins, Rédacteur en chef du *Moniteur Vinicole*, qui venait d'être nommé Chevalier de la Légion d'honneur, et il a terminé en levant son verre en l'honneur de la Belgique et de ses aimables habitants.

M. Van der Kelen, au nom des Belges, a remercié les Français et particulièrement les Bourguignons de leur charmante hospitalité.

L'Exposition, a-t-il dit, a déjà vu bien des feux d'artifice, mais ils ne sont rien à côté de celui que vient de tirer la Bourgogne avec ses vins magnifiques.

M. Lignon, Président du Syndicat National, a salué les représentants de la Viticulture et du Commerce bourguignons et il a bu à l'amitié franco-belge.

M. Penso, après avoir célébré, dans les termes les plus poétiques, les charmes du vin de France, a porté un toast à

M. Chapsal et à M. Dedet. M. de Escoriaza a loué, non seulement les mérites du vin de Bourgogne, mais les qualités de cœur et d'esprit de tous les Français.

A ce moment, M. Hubert, Ministre de l'Industrie et du Travail, est entré dans la salle où les convives lui ont fait une véritable ovation. En véritable amateur de bon vin de Bourgogne, il a goûté quelques-uns des crus offerts aux convives; dans une allocution charmante, il les a glorifiés comme il convient, et il en a été vivement applaudi.

M. Camuzet, Député de la Côte-d'Or, lui a répondu en portant la santé des Belges, amis de longue date, qui ont toutes sortes de raisons historiques pour s'entendre avec nous à tous les points de vue.

M. Chapsal a tenu à reconnaître la part très brillante prise par la Bourgogne dans l'Exposition de la Classe 60, et il a félicité chaleureusement ceux qui ont réuni la belle collection de produits qu'on a pu déguster. Des applaudissements nourris ont salué la péroraison de M. le Commissaire général.

Le lundi 8 août, ce fut le tour des membres bordelais du Jury à recevoir M. Chapsal et ses collaborateurs, ainsi que la plupart des membres belges du Jury. Le déjeuner a eu lieu à l'Exposition, à l'établissement « des Vignerons ».

M. Paul Forsans présidait et parmi les convives, se trouvaient : MM. Chapsal, Dedet, Faure, Lachaze, du Commissariat français ; A. Carle, Danse, le Sénateur Van der Kelen, le Député Ortegat, Van den Bussche, d'Anvers ; Van Thorenburg, de Gand ; Coomans, de Liége ; Charles Smedt, A. Maldant, de Beaune ; Peyrot, d'Anvers ; Prosper Wielemans, Renkin, G. Leleu, etc...

Le menu, très bien composé, faisait honneur au Chef, et les vins de Bordeaux qui l'accompagnaient furent très appréciés des convives.

Voici ce menu à titre documentaire :

MENU

Hors d'œuvre à la Riche
Filets de Sole Mireille
Selle de Pré-salé Renaissance
Poularde Souvaroff
Melon Cantaloup
Fruits-desserts

VINS

Saint-Emilion 1904 (Galibert et Varon).
Château Yquem 1903 (marquis de Lur Saluces).
Château Langoa 1900 (Barton et Guestier).
Château Kirwan 1899 (Schröder et Schyler).
Château Beychevelle 1899 (Calvet et Cie).
Château Mouton-Rothschild 1899 (Calvet et Cie).
Château d'Arche 1900 (Galibert et Varon).
Champagne Saint-Marceaux, G.-H. Mumm, Pommery et Greno.

La série des repas a été terminée, le mardi 9 août, au Chien-Vert, où MM. Lignon et Forsans réunissaient quelques intimes parmi lesquels : MM. Carle, Smet, Leleu, Taberne, Desmoulins, etc., etc...

Les plus grands vins du Bordelais, de la Bourgogne et de la Champagne, ainsi que les merveilleuses eaux-de-vie des Charentes et de l'Armagnac y furent dégustés. M. Forsans a bu à la Presse, dont le rôle est si important et si utile. M. Lignon a levé son verre en l'honneur des relations de plus en plus cordiales entre la France et la Belgique, grâce aux efforts des journalistes ; enfin, M. Rotiers, au nom des journalistes belges, a souhaité qu'une entente commerciale intervienne à bref délai entre les deux peuples. M. Taberne a clos la série des discours en buvant à l'union franco-belge.

Jury de Groupe

Les opérations des Jurys de classes se sont continuées jusqu'au 10 août, après quoi le Secrétariat du Jury s'est occupé d'établir le palmarès qu'il remettait le 13 août au Commissariat général belge et au Commissariat général français.

Les opérations du Jury comportant trois degrés de juridiction :

1° Jury de classe ;

2° Jury de groupe ;

3° Jury supérieur ;

l'attribution des récompenses résultait des opérations successives de ces trois jurys.

Le jury du groupe de l'Alimentation fut appelé à fonctionner les 29 et 30 août.

Conformément à l'article 13 du règlement du jury, celui du groupe 10 « aliments », fut composé de la réunion des bureaux des jurys de classe de ce groupe.

Président :

M. Vielemans (Prosper).

Syndic de la Chambre syndicale de la Brasserie à Bruxelles, Président du Jury de la Classe 62 (Belgique).

Vice-Présidents :

M. Becker (D^r^).

Professeur à Francfort-sur-le-Mein, Président du Jury de la Classe 55 (Allemagne).

M. Gilles.

Fabricant à Alicante, Vice-Président du Jury de la Classe 58 (Espagne).

M. Lignon (Achille).

Membre de la Chambre de Commerce de Lyon, Président du Syndicat national du Commerce en gros des vins, cidres, spiritueux et liqueurs de France, à Lyon ; Président du Jury de la Classe 60 (France).

Sétaires Rapporteurs :

M. LEPRE (Alfred).

Adminiateur-Directeur de la Chocolaterie Antoine, à Bruxelles, Secrétaire pporteur du Jury de la Classe 59 (Belgique).

M. VAN DISCHRICK (Henri).

Ingénie Brasseur, Secrétaire de l'Association des Anciens Elèves de l'Ecole périeure de Brasserie de Louvain à Tirlemont, Secrétaire Rapporteur la Classe 62 (Belgique).

Mcres :

CLASSE 5 — Matériel et Procédés des Industries alimentaires.

Prlent :

M. BECKEID^r).

Professeà Francfort-sur-le-Mein (Allemagne).

Vicrésident :

M. RELECOArthur).

Vice-Con de la République Dominicaine, Directeur de la Société Relecom et à Bruxelles (Belgique).

M. PRINSENEERLIGS (H.-C.), à Amsterdam (Pays-Bas).

Sectire Rapporteur :

M. MEURA (ilippe) FILS.

Ingénieur-structeur à Tournai (Belgique).

CLASS6. — Produits farineux et leurs dérivés.

Présit :

M. DUMON DIENTON (Alph.).

Malteur, Pdent de la Chambre syndicale des Malteurs belges à Bruges (Belgiq.

Vice-Hident :

M. VILGRAIN.

Président d Chambre de Commerce de Nancy (France).

Secrét Rapporteur :

M. VAN ROYEmile).

Malteur, Vic-ésiden de la Chambre syndicale des Malteurs belges et a la Chambyndicale des graines et farines à Hal (Belgique).

CLASSE 57. — Produits de la Boulangerie et de laâtisserie

Président :

M. Richard.

Directeur de la Manufacture des Biscuits Pernot à Di (France).

Vice-Président :

M. Bruaux.

Directeur de la Société « Le Bon Grain » à Morlanw (Belgique).

Secrétaire Rapporteur :

M. Heuleu (Victor).

Président de la Fédération nationale des Patrons bongers, Vice-Président de la Chambre syndicale des Boulangers à Her (Belgique).

CLASSE 58. — Conserves de viandes de poissonse légumes et de fruits.

Président :

M. Prevet (Jules).

Fabricant de conserves alimentaires à Paris (Franc

Vice-Président :

M. Gilles.

Fabricant à Alicante (Espagne).

Secrétaire Rapporteur :

M. Winckelmans-Delacre (Victor).

Ancien Industriel à Bruxelles (Belgique).

CLASSE 59. — Sucres et produits de la (fiserie; condiments et stimulants.

Président :

M. Pouillon (Léon).

Directeur des Etablissements Delhaize frères et C'ociété anonyme, enseigne « Le Lion », à Saint-André-lez-Bruges (Belle).

Vice-Présidents :

M. Belmiro de Moraes.
Notaire (Brésil).

M. George E. Davies (Grande-Bretagne).

Secrétaire Rapporteur :

M. Leprince (Alfred).
Administrateur-Directeur de la Chocolaterie Antoine à Bruxelles.

CLASSE 60. — Vins et eaux-de-vie.

Président :

M. Lignon (Achille).
Membre de la Chambre de Commerce de Lyon, Président du Syndicat national du Commerce en gros des vins, cidres, spiritueux et liqueurs de France à Lyon (France).

Vice-Présidents :

M. Bassermann-Jordan (Dr), à Deidesheim (Allemagne).

M. Rébora (Giuseppe).
Ingénieur, Agriculteur à Novi-Ligure, Gênes (Italie).

Secrétaires Rapporteurs :

M. Peyrot (Pierre).
Négociant en vins et spiritueux à Anvers (Belgique).

M. Goulet (Emile).
Négociant à Paris (France).

CLASSE 61. — Sirops et Liqueurs. — Spiritueux divers. — Alcools d'industrie.

Président :

M. Bardin (Louis).
Distillateur, Président du Comité d'admission et d'installation de la Classe 61 à Paris (France).

Vice Présidents :

M. Hoogeweegen (P.-L.-M.).
De la firme Hulstkamp fils et Molyn à Rotterdam (Pays-Bas).

M. de Perrot (Charle), à Bruxelles.

Secrétaire Rapporteur :

M. MARCETTE (Henri).
Distillateur à Spa (Belgique).

CLASSE 62. — Boissons diverses.

Président :

M. WIELEMANS (Prosper).
Syndic de la Chambre syndicale de la Brasserie à Bruxelles (Belgique).

Vice-Présidents :

M. LADEWIG (Carl).
Directeur à Berlin (Allemagne).

M. CHASTON CHAPMAN (A.),
(Grande-Bretagne).

Secrétaire Rapporteur :

M. VAN DEN SCHRIECK (Henri).
Ingénieur Brasseur, Secrétaire de l'Association des Anciens Elèves de l'Ecole supérieure de Brasserie de Louvain à Tirlemont (Belgique).

Pendant deux journées consécutives, les membres du jury du groupe procédèrent à la vérification des récompenses décernées et à l'examen des réclamations qui avaient été formulées.

Comme au moment des opérations du jury de classe, des agapes fraternelles réunirent les différents membres de ce jury qui quittèrent Bruxelles après un séjour des plus agréables.

Jury Supérieur

Président d'honneur :

M. Hubert (Arm.).

Ministre de l'Industrie et du Travail,

Président :

M. Beernaert (Aug.).

Ministre d'Etat, Président de la Commission supérieure de patronage a Bruxelles.

Vice-Présidents :

Allemagne :

S. E. M. Ritcher (D^r^).

Conseiller intime actuel, Sous-Secrétaire d'Etat à l'Office impérial de l'Intérieur à Berlin.

Belgique :

M. le Baron Janssen.

Président du Comité exécutif de l'Exposition à Bruxelles.

France :

M. Viger.

Sénateur, ancien Ministre à Paris.

Grande-Bretagne :

Sir Cecil Hertslet (H.-B.).

Consul général en Belgique à Anvers.

Italie :

Don Prospero Colonna, Prince de Sonino.

Président du Comité national italien pour les expositions à l'étranger, Sénateur à Rome.

Pays-Bas :

M. le Jonkheer Ch. F. Van de Poll.

[illegible] de la Société industrielle des Pays-Bas à Harlem.

Commissaire général du Gouvernement belge :

M. LE DUC D'URSEL, à Bruxelles.

Commissaire général adjoint du Gouvernement belge et Rapporteur général :

M. J. GODY, à Bruxelles.

Membres :

ALLEMAGNE :

M. VON BARY.

Consul général d'Italie à Anvers.

M. VON BÖTTINGER (D^r).

Conseiller intime du Gouvernement, Membre de la Chambre des Seigneurs de Prusse, Président de l'Association pour la Protection de l'Industrie chimique, et Propriétaire de terres mobilières à Elberfeld et Arendsdorf (Neumark).

M. MATTHIAS (D^r).

Conseiller intime supérieur actuel, Conseiller Rapporteur retraité au Ministère de l'Enseignement à Berlin.

BELGIQUE :

M. LE BARON ANCION (A.).

Sénateur, Membre du Conseil supérieur de l'Industrie et du Commerce à Liège.

M. LAMBERT (L.).

Industriel, Membre du Conseil supérieur de l'Industrie et du Commerce à Jumet.

M. MORISSEAUX (Ch.).

Directeur général au Ministère de l'Industrie et du Travail, Membre du Conseil colonial à Bruxelles.

M. VERCRUYSSE (A.).

Sénateur, Membre du Conseil supérieur de l'Industrie et du Commerce à Gand.

BRÉSIL :

M. DE LYRA (Dr A.-P.).

Député.

CHINE :

TANG-TSAI-FOU.

Chargé d'affaires de Chine à La Haye.

ESPAGNE :

M. MUNTADAS ROVIRA (Luis).

Président du Fomento du Travail national à Madrid.

ETATS-UNIS :

M. LEWIS S. WARE.

Président de la Section des Etats-Unis d'Amérique à l'Exposition universelle de Bruxelles 1910 à Paris.

FRANCE :

M. DUPONT (Emile).

Sénateur, Président du Comité français des Expositions à l'étranger à Paris.

M. FERDINAND-DREYFUS.

Sénateur à Paris.

M. PINARD (Alphonse).

Président du Comité d'organisation de la Section française à l'Exposition de Bruxelles à Paris.

GRANDE-BRETAGNE :

SIR ALBERT SPICER BART (M.-P.).

Member of the Royal commission for the Brussels, Rome and Turin Exhibitions and Chairman of the Liberal Arts Committee for the British Section à Londres.

SIR BOVERTON REDWOOD.

D. Sc. F. R. S. E. F. I. C. Member of the Royal Commission for the Brussels, Rome and Turin Exhibitions and Chairman of the Chemical Committee for the British Section à Londres.

ITALIE :

M. ORLANDI MARIO.

Secrétaire général du Comité national italien pour les Expositions à l'étranger à Rome.

JAPON :

M. MATSUDA.

Secrétaire de la Légation impériale du Japon près S. M. le Roi des Belges à Bruxelles.

PAYS-BAS :

M. LE BARON DE WASSENAER DE ROSANDE.

Chambellan E. S. E. de S. M. la Reine des Pays-Bas, Membre de la Première Chambre des Etats généraux, Curateur de l'Académie technique à Delft.

PERSE :

M. COETERMANS (Louis).

Consul général de Perse à Anvers, Président du Comité persan à Anvers.

TURQUIE :

DIRAN BEY NORADOUNGHIAN.

Secrétaire de Légation et Docteur en droit à Bruxelles.

Secrétaire :

M. O. MAVAUT.

Rapporteur général au Commissariat général du Gouvernement à Bruxelles.

Congrès International d'Hygiène Alimentaire

L'Exposition de Bruxelles a été l'occasion de la tenue, dans cette ville d'un deuxième Congrès international d'Hygiène alimentaire de l'alimentation rationnelle de l'homme.

Voici la relation qu'en a publié le *Bulletin* du Syndicat national des Vins :

Ce Congrès a été tenu à Bruxelles du 4 au 8 octobre 1910.

Placé sous le patronage du gouvernement belge, il était présidé par un éminent physiologiste belge, M. le professeur Frédericq. Le Secrétaire général était M. Grognard, inspecteur principal au ministère et chargé en Belgique de l'organisation de la répression des fraudes. Les questions qui intéressaient plus particulièrement le Congrès international ont donné lieu aux rapports ou communications suivantes :

1° *Les antiseptiques dans les matières alimentaires.* — Il y avait sur cette question d'ordre très général un rapport documenté de MM. Vandevelde et Wisjmann concluant à l'interdiction de l'emploi des antiseptiques dans les denrées alimentaires et les rapports suivants : Vandevelde, Influence des antiseptiques sur l'organisme ; Delaite : Réglementation de l'emploi des antiseptiques pour la conservation des denrées alimentaires ; Jorissen : Les agents de conservation. . . .

2° *L'acide sulfureux dans les vins.* — Un rapport de M. Carles sur cette question.

3° *Les alcools et les essences.* — Rapports de M. Vandevelde sur la nocivité des alcools et des essences contenus dans les liqueurs, de M. Rocques sur les spiritueux et liqueurs (composition, impuretés à rechercher, etc.), de M. Lévy sur les essences et alcools supérieurs dans les spiritueux, du docteur Veley : rapport critique sur la Commission britannique des spiritueux de consommation, et spécialement sur le brandy ; une communication de M. Quantin sur l'analyse des spiritueux et, en particulier des rhums.

4° *Sur la valeur alimentaire et hygiénique des vins.*

Examinons successivement ces divers points.

Antiseptiques. — La discussion a montré que, d'une manière générale, le Congrès était opposé à l'emploi des antiseptiques dans les aliments. J'ai rappelé que cette manière de voir avait d'ailleurs été celle du Congrès international d'hygiène tenu à Paris en 1900, qui avait, à la suite d'un rapport du docteur Bordas, émis un vœu relatif à l'interdiction de l'emploi des antiseptiques dans les matières alimentaires. J'ai demandé à ce que si nous émettions un vœu sur le même sujet, nous rappelions dans le texte de ce vœu la décision antérieure du Congrès de Paris. Le vœu a été ainsi adopté : il présente un caractère tout à fait général ; il pose un principe, mais il n'exclut pas la possibilité de faire admettre par les hygiénistes l'emploi de certains antiseptiques à certaines doses et dans certains cas déterminés ; par exemple l'acide sulfureux dans les vins.

Au cours de cette discussion, M. Schamelhout a critiqué les travaux du Congrès international de la répression des fraudes tenu à Paris en 1909. J'ai fait observer à M. Schamelhout que ce Congrès avait rejeté toutes propositions relatives à l'emploi des antiseptiques. Des exceptions qui me paraissent très justifiées ont été faites uniquement pour l'emploi de l'acide sulfureux dans les vins et les fruits secs.

Acide sulfureux dans les vins. — La question a été très bien présentée par M. Mestre, qui a donné conaissance au Congrès des travaux de la Commission bordelaise chargée d'étudier l'action physiologique de l'acide sulfureux sur l'homme et les animaux. Nous rappellerons que le rapporteur de cette Commission était le docteur Gautrelet, professeur à la Faculté de Bordeaux, et que son président était M. Gayon, ancien doyen de la Faculté des sciences de Bordeaux.

Une longue et chaude discussion a suivi la communication de M. Mestre, à laquelle ont pris part MM. A. Gautier, Roux, Roques, Schamelhout, etc.

Finalement un vœu a été émis à une assez forte majorité reconnaissant l'*inocuité relative de l'acide sulfureux combiné,* c'est-à-dire de l'acide sulfureux sous la forme où il se trouve pour la majeure partie dans le vin.

Ce vœu a été adopté par les sections II et IV du Congrès, qui s'étaient réunies pour cette importante discussion. Il reconnaissait qu'il n'y avait pas lieu de proscrire et de réglementer l'acide sulfureux existant dans les vins sous la forme d'acide sulfureux *combiné* en raison de l'inocuité relative que cet acide présente.

Il n'en est pas de même pour l'acide sulfureux à l'état *libre*, qui devra être réglementé. Au sujet de cette réglementation, le Congrès international de la répression des fraudes (Paris 1909) avait adopté une réglementation (teneur maximum de 100 miligrammes par litre d'acide sulfureux libre dans les vins). Au Congrès de Bruxelles, la question de principe seule a été adoptée ; on n'a fixé aucune dose.

Le vœu concernant l'acide sulfureux dans les vins, émis par les IIe et IVe sections réunies a été soumis, conformément au règlement, à l'Assemblée générale de clôture. Malheureusement peu de congressistes français avaient été mis au courant de cette procédure, et l'Assemblée, composée en majeure partie de savants étrangers, a écarté ce vœu sans discussion, car on ne pouvait voter que pour ou contre. Le docteur Mauriac a protesté avec énergie et a demandé la révision de ce règlement.

La question sera donc portée à nouveau devant le troisième Congrès international qui se tiendra dans trois ans.

Alcools. — Au sujet des alcools, je citerai plus particulièrement la communication de M. Quantin. M. Quantin, qui est familiarisé avec l'analyse des rhums, a parlé de l'importation de rhums de l'Indo-Chine, qui sont des spiritueux de fabrication récente et qui ont été rectifiés (leur titre alcoolique est de 94°) : il en résulte que ces rhums ne renferment presque plus de « non-alcool » et que, par suite, les chimistes chargés de les analyser, déclarent qu'ils sont additionnés d'alcool d'industrie. M. Quantin proteste donc contre cette conclusion. Il critique aussi les procédés analytiques et propose d'émettre un vœu tendant à affirmer l'impossibilité de tirer une conclusion précise des analyses de spiritueux. Dans la discussion qui a suivi cette communication, MM. Roux et Rocques sont intervenus. M. Roux a déclaré qu'il lui paraissait inadmissible qu'on pût donner la dénomination de rhum à une eau-de-vie qui a été rectifiée presque complètement et qui a perdu, par suite, tous les caractères d'un rhum véritable. Un tel alcool rectifié peut être dénommé « alcool de cannes », dénomination qui indique son origine, mais non « Rhum », dénomination qui indique non seulement l'origine, mais aussi un mode de fabrication tel que l'eau-de-vie ottomane renfermant des subs-

Palais Espagnol. — L'Exposition des Vins.

tances parfumées qui lui donnent sa valeur et sa qualité marchande.

M. Rocques a fait observer que dans la communication de ces quantités il y avait deux questions bien différentes : la question de nature du produit, et la question d'analyse chimique. La première question présente de l'intérêt à la fois au point de vue hygiénique et commercial. Au point de vue de l'hygiène, on doit encourager les producteurs à épurer leurs eaux-de-vie, à les rectifier de manière à en éliminer les impuretés, mais, en se plaçant au point de vue commercial, cette rectification ne peut être poussée au delà d'une certaine limite, sans quoi on éliminerait les substances qui caractérisent l'eau-de-vie naturelle. En résumé la proportion du « non-alcool » ne peut être abaissée au delà d'une certaine limite. Est-il nécessaire de fixer celle-ci ? Il ne le semble pas.

Au point de vue de l'analyse des eaux-de-vie, il faut, comme on l'a dit dans des congrès précédents (Congrès internationaux de chimie appliquée de Berlin, de Paris et de Londres), tenir compte non seulement du coefficient non-alcool, mais des divers éléments qui composent celui-ci, et des rapports que ces éléments présentent entre eux. De plus, la dégustation doit toujours, en cas de contestation, venir se joindre à l'analyse chimique. M. Rocques propose qu'au lieu de voter le vœu de M. Quantin, on émette à nouveau les vœux des congrès antérieurs, à savoir : 1° qu'il n'y a pas lieu de fixer un minimum à la teneur en non-alcool des eaux-de-vie ; 2° que l'analyse chimique doit, en cas de contestation, être accompagnée de la dégustation. La section a partagé cette manière de voir, à laquelle s'était d'ailleurs rallié M. Quantin.

Valeur hygiénique du vin. — Il a été présenté au Congrès d'excellents travaux, dus aux docteurs Albertoni (de Bologne), Mauriac et Sellier (de Bordeaux), relatifs à la valeur alimentaire ou hygiénique du vin. La section compétente a déclaré que le vin était une boisson alimentaire et hygiénique.

La deuxième section a adopté l'ordre du jour suivant, déposé par le docteur Mauriac :

1° La propagation de l'usage régulier du bon vin naturel est le meilleur remède à opposer à l'alcoolisme ;

2° Il y a lieu de vulgariser les effets bienfaisants des bons vins naturels ;

3° En général, dans les pays où l'on boit le vin naturel, l'alcoolisme se développe moins.

Fête des Récompenses

Les opérations des divers jurys étant terminées, le Commissariat général belge a procédé à l'établissement complet du palmarès et la distribution des récompenses a eu lieu le mardi 18 octobre dans le hall du magnifique Palais du Cinquantenaire.

Une claire lumière s'éparpille sur les parterres de fleurs qui égaient le milieu de l'espace central. Des palmiers et une haie de chrysanthèmes jaune d'or garnissent le fond de la loge royale, sur les tentures grenat et or de laquelle se détache, au premier plan, la note tendre de deux petits parterres d'orchidées ; des guirlandes de roses rouges et blanches serpentent sur la balustrade des galeries soulignant les trophées de drapeaux.

A deux heures et demie, la *Brabançonne,* exécutée par la musique des grenadiers, salue l'arrivée du roi et de la reine, qui prennent place dans la tribune qui leur est réservée.

Les membres du corps diplomatique occupent la loge de gauche ; les membres du gouvernement et les ministres d'Etat occupent la loge à droite de la tribune royale.

Aussitôt que les souverains ont pris place sous le dais rouge et or, apparaît, au fond du hall, le cortège des commissaires généraux des pays représentés à l'Exposition.

Chaque groupe est précédé des drapeaux nationaux et se présente dans l'ordre alphabétique : l'Allemagne, l'Angleterre, l'Autriche-Hongrie, le Brésil, la Chine, la République Dominicaine, l'Espagne, les Etats-Unis, la France, le Guatemala, Haïti, la Hollande, l'Italie, le Japon, le Luxembourg, Monaco, Nicaragua, Pérou, Perse, Suisse, Turquie, Uruguay et la Belgique.

Le groupe français, composé de MM. Chapsal, Commissaire général ; Dedet, commissaire général adjoint ; Schwob, commissaire des Colonies ; Muteau, Lachaze, du Commissariat général ; Pinard, Barbier, Faure, président, vice-président et trésorier de la Section française ; de Montarnal, architecte, était précédé du drapeau national et de celui du Comité français des Expositions à l'étranger.

Les nombreux membres des Comités d'installation qui avaient, malgré la grève des cheminots, répondu à l'appel du Commissariat général étaient répartis en groupes correspondant à ceux de l'Exposition même et chaque groupe était précédé d'une bannière symbolique. Ces bannières étaient l'œuvre de MM. Poulbot, Villette, Louis Morin, Neumont, Redon, Pinchon, Corlègle, Delin, Leandre, Paul Follot, Roubille, Truchet, J. Weber, de La Nézière, artistes au fin et sûr talent.

Le groupe 10 comprenait de nombreux délégués ; les classes 60 et 61 notamment étaient représentées par MM. Forsans, Charton, Dubosc, Desmoulins, de La Morinerie, Francisque Dumas, Taberne, Larronde, Chonion, Favraud, Dechavanne, Bertrand-Taquet, etc.

Les tirailleurs sénégalais terminaient la délégation française.

Le cortège prit fin par le défilé des membres du Commissariat général belge, suivis de soldats représentant les divers corps de l'armée belge.

Les commissaires généraux se placèrent alors à gauche de la loge royale, transformée en un véritable jardin par les gerbes de fleurs qu'y avaient déposées les représentants des divers pays ayant participé à l'Exposition.

Une sonnerie de clairon retentit, aussitôt M. le baron Janssen, président du Comité exécutif, s'avance vers les souverains et prononce le discours suivant :

Sire,

Le 23 avril dernier, devant une assemblée où se trouvaient représentées les puissances du monde entier, Vos Majestés, au milieu d'acclamations dont l'écho se propagea d'un bout à l'autre du pays, daignaient ouvrir l'Exposition universelle et internationale de Bruxelles.

Ce fut une grande, une inoubliable fête nationale : la Belgique considérait avec fierté la splendeur du décor dans lequel allaient s'affirmer, aux yeux de l'étranger, sa puissance de production, les conquêtes de son art, de sa science, de son labeur opiniâtre ; elle s'enorgueillissait de l'incomparable concours que lui avaient apporté les grandes nations productrices du globe. Elle acclamait avec joie, dans cette somptueuse cité internationale, le nouveau règne si conforme à ses espérances qui, pour la première fois, allait prendre contact avec les nations amies de notre pays.

Inaugurée dans une atmosphère de patriotisme et de loyalisme ardents, objet de la sympathie et de l'admiration de l'étranger, l'Exposition internationale de Bruxelles connut une existence de féerie et d'apothéose jusqu'au jour où un désastre s'abattit sur une partie de ses merveilles.

Ce désastre, nos efforts l'ont réparé dans la mesure où il était réparable ; mais nous ne pouvons oublier les encouragements empressés du Roi dans ces heures sombres où les plus mâles énergies étaient exposées à faillir, non plus que nous n'oublierons le magnifique élan de nos compatriotes et le beau geste dans lequel les deux grandes nations atteintes comme nous-mêmes, l'Angleterre et la France, s'unirent pour nous tendre une main fraternelle.

Madame,

Une exposition universelle et internationale n'est pas seulement un prestigieux ensemble, exhibant des forces toujours plus grandes empruntées à la nature par le génie humain : la matière asservie par la Science ou idéalisée par l'Art n'y exerce point une souveraineté sans partage et à côté des éclatantes créations de l'esprit y fleurissent, avec leur parfum discret, les intarissables ressources du cœur.

Les institutions de prévoyance, les habitations à bon marché, les associations professionnelles, toutes les formes si multiples et si souples des œuvres sociales modernes, ont trouvé ici un accueil empressé et elles constituent, certes, une des parties les plus attachantes de l'Exposition de Bruxelles.

C'est dans ce cadre de la mansuétude et de la bonté que les visites attentives de la Reine se sont le plus volontiers renouvelées ; Votre Majesté s'y est longuement et maternellement penchée sur le sort des humbles travailleurs qui contribuent à faire la richesse du pays, et s'il est vrai que notre gracieuse Reine fut le sourire de l'Exposition, ce sourire, où parfois une larme a perlé, est de ceux dont le souvenir ne périt pas !

Sire, Madame,

Au moment où se célèbre la cérémonie de la remise des récompenses, nous nous tournons, dans une pensée de gratitude, vers les nations si nombreuses qui sont venues, à l'appel de la Belgique, offrir à l'enseignement et à l'admiration des peuples une incroyable abondance de chefs-d'œuvre, de découvertes, qui paraissent aujourd'hui des prodiges, et, demain, entreront dans la vie usuelle des hommes.

C'est de tous les points de l'univers que les puissances économiques ont apporté à notre pays, en même temps qu'un témoignage de sympathie dont nous sentons tout le prix, une imposante manifestation du travail titanique entrepris par l'homme de toutes les latitudes, pour élever la société humaine à de toujours meilleures destinées.

Et nous avons pu, cet été, passer ici comme une revue des forces de l'humanité, depuis celle des peuples relativement neufs encore, jusqu'aux surprenantes merveilles des nations qui semblent devancer l'idée même que nous nous faisons du progrès.

Jamais une Exposition organisée par la Belgique n'avait été honorée d'autant de concours officiels, ni d'aussi majestueuses contributions de l'étranger.

Si ces participations amies ont donné un caractère d'incomparable grandeur et de souveraine beauté à l'Exposition de Bruxelles, elles ont aussi — et nous en éprouvons une légitime fierté — montré à la foule de nos visiteurs et à nous-mêmes l'estime dont jouit, dans la grande famille des peuples, la terre qu'a fécondée le labeur de nos ancêtres et où nous nous efforçons, à notre tour, de faire régner la prospérité et la paix.

A toutes ces nations qui, si généreusement, ont coopéré à la splendeur et au triomphe de notre œuvre, je renouvelle ici l'expression de notre vive, de notre profonde reconnaissance.

Mais c'est avec orgueil, aussi, que je m'adresse à ceux de nos compatriotes qui, dans les domaines multiples de leur activité, ont représenté — et si abondamment et si magnifiquement — le génie et l'ardeur au travail de notre laborieuse Belgique. Ceux-là peuvent être fiers d'avoir marqué leur empreinte dans cette lutte pacifique et grandiose et d'avoir montré au monde ce que peut une petite nation lorsqu'elle s'est donné pour lois le travail, la probité, la justice !

En présence de tant de forces accumulées, de tant d'œuvres qui semblent défier la comparaison ou la critique, de tant de progrès qui paraissent définitifs ou déconcertent par leur témérité victorieuse, on songe avec inquiétude à ce que fut la tâche des jurys des récompenses.

Tâche délicate, s'il en fut, qui consistait à discerner, entre tant de mérites, les plus éclatants et, parmi ceux-ci, à graduer d'une main assurée la part équitable de distinctions !

Il faut rendre hommage à ces hommes d'élite que le monde entier a choisis comme les juges les plus autorisés dans toutes les branches des connaissances humaines. Il faut s'incliner avec gratitude devant l'œuvre d'impartialité et de justice accomplie par les membres des jurys qui avaient sous les yeux tout le progrès accompli par l'émulation des peuples.

Je salue encore ces milliers d'exposants qui, pendant plus de six mois, ont retenu, intéressé, ébloui, enthousiasmé la foule cosmopolite : si tous n'ont pu figurer sur les listes de récompenses nécessairement limitées, tous ont droit à des félicitations pour avoir participé avec tant d'honneur à une fête de progrès et d'humanité qui comptera parmi les plus complètes et les plus impressionnantes.

On l'a dit à chacune des expositions qui ont précédé la nôtre, et je ne puis me défendre de le redire à mon tour : La cérémonie de la proclamation des récompenses est inséparable d'une certaine mélancolie, celle que fait naître en nous la fermeture prochaine de ces palais éphémères, la dispersion des chefs-d'œuvre qu'ils renferment et des amitiés que nous y avons quotidiennement fortifiées.

C'est la loi : il faut y céder ; l'Exposition de Bruxelles y cédera comme les autres, non sans un serrement de cœur... Il y a, au fond de l'homme, une voix qui lui dit que la grandeur et la beauté ne devraient jamais périr de sa main !

Le souvenir, pourtant, de tout le travail et de toute la pensée qui ont illuminé son harmonieux et admirable ensemble ne périra point sous la pioche...

Les expositions sont comme une image développée de ces hommes qui, à travers les siècles, orientent les générations vers un meilleur avenir. Comme eux, les expositions disparaissent dans un couchant d'apothéose annonciateur des aurores triomphantes.

Un principe d'énergie et de progrès a surgi et se développe au sein de l'humanité. Sa marche ne s'arrête plus.

Chacun de ces ouvriers, en quittant la tâche, sait que l'œuvre échappera à la destruction et que, de l'effort commun, jailliront de nouvelles sources de vie, auxquelles viendra puiser la civilisation de demain !

Les passages relatifs à la France et à l'Angleterre ont soulevé de vigoureux bravos.

Nouvelle sonnerie de clairon et M. Hubert, ministre de l'Industrie et du Travail, prend la parole.

Sire, Madame,

En présence de cette nombreuse et brillante assemblée, ma pensée se reporte vers la clôture de l'Exposition qui eut lieu en l'an VI, à Paris.

Ce premier tournoi industriel avait réuni cent dix participants et était resté ouvert pendant treize jours. A l'expiration de ce terme, le gouvernement du Directoire organisa une fête, qui se déroula dans le Temple de l'Industrie et au cours de laquelle les producteurs les plus méritants vinrent, à tour de rôle, recevoir une récompense.

Comme nous sommes loin d'une cérémonie aussi rigoureusement logique !

Actuellement, les expositions universelles ont pris tant d'extension, le nombre des participants s'est tellement amplifié, que le palmarès est devenu un volume, dont la simple lecture au cours d'une séance publique serait elle-même chose matériellement impossible.

C'est dire que la proclamation de quelques diplômes, qui aura lieu dans un instant, présente un caractère purement symbolique. Il s'agit de rappeler, par une manifestation solennelle, qu'une exposition consiste avant tout dans un concours entre producteurs.

Certes, l'exposant cherche à se faire connaître des foules de plus en plus compactes qu'il voit défiler devant son stand ; mais il tient non moins vivement à recevoir une récompense en rapport avec le mérite de sa participation.

Déterminer ces récompenses, dont la répercussion sur le terrain des affaires peut être considérable, constitue, ai-je besoin de le faire observer, une mission importante et délicate entre toutes. Le Jury de l'Exposition de Bruxelles, dont les membres furent recrutés parmi l'élite des producteurs de tous les pays, s'acquitta de cette tâche difficile avec une compétence et une impartialité qui, sans aucun doute, placeront ses sentences au-dessus de toute discussion.

Que tous les lauréats de cette joute pacifique reçoivent mes compliments les plus chaleureux. Le témoignage que le Jury leur a décerné n'est pas une vaine formule, mais un document dont personne ne niera ni la haute valeur ni l'absolue sincérité.

Je félicite particulièrement la glorieuse phalange des titulaires du diplôme de grand prix. La plupart d'entre eux, je le savais, avaient déjà remporté antérieurement cette éminente distinction. Mais qu'importe ! En matière d'exposition, il n'est pas exact de dire que celui qui n'avance pas recule. Dans toutes les branches de l'activité humaine, le progrès est si général et si rapide que le fait de conserver son rang démontre à lui seul un mérite sans cesse grandissant.

Mais si les expositions universelles et internationales demeurent essentiellement des concours, nul ne contestera qu'avec le temps leur portée ne se soit singulièrement élargie.

Chaque nation participante ne s'inspire pas seulement de l'intérêt de ses industriels, de ses agriculteurs, de ses négociants, considérés individuellement ; elle cherche, en quelque sorte, à se rendre un hommage à elle-même, en faisant ressortir avec éclat toutes les forces.

Déjà, aux expositions précédentes, certaines catégories de producteurs s'étaient ralliés à une conception moins individualiste, en se groupant en collectivités. Grâce à l'impulsion éclairée et persévérante de MM. les Commissaires généraux ainsi que des Commissions organisatrices, cette tendance s'est considérablement accentuée à Bruxelles. Non seulement nous avons vu les collectivités se multiplier et apporter dans l'aménagement de leurs stands respectifs un bon goût et un luxe inconnus jusqu'alors ; mais, dans la Section belge aussi bien que dans la plupart des compartiments étrangers, elles sont devenues à leur tour de simples éléments d'une vaste synthèse, d'un ensemble méthodiquement coordonné, destiné à mettre en relief la vitalité, l'activité et l'avenir de tout un peuple !

Il faut reconnaître que, envisagée à ce point de vue, l'Exposition de Bruxelles se présente à chaque nation participante comme une œuvre éminemment patriotique, et qu'il en est particulièrement ainsi pour la Belgique, qui en prit l'initiative.

Aussi personne ne s'étonne-t-il des augustes et précieux appuis que cette manifestation gigantesque recueillit dès le début, et qui entraînèrent l'adhésion unanime et enthousiaste du Parlement, des autorités locales et de l'opinion publique.

C'est également du patriotisme le plus pur et le plus désintéressé que s'inspirèrent les hommes dévoués et avertis qui assumèrent l'organisation générale de l'entreprise. Il m'est agréable de leur rendre ce témoignage.

Avons-nous épuisé les divers aspects des expositions ?

Pas encore. Il reste l'influence qu'elles exercent sur le maintien et le resserrement des bons rapports internationaux.

Le temps n'est plus où les peuples se renfermaient dans un isolement ombrageux. Avec l'extension des échanges commerciaux et l'enchevêtrement des intérêts matériels qui en est la conséquence, une mentalité nouvelle s'est répandue à travers le monde. Il en résulte chez toutes les nations non seulement un besoin plus impérieux de paix et de concorde, mais encore le désir sincère de se rencontrer et de joindre leurs efforts dans des œuvres d'intérêt commun.

Or, quelle collaboration plus bienfaisante et plus féconde qu'une exposition où chaque peuple s'efforce de faire connaître les résultats de son activité propre ?

Je n'y aperçois pas seulement un inappréciable enseignement, un stimulant énergique vers le mieux-faire. Dans le coudoiement quotidien de tant d'hommes accourus de tant de pays divers, bien des préventions tombent, bien des malentendus se dissipent, bien des sympathies se nouent. On se connaît mieux, on s'estime davantage et déjà, par delà les différences de races, de croyances et de nationalités, nous voyons s'affirmer partout, prodromes sublimes de l'unité morale de tous les peuples, le même culte pour les œuvres enfantées par le travail et le génie de l'homme, la même foi ardente et inébranlable dans le progrès de la civilisation !

Dans quelques jours, les portes de l'Exposition de Bruxelles se fermeront.

Les palais somptueux, où tant de merveilles s'offrirent à l'admiration des foules innombrables, seront livrés au pic du démolisseur, cependant que, dans la forêt prochaine, l'automne fera tomber les feuilles mortes.

Mais pourquoi nous arrêter à cette pensée mélancolique ?

De même que le fruit survit à la fleur, la gloire récoltée ici par tant de nations et par tant de producteurs subsistera ! Ce qui restera aussi, c'est le souvenir d'un succès sans précédent en Belgique, d'une manifestation triomphale et grandiose, digne de prendre rang dans le cycle prestigieux des expositions mondiales !

Le discours terminé, le commissaire général du gouvernement belge donne lecture d'une liste de grands prix accordés, ainsi que nous l'avons annoncé : à Leurs Majestés, aux commissaires généraux étrangers, aux ministres, au baron Janssen, au duc d'Ursel, Beernaert, à MM. Gody, Storms. Van den Burch, Keym-Acker. C'est M. Beernaert, président de la Commission de patronage, qui remet au Roi et à la Reine le diplôme de grand prix. Puis, successivement, les « lauréats » viennent recevoir leur diplôme des mains du Roi.

On applaudit très longuement MM. Wintour et Chapsal. et aussi M. Acker, architecte de l'Exposition.

Au Roi et à la Reine, une très belle médaille d'or, due à l'artiste E. de Vreese, a été remise en même temps que le diplôme de grand prix.

Cette imposante cérémonie s'est terminée par un défilé symbolisant tous les métiers, toutes les industries de la Belgique, l'agriculture, l'horticulture, les saboticrs, les dentellières, la meunerie, la brasserie, les mineurs, les vêtements, les chemins de fer, la métallurgie, etc., une délégation de toute l'armée belge fermait la marche.

La famille royale s'est ensuite retirée au milieu des acclamations.

L'Exposition s'est terminée comme elle avait commencé par un magnifique banquet. Tous ceux qui s'étaient réuni, le 23 avril 1910, en faisant des vœux pour le succès de l'œuvre entreprise, se sont retrouvés, le 7 novembre, pour en célébrer le succès.

La table d'honneur était présidée par le baron Janssen, ayant à sa droite S. E. le ministre de Chine, MM. Hubert, Chapsal, de Broqueville, Ravené, Renkin, de Escoriaza, G. Schwob, Dupret, Coetermans, Nerincx, Valley, Sauveur, Hutchinson, Gody, Lehmann, Keym, Rossum ; à sa gauche, S. E. M. Garabelli, le général Hellebaut, MM. Albert, G. Vaxelaire, Beernaert, Van Asch van Wyck, le duc d'Ursel, Trietsch-Estrangin, Lemonnier, Goldzieher, Fris, Thiry, le général Cuvelier, Penso, G. Francotte, Lepreux, le comte Van der Burch.

Dans la salle, parmi les deux cent cinquante convives : MM. le sénateur Delannoy, Bobrick, Storms, Lecail, A. Mabille, Haniel, Faure, Lachaze, Du Bousquet, les majors Desmedt et Pety de Thozée, Morisseaux, les échevins Grimard, Steens, Jacqmain et Maes, le baron de Vos van Steenwyk, Reyntiens, J. Bogaerts, F. Van Ophem, Dupuich, Ryziger, Vaxelaire-Claes, Wodon, Dropsy, Hennet, le chevalier Uttini, Kufferath, Guidé, V. Reding, F. Wiener, Duray, bourgmestre d'Ixelles ; le lieutenant Duvivier, l'architecte Acker, les ingénieurs Masson, Hamaide et de Lhoneux, le baron Dieudoné, G. De Boeck, A. Halot, Van den Corput, tous les chefs de service, etc., etc.

Discours du baron Janssen

C'est le baron Janssen qui a porté le premier toast.

Lorsque le président du Comité exécutif s'est levé, il a été salué par de chaleureux applaudissements.

Je renonce, dit-il, à traduire tous les sentiments précipités et confus qui, devant la séparation de demain, m'emplissent le cœur.

Mais une pensée s'en dégage qui va droit au premier citoyen du pays, vers le souverain éclairé et populaire, dont notre œuvre se glorifie d'avoir reçu le haut patronage, qui n'a cessé d'encourager nos efforts et de nous donner les marques du plus bienveillant intérêt.

Et dans cette vision même que j'évoque, se dresse, en sa gracieuse souveraine, la douce image d'une Reine qui a su donner tant de charme à la Majesté que celle-ci en a pris comme une signification de plus, faite de vraie bonté, de simplicité touchante et de sollicitude réfléchie. (*Vifs applaudissements.*)

A cette première pensée se joint inséparablement un respectueux hommage pour les chefs d'Etat qui ont daigné assurer à l'Exposition de Bruxelles la participation étrangère la plus nombreuse et la plus brillante dont jamais exposition belge ait été honorée. Leur bienveillance demeurera pour nous un sujet de fierté et de gratitude ! (*Nouveaux applaudissements.*)

Le baron Janssen dit ensuite toute sa reconnaissance à tous ceux qui firent si grande, si belle l'Exposition de 1910 : au gouvernement et en particulier au ministre de l'Industrie et du Travail (*Applaudissements*) ; au Commissariat général du gouvernement belge.

Je renouvelle également ici, dit l'honorable Président, avec toute la force dont je suis capable, nos remerciements émus à MM. les Commissaires généraux et Présidents des Sections étrangères et à leurs dévoués collaborateurs. Ce qu'ils ont fait pour la grandeur de l'Exposition de Bruxelles, je n'ai pas à le redire : leur œuvre éclate à tous les yeux ; mais je veux leur attester ici combien nous avons été touchés de leurs procédés délicats, de leurs attentions charmantes, de cette atmosphère d'amitié dans laquelle ils nous ont fait vivre et que n'altérera ni le temps, ni l'absence.

C'est à chacun que je devrais offrir ici l'hommage de notre reconnaissance, et je recule — non pour moi, mais pour ceux qui daignent m'écouter — devant l'énormité de la tâche.

Laissez-moi cependant reporter notre souvenir vers l'homme qui, dès la première heure, s'est donné à notre œuvre, lui imprimant un essor qui l'a portée vers ses brillantes destinées. Cet homme dont, en cet instant précis, l'esprit vous eût réjouis s'il nous avait été donné de le conserver à notre tête, notre regretté Président, Emile de Mot.

Vous me permettrez aussi d'adresser un mot de particulière, de cordiale, de familière gratitude à deux hommes d'élite qui, avec un désintéressement absolu, ont consacré plus de quatre années de leur vie au succès de l'Exposition de Bruxelles, à deux hommes qui, n'en faisant qu'un, furent l'âme de notre entreprise et la conduisirent au triomphe : Je ne vous les nomme pas, car, tandis que je parle, je vois sur toutes les lèvres passer le nom des deux Directeurs généraux. (*Ovation.*)

Et ces remerciements que j'exprime, à vous tous, d'un cœur sincère, ne sont pas dépourvus de mélancolie ; il me semble qu'avec eux tombent de mes mains des fleurs qui s'effeuillent et que la bise d'hiver éparpillera demain à tous les coins du monde...

Il s'est établi entre les peuples, ici, sur la terre neutre et pacifique de notre pays, des relations et des liens plus forts et plus durables ; la connaissance plus complète des mérites et de la valeur de chaque nation a fait apparaître, plus impérieuse et plus pressante, la nécessité de se conformer à un idéal de justice et de solidarité.

Il s'est échangé beaucoup de science, il s'est répandu beaucoup de lumière.

Les palais et les galeries ont révélé la force de l'homme aux prises avec la matière ; les congrès et les conférences ont affirmé le fond de bonté de l'homme, son ambition d'améliorer moralement et matériellement les individus et les sociétés.

Et le regret que nous éprouvons à voir mourir, toute belle et toute souriante, une Exposition qui fut l'œuvre de nos mains, doit s'atténuer à la pensée que demain, sur un autre sol, va s'ouvrir une Exposition universelle où toutes les nations du monde apporteront leurs nouvelles contributions au progrès : Souhaitons à notre jeune sœur toutes les joies, tous les succès. (*Vifs applaudissements.*)

Dans une éloquente péroraison, le baron Janssen s'écrie :

Ne craignons pas de nous sentir fiers de notre effort ; il marquera dans l'œuvre de l'Humanité et il servira de base au progrès de demain ! (*Longs applaudissements.*)

M. Hubert apporte l'hommage de reconnaissance du Gouvernement à tous ceux qui contribuèrent au succès de l'Exposition et particulièrement aux représentants des nations étrangères qui ont témoigné de leur estime et de leur amitié à la Belgique.

Discours de M. Chapsal

C'est M. Chapsal, Commissaire général de la France, qui se fait l'interprète de ses collègues étrangers.

Lorsqu'au début de l'Exposition, dit-il, ayant l'honneur de parler pour la première fois au nom des participations étrangères, j'affirmais que si nous nous étions empressés d'accourir en si grand nombre à l'appel de la Belgique, c'est que nous étions convaincus qu'à son œuvre grandiose était réservé un retentissement considérable dans le monde industriel et artistique, et que nous étions assurés d'y trouver un généreux accueil en même temps qu'un traitement équitable.

Aujourd'hui que nous sommes arrivés au terme de la course et que la belle féerie va s'évanouir, il me sera bien permis de déclarer que les faits ont ratifié nos pressentiments et que l'Exposition de Bruxelles comptera parmi les plus intéressantes et les plus renommées de ces manifestations internationales ; et cette déclaration, j'ai bien le droit de la faire, en dépit de la catastrophe qui a atteint partiellement certaines Sections et qui, en définitive, a servi à mettre en relief les qualités d'énergie et de décision de leurs organisateurs.

Rivalisant d'ardeur et d'ingéniosité, chaque pays s'est, en effet, appliqué à montrer ses ressources et ses forces, et, en les contemplant dans ce miroir, chacun a pu prendre conscience de sa valeur, y puiser d'utiles enseignements et apercevoir le but véritable qu'il doit assigner à ses efforts. C'est ce qui nous fait dire que l'Exposition de Bruxelles marquera un pas nouveau dans la voie de l'activité matérielle et morale et qu'elle répandra dans ce monde des germes de progrès. (*Applaudissements.*)

Mais ce que nous autres, étrangers, avons été heureux de constater, c'est tout cet ensemble d'initiative et de richesses que le règne passé avait suscité en Belgique et tout ce que promet de travail et de prospérité le règne qui commence.

Aussi notre admiration pour le peuple belge, messieurs, s'en est-elle accrue davantage.

L'image peut donc disparaître ; elle a produit ses effets utiles. (*Nouveaux applaudissements.*)

L'un de ces effets, auquel nous attachons le plus grand prix et qu'il convient de retenir, c'est qu'en nous mettant en contact les uns avec les autres, l'Exposition a resserré les liens existants d'amitié et de sympathie, et provoqué des sentiments d'estime et de confiance réciproques entre nous tous.

L'incontestable rivalité des intérêts ne nous a pas empêchés de reconnaître les efforts accomplis dans chaque Section. Aussi allons-nous sortir de ce concours avec des idées de fraternité et de bienveillance mutuelles, en souhaitant que ce bienfait se perpétue tout en s'élargissant.

Vous serez tous d'accord avec moi, mes chers collègues qui m'avez chargé d'exprimer votre pensée, en remerciant chaleureusement les initiateurs et les organisateurs de cette inoubliable manifestation, depuis ceux qui en furent l'âme jusqu'aux plus humbles bras.

En premier lieu, les membres du Comité exécutif et à leur tête le vaillant et sympathique Président, le baron Janssen ; les dévoués et énergiques Directeurs généraux, Keym et le comte Van der Burch ; le distingué Commissaire général du Gouvernement belge, le duc d'Ursel, et ses obligeants collaborateurs. (*Ovation.*)

Vous trouverez tout naturel que j'associe à ces remerciements les membres du Gouvernement belge et en particulier M. Hubert, Ministre de l'Industrie et du Travail, qui n'a cessé de nous donner, au cours de ces mois vécus ensemble, des marques de sa sollicitude et de sa sympathie.

Mais, messieurs, soyez persuadés que ce n'est pas sans un sincère regret que nous allons voir disparaître toutes ces galeries, tous ces palais éphémères, où nos exposants s'étaient évertués à rassembler le produit de leur travail et de leurs recherches. Ce n'est pas non plus sans un serrement de cœur que nous quittons cette terre de Belgique où nous avons apprécié si largement l'antique renom de sa cordiale hospitalité. Ce qui sera de nature à atténuer nos regrets, c'est que nous y laissons de solides amitiés et que nous emporterons dans nos patries de précieux et charmants souvenirs.

Au nombre de ces souvenirs, il en est un durable que nous devons à la générosité du Comité exécutif et pour lequel nous tenons à le remercier tout spécialement : c'est la statue de saint Michel, due au talent d'un de vos éminents sculpteurs. En la contemplant, elle nous rappelle votre belle et artistique cité, en même temps qu'elle symbolisera pour nous le triomphe du travail et de l'intelligence sur l'esprit de haine et d'envie.

Au nom des nations étrangères, je vous convie à lever votre verre à la grandeur de la Belgique. (*Double salve d'applaudissements.*)

Discours de M. Albert

M. Albert, Commissaire général du Gouvernement allemand, prend ensuite la parole.

Mon honorable collègue M. Chapsal, Commissaire général du Gouvernement français, vient, dit-il, d'exprimer avec tant d'éloquence les sentiments qui nous animent tous envers la Belgique, envers les organisateurs de cette grande Exposition, que je ne puis que m'associer entièrement à ses paroles.

Pourtant, je tiens à dire quelques mots, afin de m'acquitter d'un devoir, d'une véritable obligation morale.

Au début de l'Exposition, l'Allemagne a été hautement et fréquemment félicitée pour l'énergie qu'elle avait déployée pour que sa Section fût prête le jour de l'ouverture officielle. Aujourd'hui, jour de la fermeture officielle, j'ai le devoir de dire bien haut que cette énergie a été dépassée par le courage et la résolution des nations si cruellement éprouvées lors de l'incendie du 14 août. (*Vifs applaudissements.*)

Nous, Allemands, qui aimons à entendre louer notre ardeur à la tâche, nous sommes pénétrés d'admiration devant l'acte du Comité exécutif belge qui, le jour même du sinistre, dans une séance extraordinaire et mémorable, vota à l'unanimité la reconstitution de la Section et l'édification d'une nouvelle façade monumentale.

Et comment louer l'Angleterre qui, en moins de six semaines, nous offrit une nouvelle Section presque aussi complète, aussi remarquable que la première ? Et la France qui, comme toujours, avec le mot heureux et spirituel aux lèvres, effaça en quelques jours les traces du sinistre et rouvrit ses portes au public. (*Ovation.*)

Ainsi, les mauvais coups du sort tournent parfois à l'avantage des victimes, leur donnant l'occasion de déployer une force de volonté et de travail extraordinaire, et ralliant autour d'eux des sympathies plus vibrantes. Nos liens internationaux n'ont-ils pas été resserrés autour des nations éprouvées ? N'avons-nous pas senti plus vivement, depuis cette époque, le désir de voir se nouer des relations personnelles et amicales entre les représentants, ici assemblés, des pays étrangers ? Et je ne puis m'empêcher de remarquer combien furent parfaits les rapports personnels ou officiels qui, dès le début de l'Exposition, s'établirent entre les Commissaires généraux, les Présidents des Commissions et tous les organisateurs de l'Exposition belge.

Je ne crois pas me tromper en disant qu'une franche, qu'une loyale camaraderie nous unit, que tous nous verrions avec un vif regret l'un ou l'autre d'entre nous s'éloigner de ce cercle amical nouvellement formé. Le temps me manque pour donner à chacun les louanges qu'il mérite, mais vous m'en voudriez tous, j'en suis certain, si je ne nommais en particulier le doyen des Commissaires généraux, M. Chapsal, dont la sage et multiple expérience nous a toujours été d'un si précieux concours. (*Ovation.*) « L'expérience donne des leçons », dit le proverbe, « mais elle forme de mauvais élèves ». J'ose donner tort à cette soi-disant vérité, et déclarer que je n'oublierai jamais comment on peut allier à une grande courtoisie et amabilité la force nécessaire pour défendre et faire triompher les intérêts de son pays. Par ses qualités, M. Chapsal, notre doyen, a su gagner non seulement notre sympathie, mais encore notre confiance à tous.

Je lève mon verre à la prospérité de la Belgique et à la jeune dynastie qui préside à ses destinées ; je lève mon verre, messieurs, à l'amitié qui a grandi entre nous, cimentée par le travail en commun ; je lève mon verre bien haut à l'entente cordiale entre les nations.

Toute l'assistance acclame avec enthousiasme M. Albert.

M. Reyntiens, Commissaire général adjoint du Gouvernement britannique, remercie en quelques mots charmants MM. Chapsal et Albert des paroles cordiales qu'ils ont adressées à la section anglaise. Si, dit-il, nous n'avions pas eu l'aide si précieuse des Belges, il nous eût été impossible de reconstruire notre section. Nous avons pu apprécier la justesse du dicton anglais qui affirme que c'est dans le malheur que l'on reconnaît les vrais amis : « Friend in need, friend indeed. » (*Vifs applaudissements.*)

M. Uttini, Commissaire général adjoint de l'Italie, s'associe, au nom du pays qu'il représente, aux hommages adressés à la Belgique.

Il était près de onze heures lorsque le banquet s'est terminé.

CONCLUSIONS

La merveilleuse Exposition qui vient de clore ses portes a, plus que ses devancières, fait apprécier les avantages que les peuples ont à se rencontrer amicalement sur le terrain économique.

Notre production vinicole si brillamment représentée, a été à la hauteur de sa réputation, et certainement le goût du vin français s'est encore accentué à Bruxelles à cette occasion.

Il nous appartient à nous, commerçants, de profiter de ces bonnes dispositions du consommateur belge pour envahir ses caves, c'est la seule forme de conquête que nous rêvions.

D'ailleurs, M. le Commissaire Général a bien voulu proclamer à maintes reprises, que son meilleur auxiliaire, celui qui prépare le mieux le terrain de l'entente, était le vin français. — La Classe 60 fut donc une fine diplomate sans le savoir.

Maintenant que cette vérité n'est plus contestable, faisons notre profit des bonnes dispositions que tous les peuples de goût, ont naturellement pour nos produits, et dispersons notre effort pour que les vins de France — fassent plus complètement encore la conquête du monde, — en apportant le sourire et la joie sur toutes les tables.

C'est sur cette note de bonne humeur, que je veux clore un Rapport qui fatalement conserve l'aridité d'une comptabilité. La seule satisfaction que nous puissions en tirer, c'est que l'inventaire se solde en bénéfices.

Em. GOULET.

Récompenses décernées aux Collaborateurs

(**G. P.** signifie : *Grand Prix* ; **D. H.**, *Diplôme d'honneur* ; **O**, *Médaille d'or* ; **A.**, *Médaille d'argent* ; **B.**, *Médaille de bronze* ; **M. H.**, *Mention honorable.*)

Maison Amiot (Veuve), à Saint-Hilaire-Saint-Florent (Maine-et-Loire) :

POIRRIER (Léon)................ A.
PASQUIER (Ludovic)............. B.

— Ardura (A.), à Blaye :

CHAPELIN (Th.)................. A.
CASSON .... A.

— Aubier (Gaston), à Champeville :

AUBIER (Henri)................. B.

— Aubry (Désiré), à Pellepoix, Beaumont-sur-Sèze :

SOULA (J.)..................... A.

— Austruy, 46, avenue de la Gare, à Saint-Ouen :

CHOUET (Emile) .... B.

— Balaresque, à Bordeaux :

MOUSSAC (Ulysse)............... A.

— Baron (Ch.), 55, rue des Graves (Halle aux Vins), à Paris :

GASGNIER (Abel)................ A.

— Bary (L. de), 17, rue Lesage, à Reims (Marne) :

GOUVENAUX (L.) .... A.
OUDART (Prosper)............... A.

Maison Baugé (Emile), à Rochefort-sur-Loire :

Malinge (Célestin)............... M.H.

— Beaudet (A. et L.), à Beaune (Côte-d'Or) :

Moine (François)................ O.

Crétin (Pierre) .... A.

— Bellemer (Théodore), à Macau (Gironde) :

Bellemer (Louis)................ A.

Ducos (Charles)................. A.

— Bellocq (Eugène), à Moncin (Basses-Pyrénées) :

Labé (Bernard) .... O.

— Belorgey (E.), à Morey :

Clerget (Pierre)................ O.

— Bevière (de la), Château de Laucran :

Meignan (Jean).................. A.

— Billet-Petitjean, à Beaune :

Laboureau (Henry) .... O.

— Bisch (Veuve), Château Quentin, à Saint-Emilion :

Chavier (Henri)................. A.

— Bisquit-Dubouché et Cie, à Jarnac (Charente) :

Braastard (H.) .... A.

— Blanc (Jean-Pierre), à Denice (Rhône) :

Lagarde (Jean) .... O.

— Bodin (Emile), à Cassis-sur-Mer (Bouches-du-Rhône) :

Chabert (Joseph) .... B.

— Boisnet (Emile), à Gevrey (Côte-d'Or) :

Vadot (Paul) .... B.

Maison Boissard (de), Château de la Chauvière, à Saint-Georges :

RICHARD (René) .... A.

— Boivin (M.), Halle aux Vins, à Paris :

RAMEAU (A.)...................... B.
GUYON (Camille)................. B.

— Bouchard aîné, à Beaune (Côte-d'Or) :

GUILLEMINOT (Charles)........... A.
MASSON (Ed.) .... B.
DUCROT (Alph.) .... B.

— Bouchet-Mothe (J.), à Vic-Fézensac (Gers) :

AGUT (Noël)..................... O.
DELTEIL (Eugène) .... A.
AGUT (Charles) .... A.

— Bouhey-Allex, à Villiers :

VALLOT (Jean-Baptiste).......... A.
MAINGEON (Georges) .... M.H.

— Bourcier (Léon), Château de Briançon, à Rablay :

DAVID (Simon)................... A.
DAILLEUX (Jean)................. M.H.

— Brenot (Albert), à Savigny-lès-Beaune (Côte-d'Or) :

BOUCHART (Denis)................ O.
VOLLOT (Ed.).................... O.

— Brossault et Cie, à Bordeaux (Gironde) :

VALLET (Eugène)................. A.

— Brunet (Amédée), à Onzain :

AVELINE (Adrien) .... A.

— Cantegril (Albert), à Listrac :

BERNOM (Emilien)................ B.

— Capitain-Gagnerot, à Ladoix :

BOUT (Adolphe).................. A.

Maison Carles (Ed.), à Narbonne :

Daunis (Jules)...................... A.
Guiral (François)................... B.
Bouzigues (François)................ B.
Morpain (Adrien).................... B.
Bayle (Antonin)..................... B.

— Castaigna (H.), à Quinsac :

Lesvignes (Jean).................... B.
Videau (Armand)..................... M.H.

— Cazalet et fils, à Bordeaux :

Robert (Emile)...................... B.
Audinet (Raoul)..................... B.

— Chamonard (J.-B.), à Romanèche :

Pourdevaux (Frédéric)............... O.
Nétient (Pierre).................... A.
Jambon (Jean)....................... B.

— Maison Chandon et Cie, Epernay :

Piquart............................. A.
Lebègue............................. A.
Dauvissat........................... A.
Gourdier............................ A.
Collard............................. B.
Rusche.............................. B.

— Chanson père et fils, à Beaune :

Garnier (Pierre).................... G.P.
Déguin (Joseph)..................... D.H.

— Charbonneau et Lehou, à Saumur :

Burgeon (Mlle Marie)................ A.
Sauzay (Louis)...................... A.
Girard (Louis)...................... B.

— Charoulet (Adolphe), Château Saint-Georges, à Saint-Emilion :

Eygnard (Ferd.)..................... O.

Maison Chataigner, à Joué-les-Tours :

BARRAT (Charles) .... B.

— Chaussepied (Alexis), à Saint-Hilaire-Saint-Florent (Maine-et-Loire) :

TAQUET (Auguste) .... A.
COVARY (Henri) .... A.

— Colomb-Maréchal, à Meursault :

PRIEUR .... A.

— Comice viticole de Gevrey (Côte-d'Or) :

VALLON .... A.

— Coopérative vinicole « L'Agly », à Cases-de-Pène :

PASTOR .... B.
VICÈRE .... B.

— Maison Cotillon et Cie, 46, rue de Barsac, à Paris :

RIMLINGER (Ed). .... A.

— Courreyre (F.), 46, rue de Graves, à Paris :

LACROIX (Pierre) .... A.

— Daniaud (Laurent), à Cézac :

DENÉCHEAU (Jean) .... B.

— Dejean (Armand) et Cie, à Bordeaux :

FAURE (Emilien) .... M.H.

— Delaage et Cie, à Libourne :

LAFOURCADE (Edmond) .... A.

— Delaunay (E.), à Is-sur-Tille (Côte-d'Or) :

ANDRIOT (Jules) B.
RENARD (Prosper) .... B.

— Despujol (Fils) et Picq, à Libourne :

CHOLET (Charles) .... O.
LUREAU (Henry)................. O.

Maison Douat (D.), à Bordeaux :

BERNARD dit GACHET .... A.

— Dreux-Brézé (de), à Brézé :

AUGEREAU (René .... B.

— Dumas (Francisque), à Villefranche :

DERRIN (F.). .... B.
BLANC (Mathieu) .... B.

— Dumoulin aîné, à Savigny-lès-Beaune (Côte-d'Or) :

BROCARD (Jules) .... O.
VOLLAT (Maurice) .... O.
MINOTTE (Henri) .... A.
LAGRANGE (Joseph) .... A.

— Dupré (Jules) et Cie, à Auxerre :

MOLLARET (Joseph) .... D.H.
NIQUET (Victor) .... O.
BÉZINE (Edmond) .... O.

— Durand-Dassier, à Parempuyre :

BLANC (Louis) .... O.

— Duroy de Suduiraut (G.), à Pauillac :

NOEL (Jean) .... O.

— Dussaux (Pierre), à Panjas (Gers) :

CASTERA (Jean) .... A.

— Duvigneau, à Condom (Gers) :

TEYSSANDIER (A.) .... D.H.
BEAUREGARD .... A.

— Escande (Th.) et Cie, à Bordeaux :

ESCANDE (Paul) .... A.

Etablissements Richard et Muller, à Bordeaux :

LAY (Théophile) .... A.
DEHIS (Bernard) .... A.

Maison Fellot (Alexandre), à Savigny :

TROUILLOT (Paul) .... A.

Maison Ferriol (François), à Cases-de-Pène :

CLAVET (Michel) .... O.
DANOY (Pierre-Ange) .... A.

— Floris (de), à Ludon :

HOSTEINS (Gabriel) .... A.

— Fougerat, à Levallois-Perret (Seine) :

RAMBAUD (Henri) .... A.
SCHNEIDER (Lucien) .... A.
ECHEVERRIA (Victor) .... B.
COUVERT (Anatole) .... B.
BOUTAUD .... B.
MARAIS .... B.
NONNIN .... M.H.
MOUNIER .... M.H.
PRÉVOST .... M.H.
SAUVAGET .... M.H.

— Gabarrot et Daroux, à Vic-Fezensac (Gers) :

CABANNES (Auguste) .... O.
CABANNES (André) .... A.

— Gaessler-Noirot, à Beaune :

CLAUDE (Germain) .... A.

— Gallice (L. et A.), à Bordeaux :

PLAISANCE (Pierre-Andrieu) ...... B.

— Gargan (Charles), Château de Vergnes-Beaulieu :

DUVERGIER .... O.
BINASSEAU .... A.
BARREL .... A.
DELPRAT (P.) .... B.
DUVERGER .... B.

— Garraud fils, à Beaune :

TABOUREAU .... A.
TREMEAU .... B.

— Gauthey cadet et fils, à Beaune (Côte-d'Or) :

BIZE (Camille) .... A.

Maison Gès (Emmanuel), à Castel-de-Blés :

Tisseyre (Bernard) .... O.

— Gilles-Deperrière, à la Grange :

Gilles-Deperrière (André) ..... M.H.

— Girard (Achille), à Saumur :

Trudelle (Louis) .... A.

Gautier (Charles) .... A.

— Giraud frères, à Meursault Côte-d'Or) :

Chouet (Henri) .... A.

Ponnelle-Leroy .... A.

— Granel, à Aix :

Delonca (Etienne).............. B.

— Gratadour, à Libourne :

Pinard (Louis) .... B.

— Gratien et Meyer, à Saumur :

Roualet (Ernest) .... B.

— Grelat (Ach.), Château de Gaussan, Bizanet :

Berdu (Jean) .... A.

Bartissol (Charles) .... A.

— Gros-Renaudot, à Vosne-Romanée :

Cocu (Adolphe) .... B.

— Guichard (Albert), à Chalon-sur-Saône :

Brugneaux .... D.H.

Virot (J.) .... D.H.

— Guiche (de la) et Mérode (de), à La Chassagne :

Germain (J.-B.) .... A.

— Guilpin-Jahannault, Domaine de Chaumont (Loir-et-Cher) :

Barbotin (Denis) .... A.

Maison Hanappier et Cie, à Bordeaux :

Moulin (Armand) . . . . A.
Nils-Lindon . . . . B.

— Herault (Émile), à Coulanges :

Dabert (Hippolyte) . . . . B.

— Heurtault (A.), à la Bouchardière, par Joué-lès-Tours :

Vaulet (Constant) . . . . B.

— Houbron (Maurice), 11, rue Basse, à Lille :

Menet (Charles) . . . . A.

— Jacquemont, à Lyon :

Sapin (Benoît) . . . . A.

— Jacquet et fils, à Libourne :

Bouché (Abel) . . . . O.
Bernadet (Jean) . . . . A.

— Janneau, à Condom :

Tochebus (Samuel) . . . . A.
Ducor (Joseph) . . . . B.
Lacassin (Elie) . . . . B.
Argelet (Paul) . . . . B.

— Javillier Raby (C.), à Beaune :

Raby (Auguste) . . . . B.

— Joninon (L.), 66, rue du Port-de-Bercy, Paris :

Lefort (C.) . . . . A.

— Joué (Auguste), à Perpignan :

Bory (Louis) . . . . A.
Galles (Joseph) . . . . B.

— Jourdan (A.), à Fleurie :

Duroux (A.) . . . . B.

— Laly frères, à Uxeau :

Latrasse (Jean) . . . . M.H.
Machuron (Antoine) . . . . M.H.

Maison Langlois-Fournier, 6, avenue de la Gare, à Sarcelles :

Breton (André) .... B.

— Lardet (Tony), à Mâcon :

Loudot (J.-M.) .... O.
Dumollard (Armand) .... B.

— Laroze fils, à Gevrey :

Laroze (Mme veuve) .... A.

— Lebègue et Cie, à Cantanac :

Béziade (Aug.) .... O.

— Lefèvre et Remondet, à Beaune :

Paregot (Emile) .... B.

— Legendre et Cie, à Libourne :

Meu (Gustave) .... A.

— Leleu (Félix), à Rouen :

Vattement (Joseph) .... A.
Accard (Charles) .... B.
Vaisset (Jules) .... B.

— Lemesle (Albert), à Saint-Michel :

Charron (Georges) .... B.

— Lequeux, à Châlons-sur-Marne :

Collard (Emile) .... A.

— Lestage, à Moulis :

Jeauty-Berminet .... O.

— Liger (Georges), à Saint-Aunay, Puichérie :

Degat (Jean) .... A.
Panille (Louis) .... B.

— Lignon, à Lyon :

Fontaine (Adolphe) .... D.H.

— Loppin de Gemeaux, à Gemeaux :

Tridard (Etienne) .... O.

Maison Maget « Le Lotus », à Xambes :

Marot (Désiré) .... B.

— Malaquin (E.), 75, rue du Port-de-Bercy, à Paris :

Biney (Arnaud) .... D.H.

Boudal (Paul) .... O.

— Maldant (A.), à Savigny :

Dutroup (Edouard) .... B.

— Maldant (Ch.), à Savigny :

Jacquenine (Auguste) .... A.

— Marceau (M.), à Bordeaux :

Villechenoux (de) .... O.

Ducasse (E.) .... A.

— Marcilly (de) frères, à Chassagne :

Beault (Edouard) .... O.

Corey (Paul) .... A.

Goudiard (André) .... A.

— Marisy (de), à Gevrey :

Moniot (Jules) .... A.

— Martinet, Piat, à Mâcon :

Giraud (Benoît) .... A.

— Maurin (J.-B.), à Bordeaux :

Lespès (Félix) .... O.

Brangier (Louis) .... A.

Echeine (Alexandre) .... B.

— Mendelssohn (Robert von), à Margaux :

Merillon (J.) .... B.

— Mermilliod, à Ambonnay :

Antoine (Adolphe) .... B.

— Meynard (Jean), à Saint-Vivien-de-Blaye :

Billeau (Pierre) .... M.H.

Billeau (Mme) .... M.H.

Maison Messener-Blanchet, 58, rue du Port-de-Bercy, Paris :

PLESSIS (L.) .... A.

— Mestrezat et Cie, à Bordeaux :

VIDEAU (Léonce) .... O.
LAPLACE (Auguste) .... O.

— Michaelsen et Cie, à Bordeaux :

ANDRÉ dit HENRY MAUSIGNEY...... O.

— Mignot (Louis), à Belle-Rive :

COTTENEAU (Antoine) .... B.

— Mignot-Mignot, à Vouvray :

MIGNOT-AUBERT (S.).............. B.

— Moingeon-Ropiteaux, à Savigny-lès-Beaune :

DENIS-BAZERALLE .... B.

— Mongin-Dupont, à La Rochelle :

FONTENEAU (Pierre) .... B.

Moniteur Vinicole (J.-G. Dubosc), 6, rue de Beaune, à Paris :

SIMPÈRE (Ch.) .... O.

Maison Monteau (Paul), à Saint-Just :

BREAU (Marcel) .... M.H.

— Moreau (G.) et Cie, à Podensac :

BISOULET (C.) .... A.
LABEYRIE (A.) .... B.

— Moreau (J.) et Cie, à Chablis :

BOUCHERON (Ferdinand) .... B

— Moreau-Voillot, à Beaune :

BOURRELIER (André) .... O.

— Les Héritiers du comte de Ferrand, Château Mouton d'Arnaillacq, à Pauillac :

PLANES (Aristide) .... O.
MOREAU (Antoine) .... A.
MOREAU (François) .... B.
COULARIS (Jean) .... B.

Maison Moyet-Gautier, à Saint-Sulpice :

BOUEYR (Stanislas) .... A.
MEYNARIE (Adolphe) .... A.
ROBERT (Octave) .... B.
CHAPERON (Théo) .... B.
VILANIE (Mlle Claudine) .... M.H.

— Muicy-Louys, à Saint-Julien :

PILOTTEAU (Alexandre) .... B.

— Naigeon (G.), Beaune :

BENTZ (Adrien) .... D.H.
BEAUNE (Bernard) .... A.

— Nelson-Dorgueilh, à Podensac :

CASTEX .... M.H.
DECORS (Jules) .... M.H.

— Nismes-Delclou et Cie, à Pont-de-Bordes :

FABIEN (Joseph) .... O.

— Pams (Eugène), à Perpignan :

ALLÈS (Hyacinthe) .... O.

— Papelorey et Lenglet, à Condom :

CLÉMENT (Amédée) .... O.
VISEUX (Joseph) .... A.
VALLE (Gustave) .... A.
LOZE (Eugène) .... B.
DELAUNAY (Charles) .... B.
TAUPIN (J.) .... B.

— Paquier-Desvignes et fils, à Saint-Lager :

GABET (Louis) .... A.
JAMBON (Claude) .... A.
LAFOND (Claude) .... B.

— Pavillon (Vicomtesse Joseph du), à Listrac :

HOSTEN (Auguste) .... A.
MICHEL (Pierre) .... B.

— Pellisson père et Cie, à Cognac :

MONNET (Abel) .... O.

Maison Péradon (Docteur Cyprien), à Rochecorbon :

MIGNOT (Louis) .... B.

— Petit (Léopold), à La Sauvetas, Cars :

DESCOMBES (Georges) .... B.
MASSIÈRE (Auguste) .... B.

— Peyrun-Berron, à Castelnau :

LOUGUNEGRAND .... A.

— Picq-Bonnet (E.), à Chablis :

PICQ (Henri) .... B.
SÉGUIN (Jules) .... B.

— Pin frères, à La Gaude :

SEREN (Joseph) .... A.

— Pinson (Emile), à Chablis :

PINSON (A.) .... B.

— Pinson-Lamare, à Chablis :

DURVILLE (Albert) .... B.

— Planchenault (A.), à Angers :

GUITONNEAU (Joseph) .... O.

— Poncet (Marc), à Romanèche-Thorins :

GEORGE JOANNY .... M.H.

— Pouthier (Louis), à Lignan ;

AMBEAU (Auguste) .... B.

— Potin (F.) et Cie, 103, boulevard Sébastopol, Paris :

GRUYER (Joseph) .... G.P.
DEPLATIÈRE (Pierre) .... O.
GUERRY (Henry) .... A.

— Pouilloux (R.), à Saint-Jean-d'Angély :

JOÇHEUR .... O.
POLIN .... O.
VILLENACUR .... B.
MARTINET .... B.
BOUCHET .... B.

Maison Provost (Alfred), à Angers :

DAVY (François) .... A.

— Pupidon-Comptour, à Saint-Germain-Lembron :

MONTEL (Charles) .... B.

— Rayne (Ulysse), à Saint-Seurin-de-Cursol :

HÉRIT (Adrien) .... B.
GUINDRON (Adrien) .... B.

— Renard et Zacharie, à Lyon :

MARTIN MARCELLIN .... B.

— Richard (L. Delcous), à Charenton :

BRANA (Adrien) .... D.H.

— Rigaud (Mme), Château Rauzan-Gassies :

THOUVIGNON (Maurice)........... O.
GEORGES (Philippe).............. A.
DEBET .... A.

— Rignoux et Cie, à Surgères :

PINSONNEAU (Joseph) .... A.
PINSONNEAU (Alexandre) .... A.
MIGAUD (Ulysse) .... B.
PERRAUD (Julien) .... B.

— Rion (Jean), à Saint-Genès :

CHASSAN (Pierre)................ B.

— Robin (Eugène), à La Rochelle :

GIRARDIN (Edmond).............. B.

— Rogée-Fromy, à Saint-Jean-d'Angely :

FONTAINE (Alphonse)............ D.H.
MARCHESSEAU (L.)............... D.H.
SICARD (Georges)................ O.
BELLEGY (Mme) .... O.
HILLAIRET (Arnaud).............. A.
LEVESCOT (Auguste).............. A.

— Rothschild (H. de), à Pauillac :

BONNEFOUR (Gustave)............ A.

Maison Roumengou (Jean), à Cugnaux :

LAGUENS (Numa)................ A.

— Rouquette (E.), 1, rue Saint-Louis-en-l'Ile, à Paris :

HOURSEAU (Georges)............ B.

— Samboeuf (F. de), à Pontebardon, Cour-Cheverny :

GAILLARD (Jules)................ B.

— Sarget de la Fontaine (Baronne), à Saint-Julien :

DENANT (Edmond)............... O.

PRÉVOST .... A.

GARRABEZ (Fernand)............ B.

— Saune (de), à Villemur :

PEYRE (Adrien)................. B.

— Savarias (Ch.), à Marsas :

JOUANET (Vincent).............. B.

— Scaliet (V.), 9, place de la Madeleine, à Paris :

FOURRIER (Ch.)................. O.

— Schroeder et de Constans, à Bordeaux :

MONTEL (Jean).................. O.

DELIS (Joseph)................. A.

DUBUCQ (Emile)................. A.

SAUNER (Georges)............... B.

— Seilheau et fils, à Bordeaux :

DUPUY (Albert)................. A.

— Signoret (A.), à Saint-Androny :

FRUITIER (Théophile)........... B.

Société vigneronne de Bouix :

BERNARD (Eugène)............... B.

DUMONTIER (Lucien)............. B.

— vinicole de Blaye :

BOUQUET (Paul-Louis) .... A.

Maison Soualle (L.), à Pont-Sainte-Maxence :

Fasquel .... D.H.
Revouy (Jules).................. O.
Triboulet (Prosper)............. O.
Vasseur .... A.

— Sourbets (J.) et fils, à Mont-de-Marsan :

Despons (Hippolyte)............. A.

— Sourdillat-Tachy, à Brienon :

Gourdeaux (Louis)............... B.

— Souzy (de), à Quincié :

Duchamp (Louis)................. O.

Syndicat du Commerce en Gros des Vins et Spiritueux du Département de la Gironde, 2 *bis*, rue Guillaume-Brochon, à Bordeaux :

Rous (Pierre)................... A.

— National du Commerce en Gros des Vins, Cidres, Spiritueux et Liqueurs de France et Secrétariat de la Classe 60, 19, rue Bergère, Paris :

Villamaux (Henri)............... G.P.
Morlotti (F.)................... O.
Villamaux (Antoine)............. O.
Colibert (Ch.).................. O.
Doquin (Cam.)................... O.
Chaumet (Robert)................ A.
Garangeat (Gilbert) .... B.

Maison Talayrach (Célestin), à Pézilla-la-Rivière :

Padrines (Pierre)............... B.
Albert (Jean)................... A.

— Thomas-Bassot fils, à Gevrey :

Côte (Julien)................... O.
Bourgeot (Auguste).............. O.
Thomas (Jules).................. B.

— Thomas-Sourdais (Jacques), à Azay-le-Rideau :

Thomas (Alfred)................. M.H.
Thomas (Emile).................. M.H.

Maison Topart (D), Château des Forges, à Angers :
Boulier (Pierre)................ A.

— Trotin (A.), 92, rue du Commandant-Marchand, à Paris :
Raffard (F.).................... B.
El Hadj Abd-el-Kader........... B.

— Tulasne-Lebert (D.), à Cinq-Mars-la-Pile :
Gillot (Auguste)................. A.
Chapeau (Louis)................. M.H.

— Vaillant aîné, à Cossé :
Toussaint-Bordereau fils........ M.H.

— Vavasseur (Charles), à Vouvray :
Branchereau (Joseph)........... A.
Lefèvre (Clovis)................ M.H.

— Versein et Minvielle, à Bordeaux :
Ithier (Pierre).................. O.

— Vézin (Alexandre), à La Touche-Molineuf :
Gaillard (Auguste).............. B.

— Vial (Fl. de), à Lynch-Bager, Pauillac :
Eyssan (Edmond)................ A.
Labbé (Alexandre)............... A.

— Videau fils et Cie, à Bordeaux :
Couturreau (Adrien)............. O.

— Virey (Ph.), à Monceau-Lamartine :
Toutart (Jean).................. O.
Dally (Joseph).................. O.
Delaye (J.-M.).................. A.
Vessigand (Jacques)............. B.
Sire (Pierre).................... B.

— Vitou (Henri), Halle aux Vins, à Paris :
Rousseau (Paul)................. A.

TABLE DES MATIÈRES

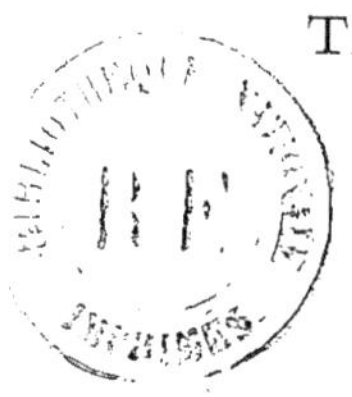

TABLE DES GRAVURES

PARIS
IMP. LEFEBVRE
5 à 7, rue Claude-Vellefaux
10e Arrt

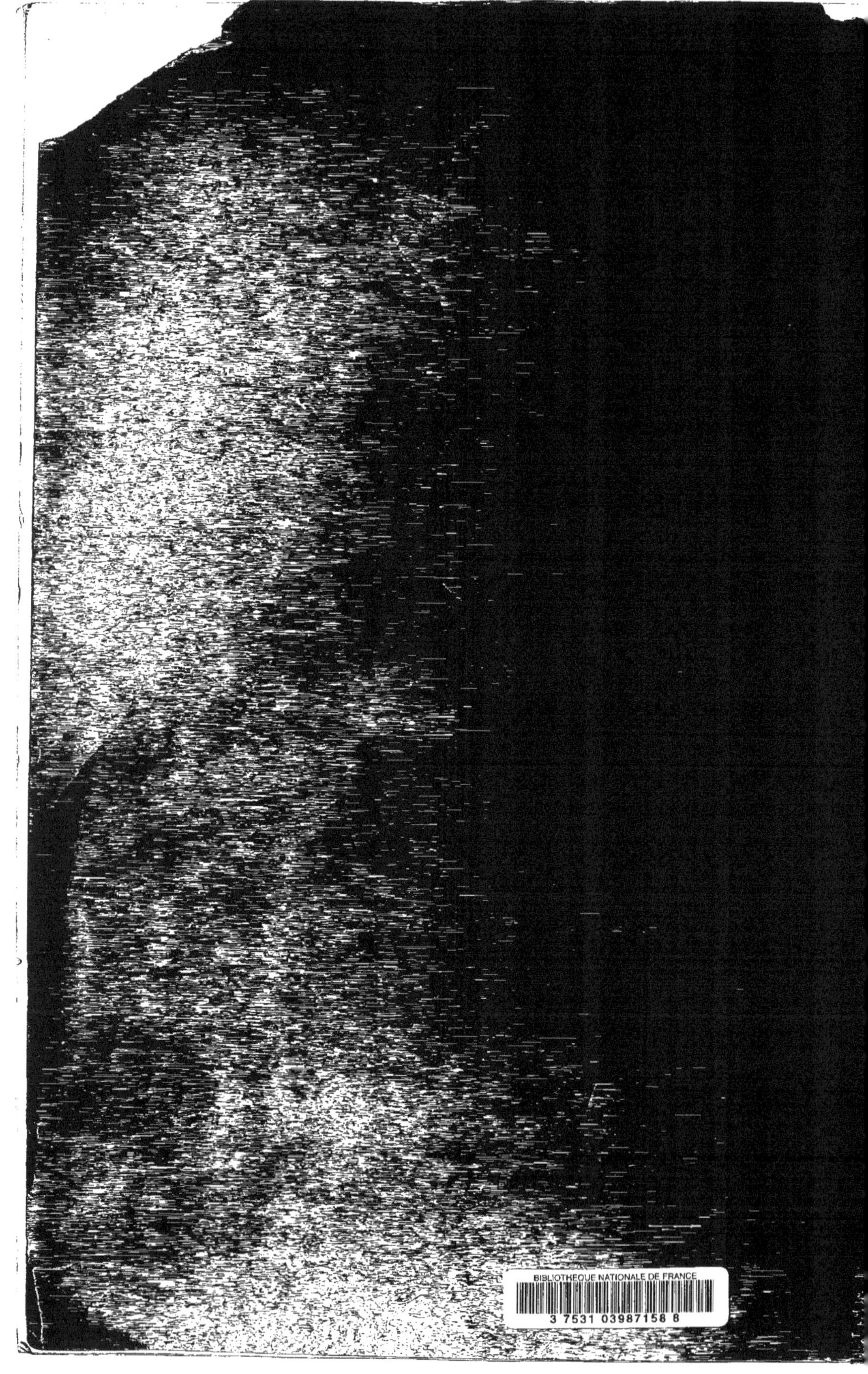

www.ingramcontent.com/pod-product-compliance
Ingram Content Group UK Ltd.
Pitfield, Milton Keynes, MK11 3LW, UK
UKHW012158240726
13966UKWH00002B/432

9 782011 933096